中国化工行业污泥污染现状及控制策略研究

王业耀　曹宏斌　马广文　何立环　熊　梅　等/著

中国环境出版集团·北京

图书在版编目（CIP）数据

中国化工行业污泥污染现状及控制策略研究/王业耀等著.
—北京：中国环境出版集团，2019.11
ISBN 978-7-5111-4205-4

Ⅰ. ①中… Ⅱ. ①王… Ⅲ. ①化学工业－污泥处理－研究－中国 Ⅳ. ①X703

中国版本图书馆 CIP 数据核字（2019）第 289691 号

出 版 人　武德凯
责任编辑　曲　婷
责任校对　任　丽
封面设计　彭　杉

出版发行　中国环境出版集团
（100062　北京市东城区广渠门内大街 16 号）
网　　址：http://www.cesp.com.cn
电子邮箱：bjgl@cesp.com.cn
联系电话：010-67112765（编辑管理部）
发行热线：010-67125803，010-67113405（传真）

印　　刷　北京建宏印刷有限公司
经　　销　各地新华书店
版　　次　2019 年 11 月第 1 版
印　　次　2019 年 11 月第 1 次印刷
开　　本　787×1092　1/16
印　　张　14
字　　数　270 千字
定　　价　52.00 元

《环保公益性行业科研专项经费项目系列丛书》

编著委员会

《中国化工行业污泥污染现状及控制策略研究》

编委会

主　　编：王业耀

副 主 编：曹宏斌　马广文　何立环　熊　梅

编写人员：（按姓氏笔画排序）

丁永秀（西宁市环境监测站）

于　洋（中国环境监测总站）

马富明（西宁市环境监测站）

王伟菁（中国科学院过程工程研究所）

王丽娜（中国科学院过程工程研究所）

王　鑫（中国环境监测总站）

方德昆（中国环境监测总站）

尹晓东（西宁市环境监测站）

申维真（北京京城环保股份有限公司）

付一江（中国钛白粉行业协会）

吕　卓（中国环境监测总站）

吕　欣（中国环境监测总站）

刘亚辉（中国科学院过程工程研究所）

刘海江（中国环境监测总站）

齐　涛（中国科学院过程工程研究所）

许人骥（中国环境监测总站）

许靖平（北京京城环保股份有限公司）

祁玉刚（西宁市环境监测站）

孙　聪（中国环境监测总站）

李文君（西宁市环境监测站）

李　琳（北京京城环保股份有限公司）

杨　勇（内蒙古宜化化工有限公司）

张凤英（中国环境监测总站）
张芳芳（中国科学院过程工程研究所）
张殷俊（中国环境监测总站）
张　涌（西宁市环境监测站）
陈芳芳（中国科学院过程工程研究所）
陈德胜（中国科学院过程工程研究所）
林兰钰（中国环境监测总站）
罗海江（中国环境监测总站）
周　冏（中国环境监测总站）
孟凡成（中国科学院过程工程研究所）
赵宏欣（中国科学院过程工程研究所）
倪　永（中国环境监测总站）
高士祥（南京大学）
郭漫宇（北京京城环保股份有限公司）
梁慧洁（西宁市环境监测站）
董贵华（中国环境监测总站）
甄玉兰（中国科学院过程工程研究所）
薛天艳（中国科学院过程工程研究所）

序　言

目前，全球性和区域性环境问题不断加剧，已经成为限制各国经济社会发展的主要因素，解决环境问题的需求十分迫切。环境问题也是我国经济社会发展面临的困难之一，特别是在我国快速工业化、城镇化进程中，这个问题变得更加突出。党中央、国务院高度重视环境保护工作，积极推动我国生态文明建设进程。党的十八大以来，按照“五位一体”总体布局、“四个全面”战略布局以及“五大发展”理念，党中央、国务院把生态文明建设和环境保护摆在更加重要的战略地位，先后出台了《关于加快推进生态文明建设的意见》《生态文明体制改革总体方案》《大气污染防治行动计划》《水污染防治行动计划》《土壤污染防治行动计划》等一批法律法规和政策文件，我国环境治理力度前所未有，环境保护工作和生态文明建设的进程明显加快，环境质量有所改善。

在党中央、国务院的坚强领导下，环境问题全社会共治的局面正在逐步形成，环境管理正在走向系统化、科学化、法治化、精细化和信息化。科技是解决环境问题的利器，科技创新和科技进步是提升环境管理系统化、科学化、法治化、精细化和信息化的基础，必须加快建立持续改善环境质量的的科技支撑体系，加快建立科学有效保障人群健康和防控环境风险的科技基础体系，建立开拓进取、充满活力的环保科技创新体系。

“十一五”以来，中央财政加大对环保科技的投入，先后启动实施了水体污染控制与治理科技重大专项、清洁空气研究计划、蓝天科技工程专项等行动，同时设立了环保公益性行业科研专项。根据财政部、科技部的总体部署，环保公益性行业科研专项紧密围绕《国家中长期科学和技术发展规划纲要（2006—2020 年）》《国家创新驱动发展战略纲要》《国家科技创新规划》和《国家环境保护科技发展规划》，立足环境管理中的科技需求，积极开展应急性、培育性、基础性科学研究。“十一五”以来，环境保护部组织实施了公益性行业科研专项项目 479 项，涉及大气、水、生态、土壤、固废、化学品、核与辐射等领域，共有包括中央级科研院所、高等院校、地方环保科研单位和企业等几百家单位参与，逐步形成了优势互补、团结协作、良性竞争、共同发展的环保科技“统一战线”。目前，专项取得了重要研究成果，已验收的项目中，共提交各类标准、技术规范 1 362 项，各类政策建议与咨询报告 687 项，授权专利 720 项，出版专著 490 余部，专项研究成果在各级环保部门中得到较好的应用，为解决我国环境问题和提升环境管理水平提供了重要的科技支撑。

为广泛共享环保公益性行业科研专项项目研究成果，及时总结项目组织管理经验，环境保护部科技标准司组织出版《环保公益性行业科研专项经费项目系列丛书》。该丛书汇集了一批专项研究的代表性成果，具有较强的学术性和实用性，可以说是环境领域不可多得的资料文献。丛书的组织出版，在科技管理上也是一次很好的尝试，我们希望通过这一尝试，能够进一步活跃环保科技的学术氛围，促进科技成果的转化与应用，不断提高环境治理能力现代化水平，为持续改善我国环境质量提供强有力的科技支撑。

中华人民共和国环境保护部副部长

黄润秋

前 言

我国工业水污染中化工污染已经成为最严重的污染源，化工行业排放污水中，多数含有剧毒，成分复杂，不易净化，污水处理后，70%～90%的重金属元素依然通过吸附或沉淀而转移到污泥中。近年来，随着我国污水处理产业得到快速发展，污水处理能力及处理率增长迅速，污水处理能力的增长带动了污泥产量的提升，再加上“重水轻泥”的问题使得污泥面临极大的处置压力。传统的污泥处理技术主要有填埋、焚烧、堆肥等，焚烧易产生具有强烈致癌作用的二噁英，且焚烧费用高，企业难以承受。目前污泥资源化回用、无害化处理处置水平相对落后。我国政府从“十一五”开始逐渐重视污泥处理、处置行业的发展，相关的标准和政策不断出台。但是目前针对化工行业废水处理产生的污泥，国内研究尚处于起步阶段，对化工行业产生的污泥量、理化性质和环境行为缺乏足够深刻的认识。

《中国化工行业污泥污染现状及控制策略研究》由中国环境监测总站联合中国科学院过程工程研究所、南京大学、北京京城环保股份有限公司、内蒙古宜化化工有限公司等单位联合编撰。经过数年整理、分析、编辑，终成此书。中国环境监测总站是国家生态环境监测的网络中心、技术中心、质控中心、数据（信息）中心和培训中心，长期从事全国污染源监测、环境统计和污染源排放清单编制等工作，并承担着全国污染源监测的技术指导工作。中国科学院过程工程研究所长期从事绿色化学与工程研究，已分别在“工业氮硫钒铬钼废弃物资源化再生循环”“电子废弃物资源化”和“难降解有毒有机物污染物的强化处理”等领域取得了标志性成果，近年来共主持包括国家重大水专项课题、“863”课题、环境保护公益性项目等近 20 个，具有针对化工污泥污染调查研究、分析的能力。南京大学和北京京城环保股份有限公司、内蒙古宜化化工有限公司也分别在工业污染控制技术方面做了多年深入的研究，能够为该领域提供准确、专业的建议。

本书以团队多年的研究成果为基石，通过编撰人员文献查询、行业专家咨询、现场调研等多方面努力著成此书。本书系统研究了化工行业污水处理污染状况，筛选与确定炼焦、PVC、钛白粉工业为典型行业，研究炼焦、PVC、钛白粉工业废水和污泥产生过程。本书结合2014—2016年全国环境统计数据，研究污泥处理及空间分布，从国家层面到企业层面就我国未来化工污泥污染控制及预防给出可持续发展的建议，可为我国“十四五”规划中化工污泥污染防治策略的制定提供理论基础。

全书主要内容共分为五部分：

第一部分为第1章绪论，概述污泥的分类、性质和处理的一般原则。

第二部分为第2章和第3章，介绍国内外主要污泥污染控制环境管理体系现状和污泥处理、处置及资源化利用技术现状。

第三部分为第4章，主要介绍我国化学工业污泥产生及污染现状。

第四部分为第5章至第7章，主要介绍我国典型化学工业（炼焦工业、PVC工业和钛白粉工业）废水处理产生污泥污染现状及处理措施。

第五部分为第8章，对我国目前化学行业污泥污染控制领域存在的问题进行了梳理和总结。

本书第1章由曹宏斌、熊梅执笔，第2章由王业耀、何立环、马广文、罗海江、刘海江、董贵华、孙聪、于洋、许人骥、周冏、马富明、梁慧洁、李文君、丁永秀执笔，第3章由申维真、许靖平、李琳、郭漫宇执笔，第4章由马广文、王鑫、吕卓、林兰钰、张凤英、张殿俊、方德昆、倪永、吕欣、张涌、尹晓东、祁玉刚执笔，第5章由熊梅执笔，第6章由陈芳芳、杨勇、张芳芳执笔，第7章由齐涛、王伟菁、薛天艳、付一江、赵宏欣、王丽娜、陈德胜、刘亚辉、孟凡成、甄玉兰执笔，第8章由曹宏斌、熊梅执笔。全书由马广文、熊梅统稿，王业耀、曹宏斌定稿。

本书得以出版，首先要感谢环境保护部科技标准司的大力支持，同时还要感谢中国科学院过程工程研究所各级领导和老师的支持，衷心希望此书能为环境保护部门、企业及相关学者提供帮助。

由于作者知识水平所限，书中不足之处，敬请广大读者批评指正。

作　者

2019年8月22日于北京

目 录

1 绪 论……1
1.1 污泥的分类及性质……1
1.1.1 污泥的分类……1
1.1.2 污泥的性质……2
1.2 污泥处理的一般原则……4
1.2.1 减量化处理原则……5
1.2.2 稳定化处理原则……5
1.2.3 无害化处理原则……5
1.2.4 资源化处理原则……6

2 国内外污泥污染控制环境管理体系现状……7
2.1 我国污泥控制环境管理体系现状……7
2.1.1 相关法律法规……7
2.1.2 国家及行业政策……11
2.1.3 污泥处理处置与资源化利用标准……14
2.2 国外污泥控制环境管理体系现状……17
2.2.1 美国污泥控制环境管理体系现状……17
2.2.2 日本污泥控制环境管理体系现状……25
2.2.3 欧盟及其成员国污泥控制环境管理体系现状……27

3 污泥处理、处置及资源化利用技术现状……38
3.1 污泥种类及处理原则……38
3.1.1 污泥的减量化……38
3.1.2 污泥的稳定化……38

3.1.3 污泥的无害化 39
3.1.4 污泥的资源化 39
3.2 污泥处理技术 39
3.2.1 污泥浓缩 40
3.2.2 污泥脱水 42
3.2.3 污泥干化 45
3.2.4 污泥焚烧 49
3.2.5 物化处理 53
3.2.6 污泥固化处理 61
3.3 污泥处置技术 63
3.3.1 土地利用 63
3.3.2 污泥填埋 68
3.3.3 碱法稳定 70
3.4 污泥资源化利用技术 73
3.4.1 污泥建材利用 73
3.4.2 污泥热解产油技术 79
3.4.3 有价金属回收技术 80
3.4.4 含油污泥回收油技术 82
3.4.5 回收汞蒸馏技术 84
3.4.6 活性污泥制取活性炭 84
3.4.7 污泥中蛋白质利用技术 86

4 我国化学工业污泥产生及污染现状 87
4.1 我国化学工业行业分类 87
4.1.1 化工行业现状 87
4.1.2 我国化学工业子行业分布 88
4.1.3 化工行业污染现状 90
4.2 2014 年我国化学工业污泥产生及污染现状 91
4.2.1 各省化工污泥排放与处理现状 91
4.2.2 典型化工污泥排放与处理现状 95
4.2.3 重点化工行业污泥排放与处理现状 100
4.3 2015 年我国化学工业污泥产生及污染现状 103

4.3.1 各省化工污泥排放与处理现状 103
4.3.2 典型化工污泥排放与处理现状 107
4.3.3 重点化工行业污泥排放与处理现状 112
4.4 2016 年我国化学工业污泥产生及污染现状......115
4.4.1 各省化工污泥排放与处理现状 115
4.4.2 典型化工污泥排放与处理现状 119
4.4.3 重点化工行业污泥排放与处理现状 124

5 炼焦工业废水处理产生污泥污染现状及处理措施 128
5.1 炼焦工业现状与发展 128
5.1.1 我国炼焦工业现状与发展 128
5.1.2 国外炼焦工业现状与发展 129
5.2 炼焦工业废水处理产生污泥源解析 130
5.2.1 炼焦工业生产工艺及产污节点分析 130
5.2.2 炼焦工业废水处理产生污泥污染特征......133
5.2.3 炼焦工业废水产生污泥总体现状 148
5.3 炼焦工业污泥处理处置及资源化现状......149
5.3.1 炼焦工业废水产生污泥的处理现状 149
5.3.2 炼焦工业废水产生污泥的最终处置 150
5.4 小结......150

6 PVC 工业废水处理产生污泥污染现状及处理措施 152
6.1 PVC 工业现状 152
6.1.1 电石法工艺介绍及发展前景 152
6.1.2 乙烯法工艺及发展前景 154
6.2 PVC 生产工艺产污分析......155
6.2.1 电石法生产工艺产污分析 155
6.2.2 乙烯法生产工艺产污分析 167
6.3 PVC 工业污泥处理处置现状及风险......168
6.4 某 PVC 企业实例 169
6.4.1 生产工艺简介 169
6.4.2 生产过程中产污分析 170

6.4.3 生产过程中汞流向分布 172
6.5 小结 175

7 钛白粉工业废水处理产生污泥污染现状及处理措施 177
7.1 钛白粉工业现状 177
7.1.1 钛白粉工业相关环境政策及法规现状 177
7.1.2 我国钛白粉工业现状 177
7.2 钛白粉工业废水处理产生污泥源解析 181
7.2.1 钛液制备工段生产工艺及产污节点分析 181
7.2.2 钛液净化工段生产工艺及产污节点分析 184
7.2.3 偏钛酸制备工段生产工艺及产污节点分析 187
7.2.4 偏钛酸煅烧工段生产工艺及产污节点分析 190
7.2.5 钛白粉后处理工段生产工艺及产污节点分析 191
7.2.6 硫酸法钛白粉行业污泥污染特征 197
7.3 钛白粉工业污泥处理处置及资源化现状 199
7.3.1 目前钛石膏的综合利用技术 199
7.3.2 硫酸法钛白粉行业污泥处理处置风险研究 200
7.4 小结 202

8 我国化学行业污泥污染控制策略研究 203
8.1 我国化学行业污泥控制与处理处置现状存在的主要问题 203
8.1.1 我国化学工业废水处理污泥特征现状不清 203
8.1.2 我国化学工业废水处理污泥现有相关政策、法规与技术发展之间的矛盾 204
8.1.3 我国化工污泥处理行业现有技术开发、应用和发展过程中存在的问题 206
8.2 我国化学行业污泥控制与处理处置的建议 206
8.2.1 建立化工行业污泥的环境风险基础资料库 206
8.2.2 完善污泥处理处置环境管理体系 206
8.2.3 重点和优先发展的领域及相关技术建议 207

参考文献 208

1 绪论

近年来，随着我国污水处理产业的快速发展，污水处理能力及处理率增长迅速，污水处理能力的增长带动了污泥产量的提升，然而我国目前污泥资源化回用、无害化处理处置水平相对落后，再加上“重水轻泥”的问题使得污泥面临极大的处置压力。我国政府从“十一五”开始逐渐重视污泥处理、处置行业的发展，制定了相关的标准和政策。但是目前针对化工行业废水处理产生的污泥的研究，国内尚处于起步阶段，对于化工行业产生的污泥量、理化性质和环境行为缺乏足够深刻的认识。在研究污泥和环境风险及处理处置技术之前，应该对污泥的基本知识和性质有所了解。

1.1 污泥的分类及性质

1.1.1 污泥的分类

污泥（sludge）是一种由水或污水处理过程中所产生的固态或半固态沉淀物质，是由有机残片、细菌菌体、无机颗粒、胶体等组成的极其复杂的非均质体。一般含有大量的有机物、丰富的氮磷等营养物、重金属以及致病菌和病原菌等。

污泥的种类有不同的分类方式。按照污泥的来源分，大致可分为给水污泥、生活污水污泥和工业废水污泥三类。给水污泥是在净水过程中，由于添加铝盐、铁盐等絮凝剂形成的沉淀物。生活污水污泥主要指生活污水处理过程中产生的污泥，包括沉淀污泥和生物处理污泥的混合污泥。工业废水污泥按其来源可分为食品加工污泥、印染工业废水污泥、电镀污泥、石化污泥和造纸工业废水污泥等。

按照污泥的主要成分和性质分类，可分为有机污泥和无机污泥。有机污泥的主要特性是有机物含量高、容易腐化发臭、颗粒较细、密度较小、含水率高且不易脱水、呈胶状结构并有亲水性，便于用管道输送。生活污水处理产生的混合污泥和工业废水产生的生物处理污泥就是典型的有机污泥。以无机物为主要成分的污泥常称为无机污泥或沉渣，无机污泥的特性是颗粒较粗、密度较大、含水率较低且易于脱水，但流动性较差，不易用管道输送，给水处理沉砂池以及某些工业废水污泥、化学处理过程中的沉淀物均属沉渣，无机污泥一般是疏水性污泥。

按照污泥的产生阶段，可分为生污泥、消化污泥（又称熟污泥）、浓缩污泥、脱水污泥和干化污泥。生污泥为沉淀池排出的沉淀物或者悬浮物，消化污泥为生污泥经过厌氧消化环节得到的污泥，浓缩污泥为生污泥经过浓缩处理后得到的污泥，脱水污泥为机械脱水处理后得到的污泥，干化污泥为干化后得到的污泥。

按照污泥的分离过程，可分为初沉池污泥、活性污泥、腐殖污泥、化学污泥和沉淀污泥。初沉池污泥来源于废水初次沉淀池，活性污泥来源于活性污泥法处理工艺的二次沉淀池，腐殖污泥来源于采用生物膜法处理工艺的二次沉淀池，化学污泥和沉淀污泥来源于采用混凝、化学沉淀等化学法处理废水的污泥分离。

1.1.2　污泥的性质

不同种类的污泥性质存在很大的不同，掌握好污泥的性质是科学、合理地处理和利用污泥的必备要素。

表征污泥的性质指标的主要项目和参数主要包括污泥含水率、挥发性固体和灰分、污泥的化学性质、污泥的可消化程度、污泥的脱水性能等。

（1）污泥含水率

污泥中所含水分的重量与污泥总重量之比的百分数称为污泥含水率。污泥中水的存在形式有孔隙水、毛细结合水、表面吸附水和内部结合水。

孔隙水，是指污泥颗粒间隙中的游离水；表面吸附水，是在污泥颗粒表面附着的水分，其附着力较强，常在胶体状颗粒、生物污泥等固体表面上出现；内部结合水，是污泥颗粒内部结合的水分，如生物污泥中细胞内部水分、无机污泥中金属化合物所带的结晶水等。通常含水率在85%以上时，污泥呈流态；65%～85%时呈塑态；低于60%时则呈固态。

当含水率变化时，可利用式（1-1）计算湿污泥体积：

$$\frac{V_1}{V_2}=\frac{P_{s_1}}{P_{s_2}}=\frac{100-P_{w_2}}{100-P_{w_1}} \tag{1-1}$$

式中，V_1 —— 含水率 P_{w_1}（含固率为 P_{s_1}）时的湿污泥体积；

V_2 —— 含水率 P_{w_2}（含固率为 P_{s_2}）时的湿污泥体积。

（2）污泥挥发性固体和灰分

挥发性固体（或称灼烧减重）近似地等于有机物含量，又称为灼烧减量，用 VS

(volatile solids，挥发性固体）表示，常用单位 mg/L，有时也用重量百分数表示，VS 也反映污泥的稳定化程度。

污泥中的灰分（或称灼烧残渣）是污泥中经过灼烧也不能挥发或氧化的无机物。

（3）污泥的化学性质

污泥的主要化学性质包括污泥的重金属含量、有机物含量、营养物质含量、热值和可消化程度等。

污泥中重金属种类繁多，主要有 Cu、Pb、Zn、Ni、Cr、Hg、Cd 等，不同种类的污泥重金属离子的种类和含量存在很大的差异。以处理生活污水为主所产生的污泥，重金属含量通常较低；而以处理工业废水为主所产生的污泥，重金属含量往往较高。而且因行业和废水处理工艺存在差异，重金属种类也存在很大的差别。

污泥中所含的有机成分十分复杂，主要常规的有机物包括碳水化合物、蛋白质、脂肪类、半纤维素、纤维素、木质素以及腐殖质等。依据微生物降解的难易程度，有机物可以分为易生物降解有机质、中等生物降解有机质和难生物降解有机质。此外，由于废水来源十分复杂，废水中的有毒有害有机物可通过吸附富集转移到污泥上。例如，在德国城市污泥中，发现了 332 种可能危害人体和环境的有机污染物，广州市某污水处理厂的污泥中检测到毒性有机物 54 种，主要包括邻苯二甲酸酯类、单环芳烃、多环芳烃、苯酸类、芳香胺类、芳香酸类和杂环化合物等。

由于污泥的含水率因生产和处理状态不同有较大差异，故其热值一般以干基（d）或干燥无灰基（daf）形式给出。

（4）污泥的可消化程度

污泥一部分是可被消化降解的（或称可被汽化的，无机化的），而另一部分是不易或不能够被消化降解的。污泥的可消化程度表示污泥中可被消化降解的有机物数量。可表达为式（1-2）：

$$R_{\mathrm{d}}=\left(1-\frac{P_{v_2}P_{s_1}}{P_{v_1}P_{s_2}}\right)\times 100 \tag{1-2}$$

式中，R_{d}—— 可消化程度，%；

P_{s_1}—— 污泥的无机物含量，%；

P_{s_2}—— 消化污泥的无机物含量，%；

P_{v_1}—— 污泥的有机物含量，%；

P_{v_2}—— 消化污泥的有机物含量，%。

（5）污泥的脱水性能

通常用指数比阻抗值（γ）来表征污泥的脱水性能。污泥比阻是表示污泥过滤特性的综合性指标，它的物理意义是：单位质量的污泥在一定压力下过滤时在单位过滤面积上的阻力。求此值的作用是比较不同的污泥（或同一污泥加入不同量的混合剂后）的过滤性能。污泥比阻越大，过滤性能越差。

污泥的比阻抗公式可以表达为式（1-3）：

$$\frac{\mathrm{d}V}{\mathrm{d}t}=\frac{PA^2}{\mu(\gamma CV+R_\mathrm{m}A)} \tag{1-3}$$

式中，$\mathrm{d}V/\mathrm{d}t$ —— 过滤速度，$\mathrm{m^3/s}$；

V —— 滤出液体积，$\mathrm{m^3}$；

t —— 过滤时间，s；

P —— 过滤压力，$\mathrm{N/m^2}$；

A —— 过滤面积，$\mathrm{m^2}$；

C —— 单位体积滤出液所得滤饼干重，$\mathrm{kg/m^3}$；

γ —— 污泥过滤比阻抗，m/kg；

R_m —— 过滤开始时单位过滤面积上过滤介质的阻力，$\mathrm{m/m^2}$；

μ —— 滤出液的动力黏滞度，$\mathrm{N\cdot s/m^2}$。

当过滤压力 P 为常数时，用式（1-4）则可积分得：

$$\frac{t}{V}=\left(\frac{\mu\gamma C}{2PA^2}\right)V+\frac{\mu R_\mathrm{m}}{PA} \tag{1-4}$$

由该式发现 t/V 与 V 呈直线关系，设直线斜率为 b，用式（1-5）可得：

$$\gamma=\frac{2bPA^2}{\mu C} \tag{1-5}$$

过滤比阻抗γ越大的污泥，越难过滤，脱水性能也就越差。

1.2　污泥处理的一般原则

污泥处理是对污泥进行浓缩、调理、脱水、稳定、干化或焚烧等加工过程，污泥处理与其他固体废物的处理一样，遵循减量化、稳定化、无害化、资源化的处理原则。其中，无害化处理为基本要求，减量化处理为基础，稳定化处理为核心，资源化利用为终极目标。

1.2.1 减量化处理原则

污泥减量化技术是指在保证污水处理效果的前提下，通过物理、化学、生物等手段使整个污水处理系统向外排放的固体量达到最少，在废水处理工艺中减少污泥的产生。

未经处理的污泥含水率一般都很高，因此体积比较大，不利于贮存、运输和消纳，因此污泥减量化处理十分重要。根据上文中提到的污泥含水率与污泥体积变化公式。可以计算出 1 m^3 含水率为 95%的污泥体积随含水率降低而减少，如表 1-1 所示。

表 1-1 1 m^3 含水率为 95%的污泥其含水率降低与体积减少的关系

污泥含水率/%	95	90	85	80	75	70
污泥体积/m^3	1.000	0.500	0.333	0.250	0.200	0.167

由表 1-1 可知，当污泥中的含水率降至 90%时，体积减少到原来的 1/2；降至 70%时，体积只剩原来的 1/6。通常污泥在含水率在 70%～75%时，污泥呈柔软状态，不易流动；通常一般脱水只可降至 60%～65%，此时几乎成为固体，含水率低到 35%～40%时，呈聚散状态（以上是半干化状态）；进一步低至 10%～15%时呈粉末状。

1.2.2 稳定化处理原则

污泥稳定化的目标是减少污泥中易生物降解有机质的含量，杀死病原菌，同时降低含水率以减少污泥体积。通过人为、有序的生物、化学等“污泥稳定化技术”，将污泥中的有机物逐渐转化成无机化合物，最终实现遏制微生物反应的发生或者对其进行有效的控制。

污泥稳定化处理就是降解污泥中的有机物质，进一步减少污泥含水量，杀灭污泥中的细菌、病原体等，打破细胞壁，消除臭味，避免在污泥的最终处置过程中造成二次污染。污泥稳定化的方法主要有堆肥化、干燥、碱稳定、厌氧消化等。

1.2.3 无害化处理原则

污泥中不仅含有大量的病原菌、寄生虫卵和病毒，不同种类的污泥还存在有毒有害、难以降解的有机物和多种重金属离子，如果不进行无害化处理，会对生态环境和人体健康造成危害。因此污泥处理处置过程中必须充分考虑无害化原则。

无害化处理使处理后的污泥在最终处置中不会对环境造成冲击，防止意想不到的污染物在不同介质之间转移，使污泥不会对环境造成危害，更具有安全性和可持续性。

1.2.4 资源化处理原则

污泥的特点和性质决定了污泥的根本出路是资源化。资源化是指在处理污泥的同时，回收污泥中有用成分，比如氮、磷、钾、重金属等有用物质或回收能源，达到变害为利、综合利用、保护环境的目的。污泥资源化的特征是：环境效益高、生产成本低、生产效益高、能耗低。

2

国内外污泥污染控制环境管理体系现状

2.1 我国污泥控制环境管理体系现状

多年来，我国污泥相关环境管理体系主要研究对象为城镇污水处理厂产生的污泥。在城镇污水处理厂污水污泥引发的环境风险下，为寻求最佳的可行技术，我国各级政府及相关部门不断做出努力和尝试，形成了一套以法律法规、标准体系和技术政策为主的保障体系。

2.1.1 相关法律法规

（1）宪法

《宪法》是整个环境法体系的基础和核心。《宪法》第二十六条规定："国家保护和改善生活环境和生态环境，防治污染和其他公害。"这一规定是国家关于环境保护的总政策。它说明国家把环境保护作为一项基本职责，为国家环境保护活动和环境立法奠定了基础，提供了指导原则和立法依据。

（2）环境保护基本法

《中华人民共和国环境保护法》（2014 年修订版）是中国环境保护的基本法，此法不仅对环境保护的基本原则和制度、环境监督管理体制、保护环境和防治污染的基本要求以及法律责任做了相应规定，而且明确了环境保护的任务和对象，是环境保护工作及制定其他单行环境法律法规的基本依据。其中第四十九条规定：禁止将不符合农用标准和环境保护标准的固体废物、废水施入农田。第五十一条规定：各级人民政府应当统筹城乡建设污水处理设施及配套管网，固体废物的收集、运输和处置等环境卫生设施，危险废物集中处置设施、场所以及其他环境保护公共设施，并保障其正常运行。

（3）环境保护单行法规

环境保护单行法规是针对特定的环境要素、污染防治对象或环境管理的具体事项制定的单项法律法规。其由于可操作性强、有针对性、数量众多，往往是环境管理和解决环境纠纷的最直接的依据，是处理环境事务的行为准则。

（4）其他法律法规

其他相关法律法规包括以下几个方面：

1）环境保护的行政法规。这些法规通常是对环境管理机构的设置、职权、行政管理程序、行政管理制度以及行政处罚程序等做出规定。

2）其他部门法中关于环境保护的法律规定。专门环境立法虽然数量众多，但仍不能全面调整涉及环境的社会关系。因此在其他部门法如民法、刑法、经济法、劳动法、行政法中，也包含了关于环境保护的法律规定。

3）环境保护地方法规。地方法是各省、自治区、直辖市根据中国环境法律法规，结合当地实际情况制定并经地方人大审议通过的法规。地方法规中既有综合性的立法，也有针对特定环境要素、污染物或环境管理事项的专门立法，此外还有各种地方性的环境质量标准和污染物排放标准。地方法规是中国环境保护法规体系的重要组成部分，它突出了环境管理的地域性，有利于因地制宜地加强环境管理。

4）签署并批准的国际环境公约。目前，关于污泥控制方面主要的国际环境公约主要有：《关于持久性有机污染物的斯德哥尔摩公约》2001 年通过，2004 年 5 月 17 日公约正式生效，公约强调需要采取措施防止持久性有机污染物在其生命周期的所有阶段产生的不利影响。《控制危险废物越境转移及其处置巴塞尔公约》1989 年 3 月通过，1992 年 5 月 5 日生效，公约控制的危险废物按来源分为 18 种，按成分分为 27 种。包括中国在内的 64 个公约缔约方 1994 年通过一个决议，规定立即禁止向发展中国家出口以最终处置为目的的危险废物越境转移，从 1998 年起，以再循环利用为目的的危险废物出口也被禁止。《防止倾倒废物及其他物质污染海洋的公约》1972 年通过，经 1978 年、1980 年、1989 年及 1993 年修订，该公约控制因倾倒废物而造成的海洋污染，促使区域性协议与现有公约相配合，以期改善保护海洋环境。《关于在国际贸易中对某些危险化学品和农药采用事先知情同意程序的鹿特丹公约》1998 年 9 月 10 日通过，2004 年 2 月 24 日生效，核心是要求缔约方在国际贸易中对受本公约管制的化学品执行事先知情同意程序，并不禁止缔约方对列入公约管制清单（以下简称 PIC 清单）的化学品进行国际贸易，由各缔约方政府根据本国国情决定是否对列入 PIC 清单的化学品采取诸如禁止生产、使用、进出口等管制行动。《关于汞的水俣公约》于 2017 年 8 月 16 日生效，来自 128 个国家以及欧盟的代表签署了公约，成为公约缔约方。该公约规定了各缔约方控制汞生产、使用、流通及处置的相关义务，添汞产品、用汞工艺限控及其增列，汞的大气排放和水土释放，资金和技术援助等内容。附件则主要就各国淘汰添汞产品（禁止其生产和进出口，而非使用）、用汞工艺的限控时间表及其他要求、小规模土法炼金规范行动、大气排放控制点源以及争端仲裁和调解条款等内容做出了规定。

5）法令条例、管理办法。

①《中华人民共和国企业所得税法实施条例》。

《中华人民共和国企业所得税法实施条例》（中华人民共和国国务院令　第 512 号）是根据《中华人民共和国企业所得税法》制定的，于 2007 年 11 月 28 日国务院第 197 次常务会议通过，2007 年 12 月 6 日中华人民共和国国务院发布，自 2008 年 1 月 1 日起施行（2019 年 4 月修订）。其中涉及污泥的条款有：

该实施条例第八十八条规定：企业所得税法第二十七条第（三）项所称符合条件的环境保护、节能节水项目，包括公共污水处理、公共垃圾处理、沼气综合开发利用、节能减排技术改造、海水淡化等。项目的具体条件和范围由国务院财政、税务主管部门商国务院有关部门制订，报国务院批准后公布施行。

企业从事前款规定的符合条件的环境保护、节能节水项目的所得，自项目取得第一笔生产经营收入所属纳税年度起，第一年至第三年免征企业所得税，第四年至第六年减半征收企业所得税。

②《城镇排水与污水处理条例》。

《城镇排水与污水处理条例》（中华人民共和国国务院令　第 641 号）于 2013 年 9 月 18 日国务院第 24 次常务会议通过，自 2014 年 1 月 1 日起施行。其中涉及污泥的条款有：

该条例第六条规定：县级以上人民政府鼓励、支持城镇排水与污水处理科学技术研究，推广应用先进适用的技术、工艺、设备和材料，促进污水的再生利用和污泥、雨水的资源化利用，提高城镇排水与污水处理能力。

该条例第七条规定：城镇排水主管部门会同有关部门，根据当地经济社会发展水平以及地理、气候特征，编制本行政区域的城镇排水与污水处理规划，明确排水与污水处理目标与标准，排水量与排水模式，污水处理与再生利用、污泥处理处置要求，排涝措施，城镇排水与污水处理设施的规模、布局、建设时序和建设用地以及保障措施等；易发生内涝的城市、镇，还应当编制城镇内涝防治专项规划，并纳入本行政区域的城镇排水与污水处理规划。

该条例第三十三条规定：污水处理费应当纳入地方财政预算管理，专项用于城镇污水处理设施的建设、运行和污泥处理处置，不得挪作他用。污水处理费的收费标准不应低于城镇污水处理设施正常运营的成本。因特殊原因，收取的污水处理费不足以支付城镇污水处理设施正常运营的成本的，地方人民政府给予补贴。污水处理费的收取、使用情况应当向社会公开。

该条例第五十三条规定：违反本条例规定，城镇污水处理设施维护运营单位或者污泥处理处置单位对产生的污泥以及处理处置后的污泥的去向、用途、用量等未进行跟踪、记录的，或者处理处置后的污泥不符合国家有关标准的，由城镇排水主管部门责令限期采取治理措施，给予警告；造成严重后果的，处10万元以上20万元以下罚款；逾期不采取治理措施的，城镇排水主管部门可以指定有治理能力的单位代为治理，所需费用由当事人承担；造成损失的，依法承担赔偿责任。违反本条例规定，擅自倾倒、堆放、丢弃、遗撒污泥的，由城镇排水主管部门责令停止违法行为，限期采取治理措施，给予警告；造成严重后果的，对单位处10万元以上50万元以下罚款，对个人处2万元以上10万元以下罚款；逾期不采取治理措施的，城镇排水主管部门可以指定有治理能力的单位代为治理，所需费用由当事人承担；造成损失的，依法承担赔偿责任。

③《中华人民共和国循环经济促进法》。

《中华人民共和国循环经济促进法》（中华人民共和国主席令　第四号）由中华人民共和国第十一届全国人民代表大会常务委员会第四次会议于2008年8月29日通过，自2009年1月1日起施行。《中华人民共和国循环经济促进法》（2018年修订）是为了促进循环经济发展，提高资源利用效率，保护和改善环境，实现可持续发展制定的，该法所称循环经济，是指在生产、流通和消费等过程中进行的减量化、再利用、资源化活动的总称。其中涉及污泥的条款有：

该法第四十一条规定：县级以上人民政府应当支持企业建设污泥资源化利用和处置设施，提高污泥综合利用水平，防止产生再次污染。

④《污水处理费征收使用管理办法》。

2014年12月31日，财政部、国家发展改革委、住房和城乡建设部下发了《关于印发〈污水处理费征收使用管理办法〉的通知》（财税〔2014〕151号），并印发了根据《水污染防治法》、《城镇排水与污水处理条例》而制定的《污水处理费征收使用管理办法》，其中涉及污泥的条款有：

该管理办法第三条规定：污水处理费是按照“污染者付费”原则，由排水单位和个人缴纳并专项用于城镇污水处理设施建设、运行和污泥处理处置的资金。

该管理办法第十二条规定：污水处理费的征收标准，按照覆盖污水处理设施正常运营和污泥处理处置成本并合理盈利的原则制定，由县级以上地方价格、财政和排水主管部门提出意见，报同级人民政府批准后执行。

污水处理费的征收标准暂时未达到覆盖污水处理设施正常运营和污泥处理处置成

本并合理盈利水平的，应当逐步调整到位。

该管理办法第二十一条规定：污水处理费专项用于城镇污水处理设施的建设、运行和污泥处理处置，以及污水处理费的代征手续费支出，不得挪作他用。

该管理办法第二十三条规定：服务费按照合同约定的污水处理量、污泥处理处置量、排水管网维护、再生水量等服务质量和数量予以确定。

该管理办法第三十条规定：城镇排水主管部门应当根据城镇排水与污水处理设施的建设、运行和污泥处理处置情况，编制年度城镇排水与污水处理服务费支出预算，经同级财政部门审核后，纳入同级财政预算报经批准后执行。

2.1.2　国家及行业政策

2000 年 5 月 29 日，国家环境保护总局、建设部和科技部联合发布了《城市污水处理及污染防治技术政策》，提供了污泥管理的宏观指导方针，提出城市污水处理应考虑与污水资源化目标相结合，积极发展污水再生利用和污泥综合利用技术。该技术政策规定城市污水处理产生的污泥，应采用厌氧、好氧和堆肥等方法进行稳定化处理，也可采用卫生填埋方法予以妥善处理。经过处理后的污泥，达到稳定化和无害化要求的可农田利用，否则应按有关标准和要求进行卫生填埋处置。

2007 年 11 月 22 日，国务院下发了《关于印发国家环境保护“十一五”规划的通知》（国发〔2007〕37 号），并印发了国务院同意的环境保护总局、发展改革委制定的《国家环境保护“十一五”规划》。其中明确要切实重视污水处理厂的污泥处置，实现污泥稳定化、无害化。强化直接排海工业点源控制和管理，确保稳定达标排放，强化对污泥和垃圾渗滤液的处置，防止产生二次污染，继续在沿海地区深入开展禁磷工作。对于城市污水处理工程，规定要配套污泥安全处置和再生水利用。另外，该规划还明确规定“污泥稳定化与资源化”为“十一五”环保产业优先发展的领域之一。

2008 年年初，《城市污水处理厂污水污泥处理处置最佳可行技术导则》（征求意见稿）（以下简称《最佳可行技术导则》）发布，该导则有利于防治城镇污水处理厂产生的污水污泥对地表水环境、地下水、土壤、大气的污染，引导并规范城镇污水处理厂污水污泥处理、处置技术应用和发展，为相关管理和应用部门提供决策参考和依据。

2009 年 2 月 18 日，住房和城乡建设部、环境保护部和科学技术部联合制定了《城镇污水处理厂污泥处理处置及污染防治技术政策（试行）》（建城〔2009〕23 号）（以下简称《技术政策》），这是我国首次从国家层面上出台污泥处理处置政策。其内容包括总则、污泥处理处置规划和建设、污泥处置技术路线、污泥处理技术路线、污泥运输和储存、污泥处理处置安全运行与监管、污泥处理处置保障措施七个部分，该技术政策规定了污泥处理处置的保障措施；另外，提出了污泥处理处置的投融资机制，有利于污泥市场的发展。

2010 年 2 月，环境保护部出台《城镇污水处理厂污泥处理处置污染防治最佳可行技术指南（试行）》（第 26 号公告）（以下简称《最佳可行技术指南》），筛选出了污泥处理处置的最佳可行技术。《技术政策》和《最佳可行技术指南》的出台为我国城市污水处理厂污泥处理处置指明了方向，在很大程度上将促进我国污泥处理处置的发展。

2010 年 4 月 16 日，环境保护部发布了《关于污（废）水处理设施产生污泥危险特性鉴别有关意见的函》（环函〔2010〕129 号），对在公共污水处理设施污泥的危险特性判定中的固体废物采样和鉴别方法做出相关规定。明确指出：专门处理工业废水（或同时处理少量生活污水）的处理设施产生的污泥，可能具有危险特性，应按《国家危险废物名录》、国家环境保护标准《危险废物鉴别技术规范》（HJ/T 298—2007）和危险废物鉴别标准的规定，对污泥进行危险特性鉴别。以处理生活污水为主要功能的公共污水处理厂，若接收、处理工业废水，且该工业废水在排入公共污水处理系统前能稳定达到国家或地方规定的污染物排放标准的，公共污水处理厂的污泥可按照第一条的规定进行管理。但是，在工业废水排放情况发生重大改变时，应按照第二条的规定进行危险特性鉴别。企业以直接或间接方式向其法定边界外排放工业废水的，出水水质应符合国家或地方污染物排放标准；废水处理过程中产生的污泥，属于正在产生的固体废物，对其进行危险特性鉴别，应按照《危险废物鉴别技术规范》的规定，在废水处理工艺环节采样，并按照污泥产生量确定最小采样数。

2010 年 11 月，环境保护部印发《关于加强城镇污水处理厂污泥污染防治工作的通知》，要求各级地方政府加快污泥处理设施建设，并明确：污水处理厂应对污水处理过程产生的污泥（含初沉污泥、剩余污泥和混合污泥）承担处理处置责任，其法定代表人或其主要负责人是污泥污染防治第一责任人。

2011 年 3 月 3 日，国家发展改革委和住建部联合发布《关于进一步加强污泥处理处置工作组织实施示范项目的通知》（发改办环资〔2011〕461 号），要求各地有关部门高度重视污泥处理处置工作。并提出“提高认识，高度重视污泥处理处置工作”，并在统筹规划、技术选择、设施建设、运营管理、监督检查等方面提出要求。

2011 年 3 月 14 日，国家发展改革委和住建部联合发布《城镇污水处理厂污泥处理处置技术指南（试行）》（建科〔2011〕34 号），针对我国城镇污水处理厂污泥大部分未得到无害化处理处置、资源化利用相对滞后的现状，借鉴日本、德国、英国、美国、法国等国的经验，对污泥处理处置的技术路线与方案选择、污泥处理的单元技术、污泥处置方式及相关技术、应急处置与风险管理等问题进行了深入剖析。

2011 年 12 月 15 日，国务院下达了《关于印发国家环境保护“十二五”规划的通知》（国发〔2011〕42 号），并印发了《国家环境保护“十二五”规划》，规划中明确指出：“十二五”期间，需推进污泥无害化处理处置和污水再生利用；开展工业生产过程协同处理生活垃圾和污泥试点，并将“污泥处理处置”确定为“十二五”环境保护重点工作之一。此外，在财税方面，对污水处理、污泥无害化处理设施、非电力行业脱硫脱硝和垃圾处理设施等企业实行政策优惠。全面落实“污染者付费”原则，完善污水处理收费制度，收费标准要逐步满足污水处理设施稳定运行和污泥无害化处置需求。

2012 年 5 月 4 日，国务院正式发布由国家发展改革委、住建部、环境保护部共同编制的《“十二五”全国城镇污水处理及再生利用设施建设规划》，明确“十二五”期间各项基础设施的建设目标。据估算，其中污泥处理处置设施建设投资 347 亿元，新增城镇污泥年处理处置规模约 500 万 t 干污泥（约合 2 500 万 t 湿污泥）。要求城市污泥无害化处置率达到 70%，其中 36 个大中城市达到 80%。县城、建制镇污泥无害化处置率达到 30%。而在投资主体、付费机制方面还有待进一步明确。

2012 年 8 月，国务院发布《全国地下水污染防治规划（2011—2020）》（国函〔2011〕119 号），要求未经稳定化且含水率超过 60%的城镇污水处理厂污泥不得进入生活垃圾填埋场。

2012 年 8 月 6 日，国务院下发了《关于印发节能减排“十二五”规划的通知》（国发〔2012〕40 号），通知中明确了：以城镇污水处理设施及配套管网建设、现有设施升级改造、污泥处理处置设施建设为重点，提升脱氮除磷能力。到 2015 年，城市污水处理率和污泥无害化处置率分别达到 85%和 70%。

2013 年 1 月 23 日，国务院办公厅下发了《关于印发近期土壤环境保护和综合治理工作安排的通知》（国办发〔2013〕7 号），其中规定：规范处理污水处理厂污泥，完善垃圾处理设施防渗措施，加强对非正规垃圾处理场所的综合整治。禁止在农业生产中使用含重金属、难降解有机污染物的污水以及未经检验和安全处理的污水处理厂污泥、清淤底泥、尾矿等。

2013 年 1 月 23 日，国务院下发了《关于加快发展节能环保产业的意见》（国发〔2013〕30 号），其中明确将污泥减量化、无害化、资源化技术装备确定为节能环保产业重点发展的技术装备之一。同时，还提出完善污水处理费和垃圾处理费政策，将污泥处理费用纳入污水处理成本的发展计划。

2013 年 9 月，国务院发布《关于加强城市基础设施建设的意见》，其中在城市污水处理厂污泥处理设施建设方面，要求以设施建设和运行保障为主线，加快形成“厂网并举、泥水并重、再生利用”的建设格局，并按照“无害化、资源化”要求，加强污泥处理处置设施建设，城市污泥无害化处置率达到70%左右。

2014年5月15日，国务院办公厅下发了《关于印发2014—2015年节能减排低碳发展行动方案的通知》（国办发〔2014〕23号），并印发了《2014—2015年节能减排低碳发展行动方案》，明确指出了要落实燃煤机组环保电价政策，完善污水处理费政策，并将污泥处理费用纳入污水处理成本。

2014年，中共中央、国务院印发了《国家新型城镇化规划（2014—2020年）》，其中提出：加强城镇污水处理及再生利用设施建设，推进雨污分流改造和污泥无害化处置。

2015年，新《环境保护法》与《水污染防治行动计划》（简称“水十条”）相继颁布实施，其中对污泥处置工作的规定也更加完善、严格，对非法排污企业加大惩罚力度。许多企业开始进行污泥处置工作，或者升级原有的污泥处理设施，让污泥处理更趋于减量化、无害化、稳定化、资源化。

2015年4月2日，国务院下发了《关于印发水污染防治行动计划的通知》（国发〔2015〕17号），并印发了“水十条”。文件规定：推进污泥处理处置，污水处理设施产生的污泥应进行稳定化、无害化和资源化处理处置，禁止处理处置不达标的污泥进入耕地。非法污泥堆放点一律予以取缔。现有污泥处理处置设施应于2017年底前基本完成达标改造，地级及以上城市污泥无害化处理处置率应于2020年底前达到90%以上。将污泥处理处置作为地方各级人民政府重点支持的项目和工作。完善标准体系，制修订有关污泥处理处置的污染物排放标准。同时，完善收费政策，城镇污水处理收费标准不应低于污水处理和污泥处理处置成本。

2015年6月12日，财政部、国家税务总局下发了《关于印发〈资源综合利用产品和劳务增值税优惠目录〉的通知》（财税〔2015〕78号），并印发了《资源综合利用产品和劳务增值税优惠目录》，该目录中列出了针对污水处理后产生的污泥、油田采油过程中产生的油污泥（浮渣）、化工废渣等多种类型污泥的综合利用产品和劳务增值税优惠条件和标准，规范和优化了资源综合利用产品和劳务增值税政策，推动了资源综合利用和节能减排。

2.1.3 污泥处理处置与资源化利用标准

建立一套较为健全、科学的法规与标准体系，使得污泥的无害化与资源化有章可循、有法可依。在我国标准规范体系中，2007年之前涉及污水污泥处理处置的内容非常有限，仅有《农用污泥中污染物控制标准》（GB 4284—1984）、《城市污水处理厂污水污泥排放标准》（CJ 3025—1993）、《城镇污水处理厂污染物排放标准》（GB 18918—2002）三项参照执行的标准规范。

2007 年以后，国家对污泥处理处置的管理力度进一步加大。国家环境保护总局启动“环境技术管理体系建设”，并将污水污泥列入首批试点的六大行业之一。为了尽快规范污泥处理处置行为，相关部门分别下达了国家和行业标准制定、修订计划，截至 2015 年 10 月，我国已经颁布制定了一系列污泥处理与处置相关的国家和行业标准，如表 2-1 所示。

表 2-1　污泥处理处置相关标准汇总

序号	标准编号	标准名称	发布部门	实施/发布日期
1	GB 4284—1984	农用污泥中污染物控制标准	中华人民共和国城乡建设环境保护部	1985-03-01
2	GB 18918—2002	城镇污水处理厂污染物排放标准	国家环境保护总局、国家质量监督检验检疫总局	2003-07-01
3	GB/T 23484—2009	城镇污水处理厂污泥处置分类	国家质量监督检验检疫总局、国家标准化管理委员会	2009-12-01
4	GB/T 23485—2009	城镇污水处理厂污泥处置混合填埋用泥质	国家质量监督检验检疫总局、国家标准化管理委员会	2009-12-01
5	GB/T 23486—2009	城镇污水处理厂污泥处置园林绿化用泥质	国家质量监督检验检疫总局、国家标准化管理委员会	2009-12-01
6	GB 24188—2009	城镇污水处理厂污泥泥质	国家质量监督检验检疫总局、国家标准化管理委员会	2010-06-01
7	GB/T 24600—2009	城镇污水处理厂污泥处置土地改良用泥质	国家质量监督检验检疫总局、国家标准化管理委员会	2010-06-01
8	GB/T 24602—2009	城镇污水处理厂污泥处置单独焚烧用泥质	国家质量监督检验检疫总局、国家标准化管理委员会	2010-06-01
9	GB/T 25031—2010	城镇污水处理厂污泥处置制砖用泥质	国家质量监督检验检疫总局、国家标准化管理委员会	2011-05-01
10	GB/T 27857—2011	化学品　有机物在消化污泥中的厌氧生物降解性　气体产量测定法	国家质量监督检验检疫总局、国家标准化管理委员会	2012-08-01
11	GB/T 27860—2011	化学品　高效液相色谱法估算土壤和污泥的吸附系数	国家质量监督检验检疫总局	2012-08-01
12	CJ/T 80—1999	污泥脱水用带式压滤机	中华人民共和国建设部	1999-06-04
13	CJ/T 221—2005	城市污水处理厂污泥检验方法	中华人民共和国建设部	2006-03-01
14	CJ/T 309—2009	城镇污水处理厂污泥处置农用泥质	中华人民共和国住房和城乡建设部	2009-10-01
15	CJ/T 314—2009	城镇污水处理厂污泥处置水泥熟料生产用泥质	中华人民共和国住房和城乡建设部	2009-12-01

序号	标准编号	标准名称	发布部门	实施/发布日期
16	CJ/T 362—2011	城镇污水处理厂污泥处置 林地用泥质	中华人民共和国住房和城乡建设部	2011-06-01
17	CJJ 131—2009	城镇污水处理厂污泥处理技术规程	中华人民共和国住房和城乡建设部	2009-12-01
18	CJ/T 3014—1993	重力式污泥浓缩池悬挂式中心传动刮泥机	中华人民共和国建设部	1993-12-01
19	CJ/T 3043—1995	重力式污泥浓缩池周边传动刮泥机	中华人民共和国建设部	1994-12-01
20	HJ/T 242—2006	环境保护产品技术要求 污泥脱水用带式压榨过滤机	国家环境保护总局	2006-06-01
21	HJ/T 335—2006	环境保护产品技术要求 污泥浓缩带式脱水一体机	国家环境保护总局	2007-04-01
22	HJ 2013—2012	升流式厌氧污泥床反应器污水处理工程技术规范	环境保护部	2012-06-01
23	HJ-BAT-002	城镇污水处理厂污泥处理处置污染防治最佳可行技术指南（试行）	环境保护部	2010-02
24	JB/T 11245—2012	污泥堆肥翻堆曝气发酵仓	工业和信息化部	2012-11-01
25	JB/T 11247—2012	链条式翻堆机	工业和信息化部	2012-11-01
26	JB/T 11824—2014	污泥深度脱水设备	工业和信息化部	2014-10-01
27	JB/T 11825—2014	城镇污水处理厂污泥焚烧炉	工业和信息化部	2014-10-01
28	JB/T 11826—2014	城镇污水处理厂污泥焚烧处理工程技术规范	工业和信息化部	2014-10-01
29	JB/T 11832—2014	污水处理厂鼓式螺压污泥浓缩设备	工业和信息化部	2014-10-01
30	JB/T 12578—2015	叠螺式污泥脱水机	工业和信息化部	2016-03-01
31	SY/T 6851—2012	油田含油污泥处理设计规范	国家能源局	2012-03-01
32	CECS 250—2008	城镇污水污泥流化床干化焚烧技术规程	中国工程建设标准化协会	2009-03-01
33	CECS75:95	带式压滤机污水污泥脱水设计规范	中国工程建设标准化协会	1995-12-08
34	DB31/T 403—2008	城镇污水厂污泥应用于园林绿化的技术要求	上海市质量技术监督局	2009-05-01
35	DB44/T 717—2010	再生环保燃料 污泥衍生清洁燃料	广东省质量技术监督局	2010-05-01

序号	标准编号	标准名称	发布部门	实施/发布日期
36	DB33/T 891—2013	污泥土地利用技术规范	浙江省质量技术监督局	2013-05-19
37	DB23/T 1413—2010	油田含油污泥综合利用污染控制标准	黑龙江省质量技术监督	2011-01-28
38	DBJ/T 45-003—2015	广西城镇污水处理厂污泥产物土地利用技术规范	广西壮族自治区住房和城乡建设厅	2015-08-03
39	DB13/T 2301—2015	市政污泥超临界水氧化处理技术规程	河北省质量技术监督局	2016-02-01

2.2 国外污泥控制环境管理体系现状

2.2.1 美国污泥控制环境管理体系现状

在美国最主要的污泥法规是 1993 年 2 月颁布的《污水污泥处置与利用标准》，是美国联邦法规的第 40 章第 503 部分，一般称为 40 CFR Part 503（503 条例）。在 503 条例制定过程中，美国国家环境保护局（EPA）对污泥资源化的风险进行了广泛的研究，经 11 年的调查研究，共花费了 1 500 万美元。1992 年 EPA 得出的结论认为，正确的污泥资源化，其风险可忽略不计。这项研究完成之后，EPA 才被允许制定对人类和环境健康具有保护性的污泥标准，包括总体要求、污染物浓度限值、管理条例、报告制度、记录制度、监测频率、运行标准，其组织结构如图 2-1 所示。

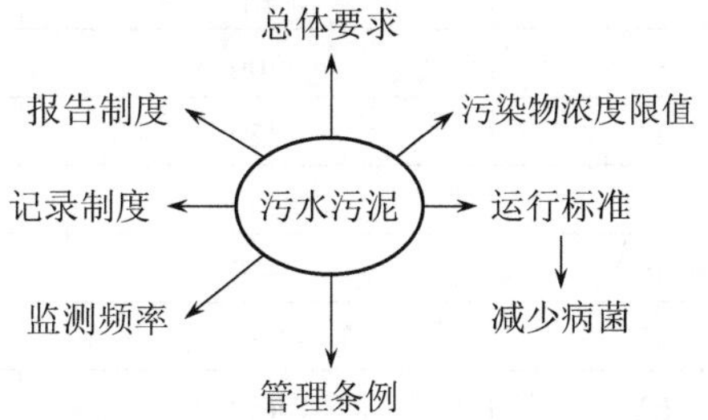

图 2-1　503 条例组织结构

2.2.1.1　污泥填埋相关标准法规

污泥填埋是现阶段一种主要的处理处置方式，有单独填埋和混合填埋两种。混合填埋是污泥进入垃圾填埋场，其必须满足垃圾卫生填埋的相关法规 40 CFR Part 258 的要求。对于污泥单独填埋，《污水污泥处置与利用标准》主要对总体要求、污染物浓度限值、监测频率、管理条例、记录制度和报告制度等内容进行了详细规定。

（1）污染物浓度限值

《污水污泥处置与利用标准》对污泥填埋重金属浓度限值进行了规定，并对没有渗滤液收集系统的活性污泥填埋地点进行了要求：

①在确定填埋地点是否可行之前，操作者需要得到权威机构的论证许可，权威机构根据填埋地点的污染物浓度决定是否适合填埋污泥。

②对于没有衬层和渗滤液收集的填埋系统，污染物的浓度不能超过表 2-2 的规定。

表 2-2 《污水污泥处置与利用标准》中污泥填埋的污染物浓度限值（按干质量计）

污染物	浓度限值/（mg/kg）
砷	73
铬	600
镍	420

③若污泥填埋地点距离填埋场边界小于 150 m，则按下列要求进行：放置污泥的位置到填埋场边界的距离必须进行测量；污泥中各种污染物的浓度不得超过表 2-3 的规定。

表 2-3 《污水污泥处置与利用标准》距离填埋场边界小于 150 m 的污染物浓度限值（按干质量计）

距离/m	浓度限值/（mg/kg）		
	砷	铬	镍
0～25	30	200	210
25～50	34	220	240
50～75	39	260	270
75～100	46	300	320
100～125	53	360	390
125～150	62	450	420

（2）管理条例

《污水污泥处置与利用标准》规定，所有污泥填埋场必须达到本规定内容的要求，否则不能建立污泥填埋场。要求包括：

①污泥不能填埋于可能威胁到濒临灭绝的物种的场地。②污泥填埋场不能位于洪水

冲刷地。③当填埋场位于地震影响区域，活性污泥填埋场必须满足最大的横向地面水平加速度抗震要求。④填埋场必须距离断层 60 m 以上。⑤活性污泥填埋场不能建立在不稳定的区域。⑥活性污泥填埋场不能靠近湿地，且要符合《清洁水法》中的 402 条和 404 条的部分条款。⑦对活性污泥填埋场流出物的规定：流出物必须进行收集，并根据国家污染物处理处置的要求和其他相关要求进行处理；流出物的收集系统必须保证可以运行 25 年，且每天 24 h 不间断运行。⑧渗滤液收集系统必须在污泥开始填埋到填埋场完全关闭后 3 年一直保持运行。⑨渗滤液收集系统必须达到相关的标准，并在停止填埋后的 3 年能持续工作。⑩当活性污泥铺上覆盖层后，填埋场上部空气中的甲烷气体的浓度不得超过最低爆炸极限浓度的 25%，这一监测必须从填埋开始到填埋场关闭 3 年后才能停止，或者得到相关权威部门的许可方可停止。⑪污泥填埋场禁止种植农作物、饲料作物及纤维作物以及放牧等，除非得到权威部门的许可方可实行。⑫填埋场运行及关闭后 3 年，禁止公众进入填埋场地。⑬污泥填埋过程中必须保证不污染土壤的蓄水层；必须邀请相关的权威部门对填埋场附近的地下水进行检测，以保证污泥填埋没有污染到地下蓄水层。

（3）监测频率

对污泥填埋过程中污染物的监测包括填埋污泥的监测及填埋场地上空大气的监测两个部分。填埋污泥的监测指标包括对污泥中重金属含量及病原体等的监测，其监测频率符合表 2-4 的规定，与污泥土地利用的相同，按照表 2-4 中的要求对污泥监测两年后，经过相关部门的许可，可减少对污泥中重金属和病原体密度的监测频率。对填埋场地上空大气的监测，规定要经常对污泥填埋场上空及填埋场周围的空气中的甲烷气体进行监测。当填埋的活性污泥上覆盖了土壤或其他的材料，且污泥填埋场已关闭 3 年以上时可以适当减少监测频率。

表 2-4　《污水污泥处置与利用标准》中填埋污泥的监测频率

填埋污泥质量[①]/（t/a）	监测频率
0～290	1 年 1 次
290～1 500	1 季度 1 次（1 年 4 次）
1 500～15 000	60 天 1 次（1 年 6 次）
≥15 000	1 个月 1 次（1 年 12 次）

注：①污泥质量以干污泥质量计。

2.2.1.2　污泥焚烧相关标准法规

在污泥焚烧方面，《污水污泥处置与利用标准》的相关内容包括污染物浓度限值、操作标准、管理条例、监测频率等几个部分。

（1）污染物浓度限值

《污水污泥处置与利用标准》对重金属浓度限值进行了如下规定：

①在污泥焚烧炉中，焚烧污泥必须符合美国国家排放标准中关于铍和汞的要求。

②污泥焚烧炉每天焚烧的污泥中铅的平均浓度不得超过式（2-1）计算出的值：

$$C=\frac{0.1\times C_{\mathrm{NAAQS}}\times 86\,400}{F_{\mathrm{DF}}\times(1-E_{\mathrm{CE}})\times m_{\mathrm{SF}}}\tag{2-1}$$

式中，C——污泥铅的日平均值；

C_{NAAQS}——国家环境空气质量标准中每 1 m^3 铅的含量，mg/m^3；

F_{DF}——扩散系数，mg/（$m^3\cdot g\cdot s$）；

E_{CE}——污泥焚烧炉中铅的焚烧效率，%；

m_{SF}——污泥日焚烧量（按干污泥计），t。

式（2-1）中的扩散系数 F_{DF} 值要根据大气扩散模型来决定，当污泥焚烧炉烟囱高度不大于 65 m 时，直接将污泥焚烧炉烟囱的实际高度代入大气扩散模型中计算；当污泥焚烧炉烟囱高度大于 65 m 时，污泥焚烧炉烟囱的可信高度得根据美国相关要求进行计算后代入大气扩散模型中计算。焚烧效率 E_{CE} 值需要通过对焚烧炉内的燃烧情况进行监测后才能加以确定。

③污泥焚烧炉每天焚烧的污泥中的砷、镉、铬及镍的平均浓度不得超过式（2-2）计算出的值：

$$C=\frac{C_{\mathrm{RSC}}\times 86\,400}{F_{\mathrm{DF}}\times(1-E_{\mathrm{CE}})\times m_{\mathrm{SF}}}\tag{2-2}$$

式中，C——污泥砷、镉、铬、镍的日平均值；

C_{RSC}——砷、镉、铬、镍在每 1 m^3 空气中的安全值，mg/m^3；

F_{DF}——扩散系数，mg/（$m^3\cdot g\cdot s$）；

E_{CE}——污泥焚烧炉中砷、镉、铬、镍的焚烧效率，%；

m_{SF}——污泥日焚烧量（按干污泥计），t。

式（2-2）中砷、镉、镍的安全值 C_{RSC} 规定见表 2-5。

表 2-5　污泥焚烧砷、镉、镍的安全值

重金属	安全值 C_{RSC}/（mg/m^3）
砷	0.023
镉	0.057
镍	2.0

铬的安全值 C_{RSC} 见表 2-6 的规定，也可以通过式（2-3）计算：

$$C_{RSC} = \frac{0.0085}{r} \tag{2-3}$$

式中，C_{RSC}——铬安全值，mg/m^3；

r——在焚烧炉内监测到的六价铬在总铬浓度中所占的百分比，%。

表 2-6　污泥焚烧铬的安全值

焚 烧 炉 类 型	安全值 C_{RSC}/（mg/m^3）
带湿式除尘器的流化床	0.65
带湿式除尘器及电除尘器的流化床	0.23
带湿式除尘器的其他种类焚烧炉	0.064
带湿式除尘器及电除尘器的其他种类焚烧炉	0.016

（2）操作标准

焚烧产生的烟气控制应按美国烟气污染控制法规的控制标准执行，《污水污泥处置与利用标准》对总碳氢化合物（THC）含量也做了规定。

①污泥焚烧炉所排出气体中的 THC 含量必须换算成为空气湿度为零时的浓度，即用 THC 浓度乘以以下校准因子，见式（2-4）：

$$\text{校准因子（湿度）} = \frac{1}{1-X} \tag{2-4}$$

式中，X——污泥焚烧炉中空气的湿度百分比，%。

②将焚烧炉排出气体中 THC 的含量换算成氧气体积分数为 7%情况下的浓度值，需要乘以以下校准因子，见式（2-5）：

$$\text{氧气校准因子} = \frac{14}{21-Y} \tag{2-5}$$

式中，Y——污泥焚烧炉内气体中氧气的干体积分数，%。

通过上面两个式子的校准后，污泥焚烧炉排放烟气中 THC 的月平均浓度不得超过

10×10^{-6}的体积比。

（3）管理条例

美国《污水污泥处置与利用标准》对污泥焚烧做了如下规定：

①必须安装一个持续监测并记录焚烧炉烟囱排气口中 THC 浓度的装置，装置上必须装有荧光离子探测器，能够一直维持在 150℃以上的高温下取样，且必须每 24 h 用丙烷校准至少一次；

②必须安装分别持续监测并记录焚烧炉烟囱排气口中氧气浓度、气体湿度及燃烧温度的装置；

③污泥焚烧炉操作时，燃烧温度的变化幅度不能超过 20%；

④必须根据污泥焚烧炉类型建立大气污染控制装置，且装置的操作参数必须满足装置的适当运行，焚烧炉及大气污染控制装置的操作条件必须满足国家环境空气质量标准的规定；

⑤如果污泥焚烧会对美国相关标准规定的濒临灭绝的或受到危害的生物产生影响，则应禁止污泥焚烧。

（4）监测频率

污泥焚烧所需监测的内容包括以下三个部分：

①污泥焚烧指标的监测。对污泥焚烧炉焚烧污泥中铍和汞的监测频率必须满足国家排放标准中的规定，砷、镉、铬和镍的监测频率按表 2-7 的规定进行。与污泥农用和污泥焚烧相同，按照表 2-7 中的要求对污泥监测两年后，经过相关部门的许可，可减少对污泥中重金属和病原体密度的监测频率。

②THC 浓度、氧浓度、湿度以及焚烧温度的监测。对焚烧炉排气烟囱口的 THC 浓度、氧气浓度和焚烧时炉内温度变化值及计算湿度值的相关参数进行连续监测。

③大气污染指数的监测。为确保排放气体达到国家环境空气质量标准的要求，要对焚烧炉排放的气体进行相关的监测，对大气污染指数规定的参数必须每天监测。

表 2-7　《污水污泥处置与利用标准》中焚烧污泥的监测频率

焚烧污泥质量①/（t/a）	监测频率
0～290	1 年 1 次
290～1 500	1 季度 1 次（1 年 4 次）
1 500～15 000	60 天 1 次（1 年 6 次）
≥15 000	1 个月 1 次（1 年 12 次）

注：①污泥质量以干污泥质量计。

2.2.1.3　污泥土地利用相关法律法规

（1）污染物浓度限值

在土地利用方面，40 CFR Part 503 对污泥质量的规定主要包括重金属和病原菌两项指标。尤其对重金属浓度的控制更是严格，不仅设置了最高浓度限值，还设定了月平均浓度限值、累积污染负荷限值和年污染负荷，如表 2-8 所示。

表 2-8　《污水污泥处置与利用标准》污泥农用相关标准值

重金属	项　目			
	最高浓度限值①, ②/（mg/kg）	累积污染负荷限值/（kg/hm^2）	月平均浓度限值③/（mg/kg）	年污染物负荷/［kg/（$hm^2 \cdot s$）］
砷	75	41	41	2.0
镉	85	39	39	1.9
铜	4 300	1 500	1 500	75
铅	840	300	300	15
汞	57	17	17	0.85
钼	75	—④	—④	—④
镍	420	420	420	21
硒	100	100	100	5.0
锌	7 500	2 800	2 800	140
适用范围	所有污泥	直接利用或袋装利用污泥	直接利用	袋装利用⑤

注：①干基；
②所有污泥利用必须满足的最高浓度限值；
③与 EPA 优质污泥（EQ）中重金属浓度限值相同；
④EPA 正在重新制定此项标准；
⑤指污泥装入袋中或其他容器中用来销售或运输后利用。

40 CFR Part 503 具体内容有：①当直接利用的污泥或装入袋中或其他容器中用来销售或运输后利用的污泥中重金属污染物含量超过最高浓度限值时，则不能用于农业用地；②如果污泥用于农业用地、林地、公共场所用地以及填海工程中，则必须满足下列两个条件中的其中一个，即各种污染物的累计负荷不得超过规定的累积污染负荷限值或各种污泥污染物不得超过规定的月平均浓度限值；③如果污泥用于草坪或私人花园的土壤中，则污泥中污染物的浓度不能超过月平均浓度限值；④如果污泥装入袋中或其他容器中出售用于农业用地，则必须满足以下两个条件之一，即污泥中各种污染物的含量不得超过月平均浓度限值或者污泥中总的污染物在土壤中的残留量和年污泥最高允许使用量都不得超过规定的年污染物负荷值。

在《污水污泥处置与利用标准》的"有机固体废弃物（污泥部分）处置部分"中，根据各类有毒有害物含量将污泥分为 A、B 两类：A 类是经灭菌处理，细菌或病毒无法检出，且达到环境允许标准的污泥，可用于肥料、园林植土、生活垃圾填埋坑覆盖土等用途，其土地利用病原体控制指标，见表 2-9。而 B 类污泥规格较低，其含有细菌或病毒含量，粪大肠菌群浓度一般小于 2×10^6 MPN/g TS（干质量）或小于 2×10^6 CFU/g TS（干质量），虽不会对公众和环境造成影响，但只能作林业用土，不能用于改良粮食作物耕地。

表 2-9 美国 A 类污泥土地利用病原体控制指标

限制项目	限制值
有机物减量/%	38
单位质量 TS 粪大肠杆菌/（MPN/g）	＜1 000
单位质量 TS 沙门氏菌/（MPN/g）	＜3
单位质量 TS 肠道病毒/（斑形成单位/g）	＜1/4
单位质量 TS 寄生虫卵/（个/g）	＜1/4

（2）管理条例

《污水污泥处置与利用标准》规定了污泥土地利用的管理条例，主要包括以下内容：

①污泥不能用于美国相关规定的濒临灭绝的或受到危害的生物栖息地，否则会对这些物种的生存产生影响。

②污泥不能用于美国相关标准规定的淹没地区、冰冻地区或者被大雪覆盖地区的农业用地、林地、公共场所用地或填海工程，有《清洁水法》402 或 404 部分条款规定的许可证的除外，否则会对湿地或地表水产生污染。

③污泥不能用于距离水源地 10 m 以内的农业用地、林地或填海工程，美国相关权威部门另外规定的除外，否则会对美国相关标准规定的水源造成潜在的危害。

④污泥用于农业用地、林地、公共场所用地或填海工程的总利用率必须等于或小于污泥的农艺利用率。在填海工程中，美国相关权威部门另外规定的除外。

⑤污泥用于农业用地、林地、公共场所用地或填海工程，必须记录相关的信息，包括：污泥出售方的负责人姓名及地址；记录污泥每年的施用率，以保证污泥施用不会超过规定的年污染负荷。

（3）监测频率

在污泥质量监测方面，不仅对分析手段进行了具体的规定，还对污泥中的重金属含量、土壤中的累积污染物浓度值、污泥中病原体等监测指标的监测频率进行了说明，见表 2-10。按照表 2-10，根据不同的产生量，监测频率要求不同，对污泥监测两年后，经过相关部门的许可，可减少对污泥中重金属和病原体密度的监测频率。

表 2-10　《污水污泥处置与利用标准》中农用污泥的监测频率

农用污泥质量[①]/（t/a）	监测频率
0～290	1 年 1 次
290～1 500	1 季度 1 次（1 年 4 次）
1500～15 000	60 天 1 次（1 年 6 次）
≥15 000	1 个月 1 次（1 年 12 次）

注：①污泥产生量以干污泥质量计。

2.2.1.4　其他法律法规和政策措施

（1）污泥作为日覆盖材料

美国的联邦法规和大部分州的法规均要求对填埋固体废物实施日覆盖，这为污泥作为日覆盖材料提供了法律依据；同时，美国联邦和各州的城市固体废物卫生填埋场法规，均要求对最终容量届满的填埋场进行最终覆盖，即封场，并进行植被恢复，使得污泥作为最终覆盖成为可能。

（2）污泥土地利用的经营许可证

美国缅因州规定政府首先必须在污泥中的污染物浓度和污泥的拟利用方式基础上，确定污泥是否适合于土地利用。如果污泥始于农艺利用，政府将颁发经营许可证。在许可证上，政府评估了土地利用的效益，土地利用对公众健康和环境的潜在风险，还规定了适当的选址和运行标准以防止所确定的风险。

（3）建立相关组织

为了在国家水平上提高公众认识，并促进污泥资源化，美国成立了国家污泥合作组织（NBP），并在议会的支持下与风险承担者共同组建污泥环境管理系统（EMS）。

2.2.2　日本污泥控制环境管理体系现状

日本建设省等部门制定了多部与污泥有关的法律法规、管理办法、操作标准，主要包括《污泥绿农地使用手册》《污泥建设资材利用手册》《推进形成循环型社会基本法》

《促进资源有效率用法》《食品循环资源再生利用促进法》《建筑工程材料再资源化法》《废弃物处理法》《化学物质排出管理促进法》等。

基于地少人多、资源稀缺的国情，日本一向对资源的循环再利用给予充分的关注，对于污泥也同样如此，因此出台了多项促进废物综合利用的政策法规。其中由建设省编制的《污泥绿农地使用手册》主要用于促进污泥农业和景观利用，1999 年日本就已约有60.0%的污泥用于农业和景观。同时，日本还制定了严格的重金属限值标准，以规范污泥的农业用途，控制由不当的污泥农用引起的二次污染。

日本是全世界利用焚烧炉灰渣和熔融渣进行回收再利用最早的国家，于1991年建设省就已编制了《污泥建设资材利用手册》，以推广污泥焚烧灰渣和熔融渣的回收再利用工作，其中灰渣广泛地利用在填满场址的覆盖资料，而灰渣与聚合物混合亦可作为在陶瓷产品、砖瓦等的原料，空气冷却熔渣使用在道路次积层材料和作为轻质骨材。同时日本详细制定了有关利用污泥焚烧灰制砖中对大气污染、噪声、震动方面以及对环境影响的综合性评价指标，见表2-11和表2-12。

表 2-11　日本污泥焚烧灰制砖大气污染项目及规定值

项　目	报告下限值
灰分（标准状况）	0.001 g/m^3
硫黄氧化物	0.1×10^{-6}
氯化氢	0.2×10^{-6}
氮氧化物	—
氧	—
排气量	—
镉及其化合物（标准状况）	0.002 mg/m^3
水银及其化合物（标准状况）	0.01 mg/m^3
铜及其化合物（标准状况）	0.008 mg/m^3
铅及其化合物（标准状况）	0.02 mg/m^3
镍及其化合物（标准状况）	0.008 mg/m^3
砷及其化合物（标准状况）	0.000 3 mg/m^3
锰及其化合物（标准状况）	0.004 mg/m^3

注：灰分、镉、铜、铅、镍、砷、锰及其化合物的报告下限值是标准状况吸引干气量 1 m^3 时的数值。

表 2-12　规划用地的噪声规定值　　单位：dB

项　目	时间的区分		
	朝夕	昼间	夜间
噪声值	＜60	＜65	＜55

对于污泥填埋，日本对填埋污泥中污染物限值的规定极其严格，包括重金属，烷基汞化合物、苯、多种有机物指标。日本污泥处理设施设置向集中化发展，除此之外，日本下水道工程局自 1986 年起兴建区域性污泥处理厂，以使处理厂的规模经济有效，同时经整合规划后，建立垃圾和污水污泥共同混烧的系统。

2.2.3　欧盟及其成员国污泥控制环境管理体系现状

欧盟的污泥管理可分为三个层次，即制定法律法规、编制标准、出台政策及管理措施等，并通过此三个污泥管理体系来实现污泥的减量化、无害化、资源化。

欧盟及成员国污泥管理的法规体系是由多项立法构成的综合体系（图 2-2），旨在严格控制与废弃物有关的活动，以保护欧洲水系免受这些活动的危害。这些法规包括城市污水处理法规、污泥农用法规、填埋法规、废弃物管理法规、地下水法规等，该法规体系对污水污泥的产生、循环利用和处置均有明显影响。

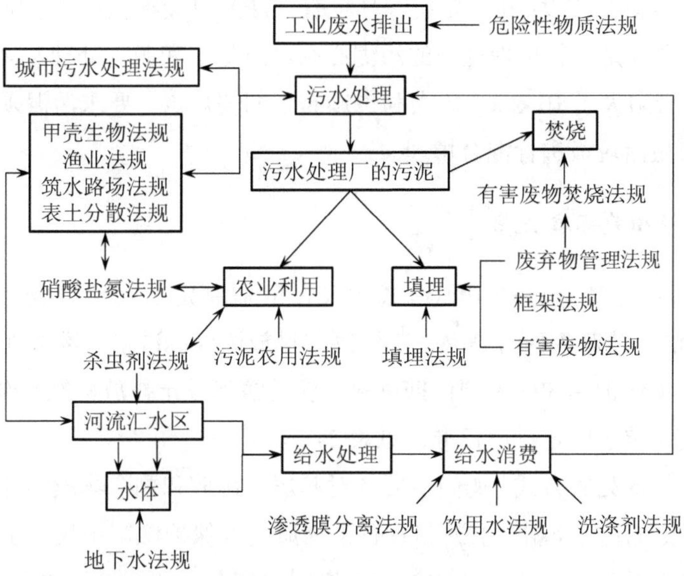

图 2-2　欧盟与污水处理厂污泥相关的指令法规体系

欧洲的污泥标准化工作主要体现在 CEN/TC308 计划的制订。该计划由三个工作组完成：第 1 组制定污泥物理参数、化学参数、生物参数三个部分的标准化规范；第 2 组制定污泥处理处置方法的指导准则，主要包括相关术语、污泥土地利用、污泥稳定、污泥焚烧、污泥填埋等内容；第 3 组预测未来污泥量等污泥相关数据及管理需求，研究污泥处理处置趋势及技术路线。

2.2.3.1 污泥填埋相关标准法规

在污泥填埋方面，欧盟标准将污泥填埋等同于普通的填埋，且为了保障污泥填埋不产生污染，于 1999 年颁布了《固体废弃物土地填埋法令》（1999/31/EC），该法令要求各成员国用于填埋的固体废弃物中的有机物含量必须逐年减少。污泥是一种富含有机物的固体废弃物，也必须遵守上述法令，但作为土壤改良或堆肥之用的污泥则不受此限制。这一准则同样仅为各成员国提供一个技术性框架，内容包括厂址选择、流程管理、污染控制、关场程序、预防性与保护性的措施（特别是针对渗滤液对于地下水的污染），其内容与美国国家环境保护局 503 条例有许多类似之处。

在污泥填埋方面，法国从 2002 年起就禁止对非最终处置状态的废物进行填埋，且填埋污泥的含固率必须大于 30%。德国 2000 年规定废物填埋需满足严格的废物技术指标，填埋污泥的固体含量不小于 35%，有机物含量小于 5%；德国的《土地保护法》及《垃圾排放法》规定从 2005 年 6 月 1 日开始，不符合《垃圾堆放条例》的没有预处理过的污泥禁止填埋。荷兰 1993 年制定的《环境管理法》对废物填埋许可证制度的相关内容进行了说明，并规定进行填埋处理的污泥必须经过稳定和脱水处理，含固率必须大于 35%，且剪切力必须大于 10 kPa。意大利也颁布了相关规定，要求污泥须经过稳定、脱水后方能与城市生活垃圾进行混合填埋。

2.2.3.2 污泥焚烧相关标准法规

为了确保污泥在焚烧过程中不造成污染，欧盟制定了《废弃物焚烧法令草案》（94/08/20），该法令针对各种污染物设定了固定排放浓度标准值。欧盟在焚烧方面，不同于美国国家环境保护局 503 条例依据进料污泥的情形设定排放标准，欧盟标准对各种污染物排放浓度设定了固定排放标准，见表 2-13。

对于污泥焚烧的处置方式，德国主要针对其尾气排放和剩余物质的处置制定了相关的法律条文。《大气污染控制标准》和《有害物质侵入保护法》中规定了污泥燃烧时的尾气排放时应达到的标准，如气体排放、焚烧固体剩余物和烟道气的净化（污泥灰）、烟道气净化产生的废水（洗涤器水）、灰存储的滤出液；并且规定了污泥焚烧必须得到环境行政部门的批准。《垃圾堆放条例》和《垃圾排放条例》规定污泥焚烧后的剩余物质可以填埋处理。

表 2-13　欧盟及其成员国固定源尾气排放标准（标准状况）　单位：mg/m^3

污染物	欧盟	德国	荷兰	瑞士	奥地利	瑞典
总悬浮颗粒物（TSP）	10	10	15	10	15	30
氯化氢（HCl）	10	10	10	20	10	50
氟化氢（HF）	1	1	1	2	0.7	2
硫酸根（SO_4^{2-}）	50	50	40	50	50	50
氮氧化物（按 NO_2 计）	200	200	70	80	100	—
一氧化碳（CO）	100	50	50	50	50	100
镉（Cd）	0.05	0.5	0.05	0.1	0.05	0.1
汞（Hg）	0.05	0.05	0.05	0.1	0.05	0.2
钛（Ti）	0.5	0.5	1	1	2	1
砷（As）	0.5	0.5	1	1	2	1
铅（Pb）	0.5	0.5	1	1	2	1
铬（Cr）	0.5	0.5	1	1	2	1
钴（Co）	0.5	0.5	1	1	2	1
铜（Cu）	0.5	0.5	1	1	2	1
锰（Mn）	0.5	0.5	1	1	2	1
镍（Ni）	0.5	0.5	1	1	2	1
钒（V）	0.5	0.5	1	1	2	1
锡（Sn）	0.5	0.5	1	1	2	1
二噁英类化合物/（ng/m^3）（标态）	0.1	0.1	0.1	0.1	0.1	0.1

2.2.3.3　污泥土地利用相关标准法规

为了避免或减轻污泥在农用时对土壤、植物、动物和人类健康产生的不良影响，欧盟制定了《欧洲议会环境保护、特别是污泥农用土地保护法令》（86/278/EEC）。该法令对污泥农用的准入条件（主要包括污泥前处理、污泥重金属含量、施用污泥的土壤重金属的含量以及土壤的 pH、微污染物含量、种植的作物选择等）以及污泥施用（主要包括单位土地面积和时间施用污泥的量、单位土地面积施用污泥重金属量、加入土壤营养物质量等）都做了明确规定。该法令实际上仅是一个条例大纲，供欧盟各成员国作为参考，各国在根据自身原有的环保法规予以调整补充，制定出本国的污泥土地利用标准。

（1）污泥重金属浓度限值

欧盟所有成员国都必须遵守《欧洲议会环境保护、特别是污泥农用土地保护法令》的相关规定，该法令还指出，如果污泥的重金属浓度超过规定标准，污泥将禁止用于农业，而如果土壤本身的重金属浓度超过法案所规定的标准值，则污泥农用后必须保证重金属浓度不超过相关的标准。因此，欧盟各成员国都十分重视污泥农用的安全性，制定了相关的标准，规定了污泥重金属浓度限值，见表 2-14，可以看出，各成员国规定的污泥重金属浓度限值都接近于或严于欧盟的标准。其中，以丹麦、荷兰、芬兰、瑞典及比利时等国对重金属浓度限值的规定最为严格，而希腊、卢森堡、爱尔兰、意大利及西班牙等国对重金属浓度限值的规定与欧盟的《欧洲议会环境保护、特别是污泥农用土地保护法令》中的规定一致。英国通过计算出土壤中由于污泥施用而增加的对环境产生负面作用的重金属的浓度，设置一个安全系数，制定了污泥中重金属的土地利用限值标准，控制污泥的土地施用而可能产生对土壤生物、植物和动物的负面影响，是欧盟唯一一个不规定污泥中重金属浓度而直接限定污泥农用对土壤重金属影响限值的国家。

表 2-14　欧盟及各成员国干污泥农用重金属浓度限值　　单位：mg/kg（干污泥）

欧盟及各成员国		镉	铬	铜	镍	铅	锌	汞
欧盟现行		20～40	—	1 000～1 750	300～400	750～1 200	2 500～4 000	16～25
欧盟（计划的）		10	1 000	1 000	300	750	2 500	10
丹麦		0.8	100	1 000	30	4 000	60～120	0.8
荷兰		1.25	75	75	30	300	100	0.75
芬兰		1.5	300	600	100	100	1500	1
瑞典		2	100	600	50	100	800	2.5
比利时	弗兰德斯	6	250	375	100	300	900	5
	瓦龙	10	500	600	100	500	2 000	10
波兰		10	500	800	100	500	2 500	5
奥地利		10	500	500	100	200	2 000	10
德国		5～10	900	800	200	900	2 000～2 500	8
法国		20	1 000	1 000	200	800	3 000	10
希腊		20～40	—	1 000～1 750	300～400	750～1 200	2 500～4 000	16～25

欧盟及各成员国		镉	铬	铜	镍	铅	锌	汞
卢森堡		20～40	1 000～1 750	1 000～1 750	300～400	750～1 200	2 500～4 000	16～25
爱尔兰		20	—	1 000	300	750	2 500	16
意大利		20	—	1 000	300	750	2 500	10
葡萄牙		20	1 000	1 000	300	750	2 500	16
西班牙	土壤 pH<7	20	1 000	1 000	300	750	2 500	16
	土壤 pH>7	40	1 750	1 750	400	1 200	4 000	25
爱沙尼亚		15	1 200	800	400	300	2 900	16
拉脱维亚		20	2 000	1 000	300	750	2 500	16

（2）土壤重金属浓度限值和重金属极限负荷

《欧洲议会环境保护、特别是污泥农用土地保护法令》规定重金属会通过作物对植物和人类健康产生危害，必须强制限制其在土壤中的含量。因此，《欧洲议会环境保护、特别是污泥农用土地保护法令》规定了污泥的年最大施用量或以每 10 年为基准来规定土壤中允许进入的重金属含量限值。欧盟一些成员国还按照土壤 pH 不同，规定了土壤中重金属含量限值。欧盟及成员国施用了污泥的土壤重金属浓度限值和污泥每年允许进入土壤的重金属极限负荷分别见表 2-15 和表 2-16，可以看出各成员国关于污泥农用的土壤中的重金属限值都接近或略严于欧盟《欧洲议会环境保护、特别是污泥农用土地保护法令》的规定。而荷兰、丹麦等国的标准要比欧盟标准严格得多，这主要是由于荷兰、丹麦等国沙质土壤具有的高渗透性，极易造成土壤及地下水污染，故要采取更加严厉的防范和打击手段。《德国污泥条例》中还规定了污泥撒播量、撒播次数，以及相应的监察方法。

表 2-15　欧盟及各成员国施用了污泥的土壤重金属浓度限值　单位：mg/kg（干污泥）

欧盟及各成员国	镉	铬	铜	镍	铅	锌	汞
欧盟现行	1～3	—	50～140	30～75	50～300	150～300	1～1.5
欧盟（计划的）	0.5～1.5	30～100	20～100	15～70	70～100	60～200	0.1～1
丹麦	0.8	100	36	35	85	140	0.3
荷兰	0.5	40	40	15	40	100	0.5
芬兰	0.5	200	100	60	60	150	0.2
瑞典	0.4	60	40	30	40	100～150	0.3

欧盟及各成员国		镉	铬	铜	镍	铅	锌	汞
比利时	弗兰德斯	0.9	46	49	18	56	170	1.3
	瓦龙	2	100	50	50	100	200	1
波兰		0.4	60	40	30	40	100～150	0.3
奥地利	下奥地利州	1.5	100	60	50	100	200	1
	上奥地利州	1	100	100	60	100	300	1
	布尔根兰州	2	100	100	60	100	300	1.5
	福阿尔贝格州	2	100	100	60	100	300	1
	施泰尔马克州	2	100	100	600	100	300	1
	克恩顿州	0.5～1.5	50～100	40～100	30～70	50～100	100～200	0.2～1
德国①		1.5	100	60	50	100	200	1
法国		2	150	100	50	100	300	1
希腊		1～3	—	50～140	30～75	50～300	150～300	1～1.5
卢森堡		1～3	100～200	50～140	30～75	50～300	150～300	1～1.5
爱尔兰		1	—	50	30	50	150	1
意大利		1.5	—	100	75	100	300	1
葡萄牙	pH＜5.5	1	50	50	30	50	150	1
	5.5＜pH＜7	3	200	100	75	300	300	1.5
	pH＞7	4	300	200	110	450	450	2
西班牙	pH＜7	1	100	50	30	50	150	1
	pH＞7	3	150	210	112	300	450	1.5
	pH＜5.5	3	—	80	50	300	200	1
英国	5.5＜pH＜6	3	—	100	60	300	250	1
	6＜pH＜7	3	—	135	75	300	300	1
	pH＞7	3	—	200	110	300	450	1
爱沙尼亚		3	100	50	50	100	300	1.5
拉脱维亚		1～3	50～100	25～75	20～50	40～80	80～100	0.8～1.5

注：①表中数值为 pH>6 的土壤，pH 在 5～6 的土壤，镉和锌的浓度限值分别为 1.0 mg/kg 和 150 mg/kg。

表 2-16　欧盟及各成员国每年允许进入土壤的重金属极限负荷　单位：kg/（$hm^2\cdot a$）

欧盟及成员国	镉	铬	铜	镍	铅	锌	汞
欧盟	0.15	—	12	3	15	30	0.1
欧盟(计划的)	0.03	3	3	0.9	2.5	7.5	0.03
丹麦	0.01	—	—	—	0.4	—	—
荷兰	0.02	1	1.2	0.2	1	4	0.02
瑞典	0.3	0.015	1	3	0.008	0.5	10
德国	0.016 7/0.008①	1.5	1.333	0.333	1.5	4.167/3.33②	0.0133
法国	0.06	3	3	0.6	2.4	9	0.03
英国	0.17	33	9.3	2.3	33	19	0.07
瑞士	0.83	0.017	1.33	1.33	0.017	0.165	3.33
奥地利	0.024	1.2	1.2	0.24	1.2	5	0.024

注：①适用于黏土含量 5%，pH 在 5～6 的松软土壤；
②对于牧场其值减半。

（3）污泥中病原体的限值

欧盟的《欧洲议会环境保护、特别是污泥农用土地保护法令》没有规定农用污泥中病原体的浓度。但是，为了减少病原体带来的健康风险，法国、意大利、卢森堡、波兰等一些成员国根据实际情况规定了各自在污泥农用时的病原体浓度要求，如表 2-17 所示。以上这些国家对病原体浓度的规定中最常见的病原体指标是沙门氏菌和肠道病毒。另外，丹麦法规中规定对病原体的控制主要是通过高端的污泥处理技术，污泥处理后必须达到无沙门氏菌要求，且排泄物中链球菌数量少于 100 个/g。

表 2-17　欧盟成员国污泥农用病原体浓度的限值

国　家	沙门菌	其他的病原体
法国	8 MPN/10g TS（干污泥）	肠道病毒：3 MPCN/10g TS（干污泥）； 蠕虫卵：3 MPCN/10g TS（干污泥）
意大利	1 000 MPN/g TS（干污泥）	—
卢森堡	—	肠道病毒：100 MPCN/g TS（干污泥）； 蠕虫卵：无传染性的蠕虫卵
波兰	若污泥中含有沙门氏菌，不能进行农用	寄生虫：10 MPCN/kg TS（干污泥）

注：MPN 为最大或然数；MPCN 为最大亲细胞的或然数。

（4）污泥中有机化合物的限值

《欧洲议会环境保护、特别是污泥农用土地保护法令》没有规定农用污泥中有机化合物的浓度。但奥地利、丹麦、法国及德国等国规定了农用污泥中的有机化合物的浓度，如表 2-18 所示。

表 2-18 欧盟成员国污泥农用有机化合物浓度的限值

国家	项目							
	PCDD/PCDF/［ng/kg（干污泥）］	PCBs/［mg/kg（干污泥）］	AOX/［mg/kg（干污泥）］	DEHP/［mg/kg（干污泥）］	LAS/［mg/kg（干污泥）］	NPE/［mg/kg（干污泥）］	PAH/［mg/kg（干污泥）］	Toluen/［mg/kg（干污泥）］
奥地利	100	0.2	500	—	—	—	6	—
法国	—	—	0.8	—	—	—	2～5 1.5～4	—
德国	100	0.2	500	—	—	—	—	—
瑞典	—	0.4	—	—	—	100	3	5

（5）其他规定

欧盟《欧洲议会环境保护、特别是污泥农用土地保护法令》第六章规定污泥生产者要根据相关标准为污泥使用者提供相关数据；还规定经过处理后的污泥才能用于农田，对有些未经过处理的不会对人类和动物健康产生危害的污泥，各成员国可在特定条件下将其注入土壤中以改善土壤肥力。该法令定义“处理后的污泥”为经过生物、化学、热处理、长期储存或运用其他适当的方法，从而大大减少了危害性的污泥。大部分欧盟成员国的法规都有类似的规定，但对未经处理的污泥的规定存在差异。

第七章规定了污泥禁止施用的土地类型：①处于放牧期的草地或处于收获期的饲料作物农田，欧盟成员国必须根据自己国家的地理和气候条件确定放牧期或收获期，通常不少于 3 周；②生长期水果和蔬菜的农田，果树农田除外；③与土壤直接接触能生吃的水果和蔬菜用地，作物收获前 10 个月及收获期的农田。丹麦禁止将污泥用于森林的土地。《德国污泥条例》规定污泥不能用于花园或农业土壤，不能用于永久绿地、林地、景观保护地及水果蔬菜种植地，不能用于水域保护地带，不能用于重金属和有害物质超标的地上。

第八章规定各成员国必须在考虑植物营养需求且不危害土壤、地表水和地下水的情况下使用。当污泥用于 pH 小于 6 的土壤时，各成员国必须考虑重金属流动性和可利用性的提高，有必要降低欧盟《欧洲议会环境保护、特别是污泥农用土地保护法令》中规定的标准值。

第十章规定各成员国必须保证对近来的污泥使用数据做出统计报告，内容包括：①污泥产生量及污泥农用的量；②污泥的组成及与相关标准相应的理化性质；③污泥的处理方式；④污泥使用者的姓名、住址及使用地点。

德国《肥料法》和《肥料条例》都是关于控制农田肥料的质量和使用的法律。《肥料法》中规定了污泥必须经过专门检查后才能作为肥料使用；《肥料条例》中详细规定了污泥作为肥料使用时重金属及有害物质的临界值，以及污泥作为肥料使用时应满足的前提条件。欧盟各成员国还规定了污泥施用量限值，如表 2-19 所示。

表 2-19　各成员国污泥施用量限值

国家	连续施用量/［t/（$hm^2·a$）］	可连续施用年限/a	一次性最大施用量/（t/hm^2）
丹麦	10	10	100
荷兰	1～10	1	1～10
瑞典	1	5	5
德国	0.33	3	1
法国	3	10	30
瑞士	1.66	3	5
芬兰	1	1	1
比利时	1～4	3	3～12
爱尔兰	2	1	2
意大利	2.5～5	3	7.5～15
卢森堡	3	1	3

2.2.3.4　其他法律法规、政策措施

（1）用户付费政策

用户付费政策即向废弃物产生者征收一定的费用以使其承担排放废弃物的社会责任。收费方式主要有两种：一种是基于废弃物的体积进行收费；另一种是基于废弃物的重量进行收费。该政策从源头上对废弃物的产生加以控制，是使废弃物产生量实现最小化的重要经济政策，同时也促进了公众参与废弃物循环计划的实施。

（2）填埋费用政策

欧盟填埋费用政策规定的填埋费用包括填埋费和填埋税。

①填埋费。

填埋费是填埋场的工作人员在处理送往填埋场废弃物的过程中所承担的运行成本，它是填埋场维持运行的基础。其目的是反映废弃物处理长期成本的填埋费，可保证废弃物产生者为处理这些废弃物支付全部的长期成本。填埋的处理成本包括四个部分：直接运行成本、因填埋场地开发而需要投入的借贷资本费用、土地占用的资本费用和为填埋场地关闭与关闭后场地恢复、养护所需的储备金。西班牙的污泥处理处置方式主要依赖填埋，但90%的填埋场不符合欧洲标准，对填埋处置污泥采用收费政策，但污泥的填埋费较低，仅相当于意大利的一半，大约30欧元/t。

②填埋税。

填埋税由政府强制征收，其目的是刺激废弃物产生者主动削减待处理的废弃物数量，促使废弃物的处置方式由填埋转变为其他在“废物管理层次”中处于较高地位的方式。

征收填埋税的经济学方面的主要理由是将填埋运行中的外部成本内部化。欧洲等西方国家采用填埋税制度的目的都是将废弃物的填埋处置转变为优先度最低的废弃物管理方式，英国是唯一的将废弃物填埋引起的外部成本作为税收基础的国家。在1994年的预算中，英国首次公布废物管理的填埋税计划。最初的计划是根据填埋处置成本按值计税，但遭到反对，后来改为根据废弃物的重量来征税。英国实施的双轨税制，即对难以发生反应的废弃物和有机废弃物征收不同的税率。1996年10月，英国开始实行填埋税制度，填埋税由海关与国家税务部征收，适用于在环境法规允许下的填埋场废弃物。

（3）循环利用和循环垫付政策

循环利用包括对废弃物进行加工以生产出一种有用的原材料或产品等过程。

在决定采用最适合的废弃物管理政策时，人们已经习惯仅仅考虑填埋和焚烧的运行成本，所以只有当循环利用的边际成本等于其产生的边际收入时，循环利用措施才会被采用。而循环垫付政策可以促使用户对废弃物进行循环利用，有两种手段：①提高填埋和焚烧成本，一般通过强制执行更加严格的环境标准来实现。该方法已经在欧盟国家得到了很好的应用，一些成员国还对填埋和焚烧实行了特殊的税制。②支持从事废弃物循环利用的加工性企业，主要通过提供免税、低息贷款或循环垫付支付方式来实现，以促进其发展壮大。

（4）鼓励能源再利用政策

由于能源供应日益紧张，一些成员国采用鼓励能源再利用政策，如西班牙将污泥列为替代能源之一，并在 2010 年前建设成总量达 1 800 MW 的生物质能利用设施。为此，西班牙政府制定并实行了减免增值税、补贴、国家投资等一系列鼓励政策，同时，还对企业废能的回收比例设置了合理的技术准入门槛，在废热回收上能够达到 67%以上的企业，则允许在能源采购价格中免除 20%的增值税。

3

污泥处理、处置及资源化利用技术现状

3.1 污泥种类及处理原则

国内外污泥处理处置所遵循的普遍原则是“减量化、稳定化、无害化和资源化”。其中，减量化是指减少污泥最终处置前的体积，以降低污泥处理及最终处置的量从而降低费用支出；稳定化是指对容易腐败发臭的有机物质进行稳定处理，使污泥稳定化，最终处置后污泥不再进一步降解，避免二次污染的产生；无害化是指使有毒有害物质得到妥善处理与利用，达到污泥的无害化和卫生化；资源化是指充分利用污泥中的有用物质，变废为宝。

3.1.1 污泥的减量化

污泥减量化是 20 世纪 90 年代提出的剩余污泥处理处置概念，是通过物理、化学和生物等手段，使整个生物处理系统中污泥产量减少的过程。这主要是因为由于污泥含水量很高，体积很大，且呈流动性，经一般浓缩脱水后仍然具有较高含水率和体积，对其后续处理和处置造成了诸多困难，并增加了后续处理成本，必须首先要对其进行减量化处理，以达到降低污泥处理及最终处置的费用，以及便于运输和消纳的目的。

污泥减量化通常分为质量减少和过程减量。质量减少的方法主要是稳定和焚烧。污泥体积的减少则主要通过污泥浓缩、污泥脱水两个步骤来实现。而过程减量可通过膜生物反应器、生物捕食、微生物强化、代谢解偶联、超声波技术、臭氧法及氯化法等方法实现。

3.1.2 污泥的稳定化

污泥中含有一定量的有机物含量易腐败并产生恶臭，如不经稳定化处理直接堆放或者土地利用，在一定的外部环境条件下随着时间的延长，污泥将产生厌氧降解反应，发生腐败现象并产生恶臭。污泥稳定化一般指采用生物好氧或厌氧消化工艺，或添加化学药剂等方法，易腐败的部分有机物被分解转化，进一步减少其含水量，不易腐败，恶臭大大降低，杀灭所含的细菌、病原体，消除臭味，使各种成分处于相对稳定状态，方便运输及处置，且避免在污泥的最终处置过程中造成二次污染的一种处理方法。其目的就是通过采用适当的处理技术，使污泥安全、无臭味，实现重金属的稳定，从而得到循环再利用（如水泥熟料、建筑材料、园林土、土壤改良剂等）或以某种不损害环境的形式重新返回到自然环境中。

3.1.3　污泥的无害化

污泥中含有一定的病原菌、寄生虫卵及病毒，如果不进行妥善的处理处置，易造成传染病大面积传播，并将会对环境造成直接或潜在的污染。

污泥无害化处理的目的是采用适当的方法杀死、去除、分解或者“固定”污泥中的有毒有害物质（如有机有害物质、重金属等），并进行消毒灭菌，大大提高污泥的卫生指标，使处理后的污泥不会对环境造成冲击和危害，使其具有突出的安全性和可持续性。

3.1.4　污泥的资源化

根据污泥来源和种类的不同，其中含有不同程度的热量以及氮、磷、钾、重金属、贵金属等有用物质。资源化就是指在处理污泥的同时，通过回收其中的有用物质、回收生物质能源、进行建材利用等方式，达到变害为利、综合利用、保护环境的目的。这主要是由污泥的特性决定的：污泥含有大量有机物，可以通过厌氧消化的方式产生甲烷气回收生物质能源；热量高采用焚烧的方式时，可通过回收烟气的余热作为各种用途，焚烧灰渣可作为建材原料；污泥含氮、磷、钾等元素，可进行土地利用；重金属、贵金属等可回收再利用。因此，污泥可以根据其特性选择合理的资源化方式。污泥资源化的特征是：环境效益高、生产成本低、生态效益高、能耗低，既符合可持续发展的战略方针，又有利于建立循环型经济。

3.2　污泥处理技术

根据住建部统计年鉴数据，截至 2015 年，我国城镇湿污泥产量（含水率 80%）为 3 807 万 t。按照水网预测，随着城镇化进程的推进，2020 年湿污泥产量将攀升至 4 547 万 t，可见未来国内的污泥处理处置市场将会非常巨大。污泥处理是对污泥进行减量化、稳定化、无害化，实现其最终处置的中间过程及手段，污泥处置是污泥处理的目标和结果。其中污泥处理一般包括浓缩、脱水、厌氧消化、好氧堆肥、干化、焚烧等方法。

3.2.1 污泥浓缩

3.2.1.1 污泥浓缩原理

解决目前在污泥处理过程中所遇到的许多问题时，降低污泥含水率是关键所在。污泥浓缩和脱水的作用就是去除污泥中的大量水分，将含水率从 99.3%左右降至 60%～80%，体积降至原体积的 1/15～1/10，使其有利于运输和后续处理。为了保证污泥浓缩和脱水效果，需要对污泥进行调理，提高污泥的浓缩和脱水性能。一般来说，污泥调理是污泥浓缩和脱水的预处理，浓缩是脱水的预处理，脱水是最终污泥处理处置的预处理。

根据污泥中所含水分与污泥的结合方式，可以将污泥中的水分分为孔隙水、毛细结合水、表面吸附水和内部结合水。

其中间隙水又称自由水，存在于污泥颗粒间隙中的游离水，占污泥水分的 70%左右。由于间隙水不直接与固体结合，所以作用力弱，很容易分离，分离过程可借助重力沉淀（浓缩压密）或离心力进行。这部分水是污泥浓缩的主要对象，浓缩处理之后，大部分间隙水得以去除。通常认为，污泥的调理技术和后续机械脱水破坏了污泥胶体结构，从而可以进一步释放出间隙水。

3.2.1.2 浓缩技术的分类及典型工艺

（1）重力浓缩法

重力浓缩本质上是一种沉淀工艺，利用污泥中的固体颗粒与水之间的密度差来实现泥水分离，属于压缩沉淀。

该法已有 50 多年的发展历史，是目前主流的污泥浓缩工艺。它利用重力作用的自然沉降分离方式形成高浓度污泥层达到浓缩污泥的目的，不需要外加能量，在所有浓缩方法中最为节能。但重力浓缩并非对任何污泥种类都适用，如果采用该法浓缩生物除磷剩余污泥时，污泥中的磷会大量释放，因此其上清液还需要进行除磷处理。

重力浓缩构筑物称为重力浓缩池，一般采用水密性钢筋混凝土建造，设有进泥管、排泥管和排上清液管，平面形式有圆形和矩形两种，一般多采用圆形。

按其运转方式的不同，重力浓缩可以分为间歇式和连续式两种。

间歇式重力浓缩池进泥与出水都是间歇的，因此，在浓缩池不同高度上应设多个上清液排出管，可建成矩形或圆形。间歇式操作管理麻烦，且单位处理污泥所需的池容积比连续式的大。间歇浓缩池设计的主要参数是停留时间。如果停留时间太短，浓缩效果不好，太长不仅占地面积大，还可能造成有机物厌氧发酵，破坏浓缩过程。停留时间的长短最好经过试验确定。重力浓缩法的优点是贮存污泥的能力强，操作要求不高，运行费用低，缺点是占地面积大，且会产生臭气，对于某些污泥工作不稳定，经浓缩后的污泥非常稀薄。

（2）气浮浓缩法

气浮浓缩于 1957 年出现在美国。与重力浓缩相反，是依靠大量微小气泡附着在污泥颗粒的周围，减小颗粒的比重而强制上浮，固液分离效果较好，目前应用已越来越广泛。相对于重力浓缩法，气浮法优势在于占地面积、运行成本低；但该法的污泥贮存能力较弱，动力消耗、操作要求较高。气浮浓缩是依靠微小气泡与污泥颗粒产生黏附作用，使污泥颗粒的密度小于水而上浮，并得到浓缩。气浮法对于浓缩污泥颗粒密度接近于水（相对密度接近于 1）的、疏水的污泥尤其适用，对于浓缩时易发生污泥膨胀的、易发酵的剩余活性污泥，其效果尤为显著。根据气泡形成的方式，气浮可以分为压力溶气气浮、生物溶气气浮、涡凹气浮、真空气浮、化学气浮、电解气浮等。

（3）离心浓缩法

对于轻质污泥，离心浓缩法能获得较好的处理效果。在高速旋转的离心机中，由于污泥中的固体颗粒和水的密度不同，因此所受离心力大小不同而使两者得到分离。离心浓缩法的特点是效率高、时间短、占地面积小、卫生条件好。

用于污泥浓缩的离心机种类有转盘式离心机、沉降式离心机和过滤离心机等。离心浓缩器的性能可用三个指标来表示：①浓缩系数，即浓缩污泥浓度与入流污泥固体浓度的比值；②分流率，即清液流量与入流污泥流量的比值；③固体回收率，即浓缩污泥中固体物总量与入流污泥中固体物总量的比值。

（4）带式机械浓缩机浓缩

带式机械浓缩机主要用于污泥浓缩脱水一体化设备的浓缩段。重力带式机械浓缩机主要由框架、进泥配料装置、脱水滤布、可调泥耙和泥坝组成。其浓缩过程为：污泥进入浓缩段时被均匀摊铺在滤布上，好似一层薄薄的泥层，在重力作用下泥层中污泥的表面水大量分离并通过滤布空隙迅速排走，而污泥固体颗粒则被截留在滤布上。带式机械浓缩机通常具备很强的可调节性，其进泥量、滤布走速、泥耙夹角和高度均可进行有效的调节以达到预期的浓缩效果。

（5）转鼓机械浓缩

转鼓机械浓缩是将经化学混凝的污泥进行螺旋推进脱水和挤压脱水的工艺，一般采用转鼓转筛机械浓缩机或类似的装置，主要用于浓缩脱水一体化设备的浓缩段，特点是占地面积小、简便高效、投资和能耗较低、浓缩后污泥含水率较低。但是该工艺依赖于添加聚合物，操作管理要求高，并且存在臭气污染风险和设备腐蚀问题。

3.2.1.3 国内外研究及应用现状

重力浓缩、气浮浓缩和机械浓缩（离心浓缩法、带式机械浓缩机浓缩、转鼓机械浓缩）是目前最常用的几种污泥浓缩方法。重力浓缩法虽然具有操作管理简便、节能、无药耗、运行成本低、维修费用低的优点，但其占地面积大，重力浓缩时间长、易释磷，浓缩效果不理想，卫生条件差，特别是对于低浓度活性污泥的浓缩，不能有效地去除污泥中的水分。而气浮浓缩和机械浓缩工艺由于停留时间较短，可以克服以上缺点，并能达到较好的浓缩效果，在污泥处理领域中有逐渐取代重力浓缩工艺的趋势。

3.2.2 污泥脱水

3.2.2.1 污泥脱水原理

污泥经过浓缩后，含水率仍维持在95%左右，体积仍很大，不利于后续处理，因此需要进一步脱除水分，使其转化为半固态或固态泥块。脱水是将流态的原生、浓缩或消化污泥脱除水分，转化为半固态或固态泥块的一种污泥处理方法。经过脱水后，污泥含水率可降低到55%～80%，视污泥和沉渣的性质和脱水设备的效能而定。

根据前文所述，污泥中的水分根据其与污泥的结合方式的不同分为孔隙水、毛细结合水、表面吸附水和内部结合水。其中，毛细结合水是在高度密集的细小污泥颗粒周围的水，由于产生毛细管现象，既可以构成在固体颗粒的接触面上由于毛细压力的作用而形成的楔形毛细结合水，又可以构成充满于固体本身裂隙中的毛细结合水，由毛细现象而形成的，约占污泥水分的 20%。由于这部分水是结合力大、结合紧的多层水分子，仅靠重力浓缩不易使其脱出，可通过人工干化、电渗力或热处理去除，也可施加与毛细水表面张力相反的作用力，如离心力、负压力抽真空等外力，破坏毛细管表面张力和凝聚力的作用力而分离。实际中常用离心机、真空过滤机或高压压滤机来去除这部分水。此外，污泥的调理技术和后续机械脱水除了可以进一步去除孔隙水，还可以去除部分毛细结合水。

3.2.2.2 脱水技术的分类及典型工艺

污泥脱水的方法，主要有自然干化法、造粒脱水法和机械脱水法。

（1）自然干化法

污泥干化场自然干化法主要构筑物是污泥干化场，是用土堤围绕和分隔的平地，依靠下渗和蒸发降低流放到场上的污泥的含水量，受当地降水量、蒸发量、气温、湿度等的影响，一般适宜于在干燥、少雨、沙质土壤地区采用，易对环境造成严重污染，不适用于化工污泥。

（2）造粒脱水法

造粒脱水机是造粒脱水法的主要设备。其主体是钢板制成的卧式筒状物，分为造粒部、脱水部和压密部，绕水平轴缓慢转动。造粒机构造简单，不易磨损，电耗少，维修容易。其一般工艺是：加高分子混凝剂后的污泥，先进入造粒部，在污泥自身重力的作用下，絮凝压缩，分层滚成泥丸，接着泥丸和水进入脱水部，水从环向泄水斜缝中排出。最后进入压密部，泥丸在自重下进一步压缩脱水，形成粒大密实的泥丸，推出筒体。

（3）机械脱水法

在污泥脱水的三种方法中，机械脱水是目前最主要也是应用最广泛的脱水方法，因此一般脱水法即指机械脱水法。

1）带式压滤脱水。

带式压滤脱水所采用的主要设备是带式压滤脱水机，一般由滤带、辊压筒、滤带张紧系统、滤带调偏系统、滤带冲洗系统和滤带驱动系统构成。

带式压滤脱水机利用滚压筒的压力和滤布的张力在滤布上榨去污泥中的水分。污泥带式压滤工艺过程先后经过重力脱水、压榨脱水和剪切脱水三个过程。含水污泥进行分离，经污泥泵输送至污泥搅拌罐，同时投加凝聚剂进行充分混合反应，而后污泥流入带式污泥压滤机的布泥器，均匀分布到重力脱水区上，并在泥耙的双向疏导和重力作用下随着脱水滤带的移动，迅速脱去游离水。由于重力脱水区设计较长，从而实现最大限度的重力脱水。翻转下来的污泥进入超长的楔形预压脱水区将重力区卸下的污泥缓缓夹住，形成夹角层，使泥层中的残余游离水分减至最低。随着上下两条滤带缓慢前进，两条滤带之间的上下距离逐渐减小，对夹角层污泥进行顺序缓慢预加压过滤，通过预压脱水大直径的过滤辊，将大量的游离水脱掉。随后，泥饼顺利进入挤压脱水区，进入“S”压榨段，污泥被夹在上下两层滤布中间。上下两条滤带在经过交错各辊形成的波形路径时，由于两条滤带的上下位置顺序交替，对夹持的泥饼产生剪切力。泥饼经若干个压榨辊反复压榨，将绝大部分残存的水分挤压滤除，使泥饼再一次脱水。最后脱水污泥由纤维刮泥板剥离，由皮带输送机或无轴螺旋输送机运至污泥存放处。滤布用水清洗以防止堵塞，影响过滤速度。采用带式压滤脱水机时，只需加入少量高分子絮凝剂，便可使污泥脱水后的含水率降到75%～80%，不增加泥饼质量。

2）板框压滤脱水。

板框压滤脱水所采用的主要设备是板框压滤机，主要由固定板、滤框、滤板、压紧

板、压紧装置、自动一气动闭合系统测板悬挂系统、滤板震动系统、滤布高压冲洗装置及机身一侧光电保护装置等组成。滤框采用中空结构。多块滤板、滤框平行交替排列，在滤板和滤框中间布置过滤介质（如滤布）。滤框和滤板通过两个支耳，架在水平的两个平等横梁上，一端是固定板，另一端是压紧板，通过压紧装置压紧或拉开。

板框压滤机在工作时，用压紧板把滤板和滤框压紧，从而在滤板与滤板之间形成压滤室。污泥从进液口流入，在滤布上过滤出滤饼，滤饼在框内集聚，通过放松滤板和滤框使泥饼剥落。而从污泥中压滤出的水压滤机滤液的排出方式有明流和暗流两种，通过在板、框角上作为排液通路的通道或板、框两侧伸出的挂耳通道加料和排出滤液。

3）螺旋压榨脱水。

螺旋压榨脱水所采用的主要设备是螺旋挤压过滤机，其类型非常多，可分为单螺杆和双螺杆两大类，其主体构造均是由圆筒状的金属制筒屏外套及其装配于内部的圆锥状螺旋轴组成，并通过改变螺杆杆距或螺杆直径等方法对进入的物料施加压力，来挤出其中的水分，减小其体积。

将絮凝或未絮凝的料浆送入一个直径逐渐减小、压力逐渐增加的螺旋输送结构中，螺杆在一个圆筒形的筛网中慢速度旋转。物料从螺旋轴一端进入，在螺旋叶片的推动力下向另一端输送的同时，还会受到螺旋与筒屏间的挤压力，从而完成物料的压榨脱水。被挤压出来的滤饼通过出口锥排出。在出口处有气动或机械制动的压力调节装置，反压力调节系统可以调节出不同脱水程度的滤饼。同时，通过操作螺旋回转数和选用不同锥形的螺旋也可调整泥饼含水率。在出口处应设置控制器和已经设定参考扭矩范围的对比仪，对比仪测定扭矩，并与参考扭矩的范围进行对比。当滤饼含水量过高时，对比仪检测到的扭矩则会较小，然后向控制器输送一个减速信号。控制器在收到减速信号后，就会在指定时间内降低驱动器的转速，从而延长物料在滤筒内的脱水处理过程，降低滤饼含水率。当滤饼含水量过低时，其工作过程相反。

4）离心脱水。

离心脱水所采用的主要设备是污泥离心脱水机，类型多种多样，实际工艺中常用到的为卧螺式离心机、碟片式离心机和叠螺脱水机。

卧螺式离心机可以实现连续工作。在运转时，由一根静置的进料管将已添加絮凝剂的污泥送入转鼓，由于高速旋转和摩擦，物料在机器内部被加速并且沿转轴形成一定厚度的污泥料液层。由于污泥颗粒和水的密度不一样，在高速旋转产生的离心力作用下，形成固液分离。

碟片式离心机也可以进行固体、油、水三相的分离。其脱水能力不是很强，目前主要用于分离一般离心机难分离的悬浊液或者三相分离的液体。

叠螺脱水机的螺旋主体由固定环和游动环相互层叠而成，螺旋轴贯穿其中。前段为浓缩部，后段为脱水部。叠螺脱水机运转时，污泥在浓缩部经过重力浓缩后被运输到脱水部，在前进过程中随着滤缝及螺距的逐渐变小，体积不断缩小，再加上背压板的阻挡作用，从而产生极大的内压，达到充分脱水的目的。

3.2.2.3　国内外研究及应用现状

以上这些污泥脱水方法各有优缺点，应根据不同的条件（处理水质、处理规模、气候等）加以选择。其中污泥机械脱水是目前应用最广泛的脱水方法，带式压滤脱水机电耗低，板框压滤脱水机滤饼含水率低，卧螺式离心机对污泥流量波动的适应性强、密闭性能好、处理量大、占地面积小。

但是，污泥成分复杂、比重较小、颗粒较细并往往是胶态状况，决定了其不易脱水的特点，所以到目前为止，研究主要集中在如何改变污泥颗粒的结构，破坏菌胶团表面的有机质疏水膜方面上，从而改进污泥的脱水性能，使其中的水分更易于脱出，进一步提高脱水程度，比如采用加碱、超声波、热水解等预处理，是国内外研究的热门课题。随着今后研究的不断深入，脱水技术将会不断成熟化、经济化、自动化、高效化，为污泥脱水处理提供更好更多的选择。

3.2.3　污泥干化

3.2.3.1　污泥干化原理

污泥干化是靠热量将水从污泥中蒸发出来。蒸发水分需要一定的热能，每升蒸发量最低需要热量 620 kcal，还要加上一定的效率损失。对于干化工艺来说，直接或间接加热具有不同的热效率损失，也具有不同的环境影响，是进行项目环评和经济性考察的重要内容。干化工艺的成熟程度、运行稳定性、可靠性以及维护操作的简便性、友好性等也是各个干化工艺相互比较的重要内容。

污泥水分的脱除过程主要分为两个阶段：污泥表面水分的汽化蒸发过程和污泥内部水分的扩散过程。蒸发过程是物料表面的水分汽化，由于物料表面的水蒸气压低于介质（气体）中的水蒸气分压，水分从物料表面移入介质。扩散过程是与汽化密切相关的传质过程。当物料表面水分被蒸发掉，形成物料表面的湿度低于物料内部湿度，此时，热量的推动力将水分从内部转移到表面。上述两个过程的持续、同时进行，基本反映了干燥的机理。

此外，污泥的流变性能对干化过程也有很大影响。随着含水率的变化，污泥的形态主要分为三个阶段：第一，湿区，处于该阶段的污泥含水率较高，一般大于60%，具有很好的自由流动性，可以很容易地流入干化装置；第二，黏滞区，处于该阶段的污泥含水率在40%～60%，具有一定的黏性，不易自由流动，因此该阶段是污泥干化处理过程中需要避免的区域；第三，粒状区，此阶段的污泥含水率降至40%以下，污泥呈现颗粒状，极易与湿污泥或其他物质混合。

3.2.3.2 干化技术分类及典型工艺

根据干化后污泥是否需要返回工艺中进行混合和造粒以及返回的位置，污泥干化技术又分为前返混型、后返混型和无返混型。

按最终获得的污泥产品的含水率不同，污泥干化技术可以分为半干化和全干化。半干化工艺是指将污泥干燥至湿区的底部，全干化工艺是指将污泥含水率降至10%以下。在全干化过程中，为了使混合后的污泥越过黏滞区的固态污泥（大约含水率为65%），采用再循环混合技术，选取合适的比例将再循环混合污泥与湿污泥进行混合，一般情况下，再循环污泥的量要大于欲混合的湿污泥的量。

根据污泥与加热介质的接触方式不同，污泥干化技术可以分为直接加热式、间接加热式、热辐射加热式，以及几种技术的整合应用。直接加热式是指污泥与加热介质直接进行接触混合，使污泥中水分蒸发，污泥得以干燥，属于对流干化技术。直接加热方式又分为转鼓式、传送带式、气动传输式、其他间歇式（包括太阳能式）。间接加热式是指加热介质先把热量传递给第三介质——加热器壁，加热器壁再将热量传递给湿污泥，使污泥中水分蒸发，污泥得以干燥，属于热传导干化技术。间接加热式只有依靠有效的热传导，才能获得较高的热效率。间接加热方式又分为转碟式、桨叶式、薄层式、流化床式、涡轮薄层式。

按设备形式不同，污泥干化技术可以分为转鼓式、转盘式、带式、螺旋式、离心式、流化床式、多重盘管式、薄膜式、桨叶式等多种形式。

按干化设备进料方式和产品形态不同，污泥干化技术可以分为干污泥返混式和湿污泥直接进料式。干污泥返混式是指湿污泥在进料前先与一定比例的干泥混合，然后进入干燥器，产品为球状颗粒，是干化、造粒结合为一体的工艺；湿污泥直接进料式，是指湿污泥直接进入干化装置，通过热力干燥，产品多为粉末状。

下面对几种典型干燥工艺进行重点介绍。

（1）流化床污泥干燥机

流化床污泥干燥机为直接加热式干燥机。流化床污泥干燥机主要分为风箱、中间段和抽吸罩三部分。干燥机的最下面是风箱，用于将循环气体分送到流化床装置的不同区域，其底部装有一块特殊的气体分布板，用来分送惰性流化气体。该板具有设计坚固的优点，其压降可以调节，保证了循环气体能适量均匀地导向整个干燥机。风箱的上面是中间段，在该段，热交换器内置于此，使脱水污泥水分蒸发的所有能量均通过此热交换器送入。通常蒸汽或者热油可作为热交换的热介质。抽吸罩作为分离第一步，用来使流化的干颗粒脱离循环气体，而循环气体带着污泥细粒和蒸发的水分离开干燥机并通过流化床下部风箱，将循环气体送入流化床内。颗粒在床内流态化并同时混合，通过循环气体不断地流过物料层，达到干燥的目的。该机具有低排放、环保高效、高安全性、自动化程度高等优点，而且干燥机本身无动部件，故无须维修，从而节省了维护成本。

（2）桨叶式干燥机

桨叶式干燥机是一种以热传导为主的双轴（四轴）卧式搅拌型干燥机。由带有夹套的“w”形壳体和两根空心桨叶轴及传动装置组成。轴上排列着中空叶片，轴端装有热介质导入的旋转接头。干燥水分所需的热量由带有夹套的“w”形槽的内壁和中空叶片壁传导给物料。物料连续定量地由加料口加入干燥机内，在中空桨叶搅拌、混合与分散的同时受到来自中空桨叶和夹套双重加热作用，从而实现对物料的干燥、蒸发，干燥合格的物料由中空桨叶输送至出料口并排出机外。热载体可采用导热油、蒸汽和水等，热载体直接进入外壳夹套内和旋转的中空桨叶轴内，单位体积的传热面积较大，热效率高。该机具有设备占地少、能耗低、投资省、安全可靠、灵活兼容度高、运行维护费用低的特点。

（3）圆盘式干燥机

污泥圆盘式干燥机为间接式干燥机，其传热面积较大，因此单台处理能力相对桨叶式干燥机较高，占地面积小，而且此类干燥机污泥载荷大，即使进料不均匀，也能保证平稳运行。此外系统中氧气含量低，杜绝了粉尘爆炸的可能性，较为安全可靠。

污泥圆盘式干燥机主要是由定子（外壳）、转子（转盘）和驱动装置组成。通过转盘边缘的推进/搅拌器的作用，污泥被均匀缓慢地输送通过整个干燥机，并通过与转盘的热接触被干化。在干化过程中，热蒸汽冷凝在转盘腔的内壁上，形成冷凝水。冷凝水通过一个管子被导入中心管，最终通过导出槽导出干燥机。在每两片转盘之间装有刮刀，刮刀固定在外壳（定子）上。刮刀可以疏松盘片间的污泥，使废蒸汽快速离开污泥。污泥干化过程中保持干燥机内负压运行，从而避免了臭味的泄漏。

（4）带式干燥机

带式干燥机工作原理为：污泥与加热空气接触时，即开始蒸发水分。污泥均匀地分散在整个接触带上，使之均匀蒸发。蒸发水所需要的热量大约是 800 kcal/kg。带式干燥机可采用单层或双层干化系统，传送带速可调，以满足不同停留时间的需要。污泥与传送带之间无相对运动，设备耐磨性好，适合应用于全干化。具有干燥速度快、蒸发强度高、产品质量好的优点。但是由于其采用热风和污泥进行换热，造成需风量较大，因此能耗高，换热系统复杂，系统运行调整复杂。

3.2.3.3 国内外研究及应用现状

无论土地利用、焚烧、农业利用还是热能利用，污泥干化是重要的第一步，这使得污泥干化在整个污泥管理体系中扮演着重要的角色。在实际应用中，干化一般和土地利用、焚烧等处理技术联合使用。

污泥干化处理技术呈现出多样化的格局，各种工艺均有其独特优势和相对的弊端，需结合不同处理情况综合考虑。实际应用中，应从我国国情及实际污泥泥质出发，综合比对，选择工艺先进、技术可靠、经济可行的污泥干化工艺。一般而言，间接干燥技术与直接干燥技术相比，有产品质量易于保证、干燥热源趋于多样化、高热效率、节约能源、低污染等优点，更适应当今对环境和能源的要求，正在受到越来越多的关注。目前应用较多的污泥干化工艺设备包括流化床干化、桨叶式干化、薄层干化、带式干化、卧式转盘式干化、立式圆盘式干化和喷雾干化等工艺设备。

早在20世纪40年代，欧美和日本等国家就开始将直接加热式转鼓干燥器用于污泥的干化处理，随后又研发出了更加安全、环保、经济可行的间接干化设备，20世纪90年代以后污泥干化技术得到了迅速发展。目前，全世界有50余家污泥干燥设备公司，具有代表性技术、设备的厂家有奥地利Andritz（转鼓、流化床、带式工艺）、意大利Vomm（涡轮薄层工艺）、比利时Keppel Seghers（圆盘工艺）、德国Atlas Stord（转碟工艺）、法国Degremont Innoplana（薄膜-带式组合工艺）、德国Huber（带式工艺）、德国Siemens USFilter/Sernaggiotto（转鼓工艺）、荷兰Vandenbroek（转鼓工艺）、法国Veolia Kruger（带式工艺）、美国Komline-Sanderson（空心桨叶工艺）、日本Nara（空心桨叶工艺）、日本TSK（空心桨叶工艺）、日本Okawara（回转热管工艺）、比利时BioSolids（圆盘工艺）等（以技术商国籍为准）。

相对而言，国内对污泥干化技术的研究起步较晚，近年来，污泥水热干化技术研究应用有了较大进展，但投资省、能耗低、效率高的国产干化设备仍然缺乏，国内污泥干化工程依然主要采用国外的干化技术和设备，国内真正拥有自主知识产权且具备推广价值的研究成果还很有限，造成了国内污泥干化成套技术供给市场被几家外国公司垄断的局面。因此，我国可以考虑采用“引进技术，国内加工”的方式来降低投资成本，在我国自主知识产权的国产化设备上加强研究和突破，提升国内自主研发能力，增强国内技术储备，从而保障国内污泥干化市场的健康有序发展。

对于化工污泥来说，其中有相当大的一部分具有腐蚀性、毒性、易燃反应性，会对人体健康或生态环境造成有害影响。在进行干化处理时，要根据污泥在一定温度下的特性来确定设备型式，并配备相应监测仪表，用以保证运行的安全性。

3.2.4　污泥焚烧

3.2.4.1　污泥焚烧原理

依据化工污泥来源和种类的不同，其中可能会含有一定量的有机物和纤维素、木质素，具有一定热值，焚烧法正是利用这一特点来处理化工污泥的。但化工污泥是否适宜采用焚烧技术进行处置，以及采用焚烧方式时执行哪项国家标准，同样也需要先对其进行危险性判别，再根据危险特性选择合适的焚烧方法。

化工污泥的焚烧是指对将脱水或干燥后的化工污泥，依靠其自身的热值或辅助燃烧，放入焚烧炉在空气供给过量的条件下，将污泥加热，并高温氧化、热解并彻底破坏其中的有机物和病原体等物质的方式。实质上，化工污泥焚烧可以看作化工污泥中有机物的氧化过程，在产生稳定化飞灰的同时排放出一定量烟气，污泥中的 C、H、S 成分或可能包含的 NH_3 等可以进行燃烧化学反应，放出热量。在完全燃烧的情况下，应该排放出 CO_2、H_2O、N_2、NO_x 及 SO_2 等气体，但不可能完全焚烧彻底，因此同样会排放出 CO。

影响污泥焚烧过程的因素有很多，主要因素有污泥的性质、停留时间、燃烧温度、空气过量系数等。其中停留时间、燃烧温度、污泥性质和过剩空气系数是反应焚烧炉性能的主要指标。对于化工污泥来说，根据《危险废物鉴别标准》（GB 5085.1～GB 5085.7）中的鉴别程序和鉴别规则，属于危险废物的，且满足《危险废物焚烧污染控制标准》（GB 18484—2001）中规定的废物焚烧要求的，即不具有易爆和放射性的化工污泥可以采用焚烧处置方式，其要求如下：①危险废物焚烧处置前必须进行前处理或特殊处理，以达到进炉的要求；②危险废物在炉内燃烧时需均匀、完全、彻底，不得有残留物质；③焚烧温度应达到 1 100℃以上，烟气停留时间应在 2.0 s 以上，燃烧效率大于 99.9%，焚烧去除率大于 99.99%，焚烧残渣的热灼减率小于 5%。

3.2.4.2　焚烧技术的分类及典型工艺

经过数十年的发展，污泥焚烧技术发展出了许多工艺，概括起来主要有两大类：污泥直接焚烧技术和污泥混合焚烧技术。

（1）污泥直接焚烧

直接焚烧是利用污泥本身有机物含有的热值，向经过脱水处理后的污泥中添加少量的助燃剂，再送入焚烧炉进行燃烧，焚烧核心设备是焚烧炉，主要有多膛式焚烧炉、流化床焚烧炉和回转窑焚烧炉三种。与污泥混合燃烧相比，污泥直接焚烧的工艺简单、操作方便，但是成本较高。

为了实现节能目标，一般需要将污泥先干化，大幅降低其含水率后再进行焚烧。因此，目前的污泥焚烧工程一般采用干化和焚烧联用的处理工艺。且对于化工污泥来说，根据《危险废物鉴别标准》（GB 5085.1～GB 5085.7）中的鉴别程序和鉴别规则，属于危险废物的，焚烧设施场所的选址原则、焚烧基本技术性能指标、焚烧排放大气污染物的最高允许排放限值、焚烧残余物的处置原则和相应的环境监测等必须满足《危险废物焚烧污染控制标准》（GB 18484—2001）的相关规定。不属于危险废物的化工污泥，则可按城镇污水处理厂污泥的焚烧相关标准进行处置。而单独焚烧泥质指标及限值、取样和监测等执行《城镇污水处理厂污泥处置　单独焚烧用泥质》（GB/T 24602—2009）。

（2）污泥混合焚烧

污泥焚烧处理设施投资大，处理费用高，一般来说，焚烧总成本是其他工艺的 2～4 倍，通常适用于污泥产生量大、土地资源紧缺且经济水平较高的发达城市。所以为了降低污泥焚烧成本，出现了污泥混合焚烧技术，主要有三种：发电厂污泥与煤的混合燃烧、污泥与固体废物的混合燃烧、利用现有工业炉窑的混合燃烧。其优点有以下几方面：①有效利用污泥热值来用于平衡焚烧系统，降低能源成本，同时达到污泥的减量化、无害化目标，实现“双赢”；②可以利用现有烟气净化系统对污泥燃烧带来的污染物进行净化处理，最大限度地减少对环境的二次污染；③可以利用现有电厂、固体废物焚烧厂、工业炉窑的焚烧设施，且不需要进行较大的改造，提高焚烧污泥的经济可行性；④现有电厂、固体废物焚烧厂、工业炉窑厂的职工往往是受过良好训练、有相当的专业素养。但目前对于以上三种混烧工艺中的污泥掺烧比例等关键参数尚无权威定论。

1）发电厂污泥与煤的混合燃烧。

目前，国内外有些发电厂已将污泥与煤混合燃烧用于发电，国内外已有的混烧实践表明，过高的混烧比例会造成尾部净化装置，特别是静电除尘器产生严重结灰现象，另外在黏结物中也会发现有硫化物金属。国外一般掺烧含水率为 65%～80%的脱水污泥，污泥掺烧量约为煤质量流量的 5%，在实际应用中对烧煤发电厂的正常运转没有不利影响。但是还有一些问题，如将污泥和煤混合燃烧前的污泥干燥颗粒化预处理，按混烧特性进行焚烧系统的调整问题，污泥燃烧产生的灰尘与空气混合爆炸问题以及因混烧污泥而产生的污染副产物问题等需要在应用过程中不断解决。

2）污泥与固体废弃物的混合燃烧。

分别燃烧污泥和固体废弃物的成本太高，而现在固体废弃物焚烧炉大都采用了先进的技术，配有完善的尾气处理装置，因此可以在固体废弃物中混入一定比例的污泥一同焚烧，其主要目的是节约新建污泥焚烧和烟气处理设施的投资、降低运营成本。早在20世纪70年代，在多膛炉内进行湿污泥的混烧就很流行，污泥在多膛炉上部干燥，而固体废弃物则经过磨碎、除去金属颗粒后从炉膛中部挥发分析出区域加入，这种方法会造成污泥臭气的逸出。在随后新建的焚烧厂中，采用了链条炉和多膛炉组合的方式进行焚烧，废弃物在链条炉中焚烧，而污泥则在多膛炉中燃烧，来自链条炉中烟气的热量用来加热干燥并燃烧污泥。目前，已出现将垃圾与污泥在流化床焚烧炉中进行混合焚烧的方法，即利用垃圾焚烧排出的气体在粉碎干燥机内把污泥粉碎、干燥，然后在流化床焚烧炉内进行混烧脱臭处理。混烧时，固体废弃物与污泥的入料比例一般为3∶1，含固率约为90%的干污泥以粉末状的形式进入焚烧室或通过进料喷嘴将含固率为20%～30%的脱水污泥喷入燃烧室。

3）利用工业炉窑的混合燃烧。

采用此种焚烧方法时，通过制砖、水泥或沥青等工业用焚烧炉温度高达1 200℃的高温焚烧，污泥中有害的有机物质不但可以被完全分解而降低污染性，污泥的无机部分（重金属）还一并被固定在成品砖、水泥或沥青等工业产品中，从而实现废物再利用，同时还节约了能耗。但一般而言，该方法对污泥中的重金属含量也有要求，它仅适用于Hg含量低于3 mg/kg的干污泥，而且加入的干污泥量通常低于正常燃料的15%。

下面对几种典型的污泥焚烧工艺进行重点介绍。

（1）流化床焚烧工艺

流化床焚烧是20世纪60年代开始在欧洲发展起来的新型燃烧技术，70年代出现于美国和日本。最近几十年发展迅速，流化床燃烧技术本身由第一代的鼓泡流化床发展到第二代的循环流化床，应用范围也从工业流化床锅炉发展到电站锅炉。

流化床焚烧炉主体构造是一个圆形塔体，下部设有分配气体的分配板，塔内衬有耐火材料，并装有耐热粒状载体。气体分配板由多孔板做成，部分平板上带有一定形状和数量的专用喷嘴。气体从下部通入，并以一定速度通过分配板，使床体载体“沸腾”呈流化状态。污泥从塔侧或塔顶加入，通过载体（砂子）进行流化，再加入到流化床中与高温的砂子接触、传热进行燃烧。燃烧气从塔顶排出，尾气中夹带的载体粒子和灰渣一般用除尘器捕集后，载体可返回流化床内。

（2）回转窑焚烧工艺

转炉内胆是由具有较高阻力的耐火材料组成，炉膛结构稍微倾斜并以较低的速度旋转，通过炉膛的旋转，带动污泥旋转，翻转换热，使得污泥在不同的温度区域内干燥、析出挥发分、燃烧并燃烧后的灰分冷却。燃烧通常在800～1 000℃，烟气和灰分冷却的热量用于空气的预热和产生蒸汽。污泥的燃尽率不高，因为在污泥做旋转运动时，污泥外表面部分燃烧并烧结成团，而内部污泥并没有完全燃烧。

窑体的一端以螺旋加料器或其他方式进行加料，另一端将燃尽的灰烬排出炉外。污泥在回转窑内可同向或逆向与高温气流接触。逆向流动时，预热污泥，热量利用充分，传热效率高。排气中常携带污泥中挥发出的有害臭气，故必须进行二次焚烧处理。顺向流动的回转窑，一般在窑的后部设置燃烧器，进行二次焚烧。

（3）多膛炉焚烧工艺

多膛焚烧炉是一个垂直的圆柱形耐火衬里钢制设备，内部炉膛由许多水平的耐火材料构成，自上而下布置有一系列水平的绝热炉膛，一层一层叠加。一般多膛焚烧炉可含有4～14个炉膛，从焚烧炉底部到顶部有一个可旋转的中心轴，每个炉膛上都有搅拌装置，即搅拌臂。搅拌臂上有一定数量的齿，通常齿长为100 mm左右。通过转动中心轴搅拌臂可以耙动污泥，使之以螺旋形轨道通过炉膛，一般炉膛内污泥厚度保持在120 mm左右。辅助燃料的燃烧器也位于炉膛上。

多膛焚烧炉的工作过程是污泥由上而下逐层下落，从整体焚烧过程来看，可将多膛焚烧炉分为三个部分。上部为干燥区，绝大部分污泥的水分从中蒸发。顶部二层起污泥干燥作用，温度425～760℃，可使污泥含水率降至40%以下；中部几层为污泥焚烧区，温度可达760～925℃。该层进一步还可分成中部挥发分气体及部分固态物燃烧区和下中部固定碳燃烧区域；多膛焚烧炉最下部几层称缓慢冷却区，主要起冷却并预热空气的作用，温度为260～350℃。

3.2.4.3 国内外研究及应用现状

欧盟、日本等国家和地区从20世纪90年代起就开始将焚烧工艺作为处理污泥的主要方法。目前，日本在焚烧工艺方面的研究很多，如将焚烧灰作为沥青填料、砖瓦材料、路床和路基材料、水泥原料、熔融填料等，该方法已占污泥处理总量的55%以上。欧盟利用焚烧法处理污泥也在处理总量的10%以上。

相较于国外，国内在污泥焚烧技术方面开展的研究工作还较少，在焚烧设备方面，国内虽然已可以实现自给，但投资省、能耗低、效率高的国产设备仍然缺乏，国内污泥干化焚烧工程依然主要采用国外的关键技术和设备，致使国内污泥焚烧成套技术供给市场主要由几家知名的外国公司占据。但是近年来，国内少量引进了国外先进技术和设备，积累了一些经验，提高了自主开发能力，并且形成了部分产品。在工程应用方面，我国污泥的焚烧量大幅增加。

可见，焚烧作为目前减量化、稳定化和无害化处理最为彻底的污泥处理方法之一，在污泥市场占据着重要的地位。从技术实用性、经济可行性和环境友好性方面综合考虑，并结合我国国情，利用现有燃煤热电厂、固体废弃物焚烧设施和工业炉窑的化工污泥混烧发电技术有比较大的发展空间和推广价值。

3.2.5　物化处理

3.2.5.1　物化原理

物化处理是指运用物理和化学的综合作用，或指包括物理过程和化学过程的单项处理方法。该方法有简单易行、处理效果明显及运行稳定等优点，但经物化法处理后的化工污泥不能彻底地实现减量化、稳定化、无害化，因此物化处理仅能作为化工污泥处理处置与资源化的预处理手段和方法。对于化工污泥，可根据其种类和性质，尝试采用以下物化工艺。

3.2.5.2　物化技术的分类及典型工艺

（1）溶剂萃取法

化学污泥的溶剂萃取法是物化处理法的一种。萃取指利用化合物在两种互不相溶（或微溶）的溶剂中溶解度或分配系数的不同，使化合物从一种溶剂内转移到另外一种溶剂中，经过反复多次萃取，将绝大部分的化合物提取出来的方法，萃取剂可重复使用。利用相似相溶原理，萃取有两种方式：一种是浸取法，也叫固—液萃取，即用溶剂分离固体混合物中的组分；另一种是溶剂萃取法，即液—液萃取法，其原理是用液态的萃取剂处理与之不互溶的双组分或多组分混合溶液，实现组分分离的传质分离过程。

分配定律是萃取方法理论的主要依据，物质对不同的溶剂有着不同的溶解度。同时，在两种互不相溶的溶剂中，加入某种可溶性的物质时，它能分别溶解于两种溶剂中，在一定温度下，该化合物与此两种溶剂不发生分解、电解、缔合和溶剂化等作用而仅属于物理变化时，此化合物在两液层中之比是一个定值。此定值即为分配系数，用 K 来表示。分配系数公式见式（3-1）：

$$K=\frac{C_{\mathrm{A}}}{C_{\mathrm{B}}} \qquad (3\text{-}1)$$

式中，C_{A} 和 C_{B} 分别表示一种化合物在两种互不相溶的溶剂中的量浓度。萃取时各成分在两相溶剂中分配系数相差越大，则分离效率越高。溶剂萃取法中选定的溶剂必须具有选择性的溶解能力，而且必须具有好的热稳定性和化学稳定性，对毒性和腐蚀性亦有较严格要求。

除了一般的溶剂萃取法，国内外也不断研究开发了一些新型的萃取技术。其中超临界萃取技术就是一种正处于研究阶段的新技术，它将常温常压下的气态物质经高压达到液态用作萃取剂。常用的超临界萃取剂有丙烷、三乙胺、重整油和临界液态二氧化碳等，其溶解能力很强，但是这种萃取剂价格昂贵，且处理过程中萃取剂不能实现完全彻底的循环利用，会有一定的损失。因此，目前溶剂萃取法研究的重点和应用关键主要集中在开发低价高效的萃取剂方面。

溶剂萃取法特别适合于焦化废水中酚类物质的分离，并已被广泛应用于回收含油废水中的污油。而在化工污泥方面，同样借鉴此种物化处理方法，用于含石油类污染物的化工污泥的处理处置与资源化，应该具有良好的经济和社会效益，值得推广。

（2）Fenton 试剂法

Fenton 试剂是由 H_2O_2 和 Fe^{2+}混合得到一种强氧化剂，因为 H_2O_2 在 Fe^{2+}催化作用下能产生氧化能力很强的羟基自由基（·OH）。·OH 具有强氧化性，氧化反应迅速，分解速度快，可与大多数有机物作用使其降解，尤其适用于难生物降解或采用一般化学氧化法效果不佳的有机污染物，而且其反应产物 $Fe(OH)_2$ 和 $Fe(OH)_3$ 具有絮凝作用，可通过絮凝、沉降去除剩余污染物，因此 Fenton 试剂在处理过程中通过氧化和混凝两种作用来达到良好的处理效果。此外，温度和压力等反应条件缓和，无二次污染。因此，近 30 年来越来越受到国内外环保工作者的广泛重视。Fenton 试剂法是一种很有应用前景的废水处理技术，至今已成功运用于焦化废水等多种工业废水的预处理或最终深度处理，用于去除其中的难降解有机物。而焦化污泥作为焦化废水处理的副产物，其中同样含有难生物降解的有机污染物，也可尝试采用此种氧化处理方法。

Fenton 试剂法的一般工艺流程如下，污泥被贮存在一个均化罐中，然后从均化罐流入一个快速混合罐，在此加入盐酸调节废水 pH 大致为 3.0。由于其中钙的浓度升高，添加盐酸优于硫酸。亚铁离子以 200 mg/L 的剂量加入混合罐。混合好的污泥用泵抽到氧化罐，氧化罐中加入 1 700 mg/L 剂量的过氧化氢，在反应过程中大多数的有机物，包括 COD 污染物被氧化为 CO_2 和水，这样就减少了 COD、BOD、TOC 和酚化合物。

此外，在以上一般 Fenton 试剂法的基础上，又衍生出一些效果更显著的新型 Fenton 试剂法，主要有以下几种：

1）光 Fenton 法。

光 Fenton 法主要有两种，即 UV/Fenton 法和 UV-vis/草酸铁络合物/H_2O_2 法。UV/Fenton 法又叫光助 Fenton 法，其原理是当有光辐射（如紫外光、可见光）时，Fenton

试剂氧化性能将会大大提高。该法是普通 Fenton 法与 UV/H_2O_2 两种系统的混合，与该两种系统相比，其优点在于降低了 Fe^{2+}用量，提高了 H_2O_2 的利用率。这是由于 Fe^{3+}和紫外线对 H_2O_2 的催化分解存在协同效应。但是，该法目前对太阳能的利用率仍然不高，能耗较大，处理设备费用较高。UV-vis/草酸铁络合物/ H_2O_2 法的原理是当有机物浓度高时，被 Fe^{3+}络合物所吸收的光量子数很少，且需较长的辐照时间，H_2O_2 的投加量也随之增加，•OH 易被高浓度的 H_2O_2 所清除，该法提高了太阳能的利用率，节约了 H_2O_2 用量，更具发展前景。

2）电 Fenton 法。

与普通 Fenton 法相比，在电 Fenton 法中，导致有机物降解的因素较多（除羟基自由基的氧化作用外，还有阳极氧化、电吸附等），而且提高了对有机物的矿化程度。此外，电 Fenton 法利用电化学法产生的 H_2O_2 和 Fe^{2+}作为 Fenton 试剂的持续来源，自动产生 H_2O_2 的机制较完善。由于 H_2O_2 的成本远高于 Fe^{2+}，所以通过电化学法将自动产生 H_2O_2 的机制引入 Fenton 体系具有很大的实际应用意义，可以说电 Fenton 法是 Fenton 法未来的一个重要发展方向。

3）EF-Fenton 法。

EF-Fenton 法又称阴极电解 Fenton 法，其基本原理是将 O_2 喷射到电解池阴极上产生 H_2O_2，并与 Fe^{2+}发生 Fenton 反应，优点是不用外加 H_2O_2，有机物降解彻底，且不易产生中间有毒有害物质。电解 Fenton 体系中的 O_2 可通过曝气的方式加入，也可通过 H_2O 在阳极氧化产生。但该法也存在缺点，主要在于其所用阴极材料（主要为石墨、活性炭纤维和玻璃炭棒）在酸性条件下产生的电流小，H_2O_2 产量不高。

4）EF-Feox 法。

EF-Feox 法又称牺牲阳极法，通过阳极氧化产生的 Fe^{2+}与加入的 H_2O_2 进行 Fenton 反应。由阳极溶解出的 Fe^{2+}和 Fe^{3+}可水解成 $Fe(OH)_2$ 和 $Fe(OH)_3$，对水中的有机物具有很强的混凝作用，其去除效果好于 EF-Fenton 法，但需外加 H_2O_2，能耗较大，成本较高。

5）FSR 法、EF-Fere 法。

FSR 法即 Fenton 污泥循环系统，又称 Fe^{3+}循环法。该系统包括一个 Fenton 反应器和一个将 $Fe(OH)_3$ 转化成 Fe^{2+}的电池，可以加速 Fe^{3+}向 Fe^{2+}的转化，提高・OH 产率，但 pH 必须小于 1。而 EF-Fere 法去掉了 Fenton 反应器，直接在电池装置中发生 Fenton 反应，其 pH 操作范围（小于 2.5）和电流效率均大于 FSR 法，是对 FSR 法的改进型。

（3）电离辐射处理技术

辐射技术用于废物处理最早始于 20 世纪 50 年代，60—70 年代国外就开始着手电离辐射技术在处理污泥方面的研究，经过几十年的研究和发展，德国、日本等发达国家还建立了工业化生产装置，目前运行良好。

电离辐射处理技术处理污泥的作用机理主要是，污泥胶粒所带的负电荷，由于受带电粒子辐射而减少，因此使污泥的比阻减少，从而提高了污泥的过滤性能和脱水性能，使污泥的比阻减少，例如经电离辐射调理的污泥的比阻为经巴氏热处理消毒的污泥比阻的 1/4，大大改善了污泥的工艺性能，特别是对污泥的过滤性能和脱水性能有相当显著的改善效果。

污泥电离辐射处理技术要作为一项污泥预处理技术而与厌氧消化等其他污泥处理技术联用，具有操作简便、高效率、低能耗等特点，值得提倡和推广。但是电离辐射调理的处理装置一次性投资比较大，而且由于存在核辐射，因此对安全装置的要求高，但作为污泥处理的一个新的发展方向，仍有值得借鉴之处。而且若要实现大规模的工业化应用，尚需进行深入的研究。

目前污泥的电离辐射处理技术主要有两种：①由同位素 ^{60}Co 及 ^{137}Cs 作为辐照源产生γ射线；②利用电子加速器加速出来的高能电子束。

1）γ射线预处理法

国内外的大量研究证实，γ射线可以提高污泥的沉降性能、脱水性能，可以有效抑制污泥发泡，还能破坏污泥中微生物的细胞壁，提高污泥厌氧消化的有效成分，提高厌氧消化速率，并增加污泥的厌氧消化产气量，同时有助于改善污泥厌氧消化系统的抗酸性能。

目前，国内对污泥的γ射线预处理技术的研究还很少，今后研究的方向将主要集中在以下方面：①降低γ射线预处理相应装置的基建成本，提高经济可行性；②研究及优化γ射线预处理技术处理污泥的技术参数，如辐射剂量、辐射时间以及污泥层厚度等；③开发该技术与其他污泥处理技术的联用工艺；④提高γ射线预处理法的安全性以及γ射线产生量。

2）电子束预处理技术

电子束预处理技术不需要添加额外的化学试剂，不生成副产物，同样有使污泥破壁溶胞、改善污泥沉降性能和脱水性能的作用，从而厌氧消化时间缩短，并且可以通过由辐射产生的·OH 来降解有毒难处理的物质，具有高效、快速、经济的优点，应用前景较好。

影响电子束预处理技术效果的运行参数主要有辐射剂量、辐射时间、污泥温度、污泥含水率以及污泥层厚度等，其中影响污泥细胞溶胞的重要参数是电子束辐照时间，而污泥层的厚度是影响污泥中有机物溶解的重要参数。

未来电子束污泥预处理技术的研究方向主要集中在以下方面：①深化基础研究，明确反应机理，确定影响电子束预处理技术的因素，优化技术参数，提高污泥处理效果；②开发该技术与其他污泥处理技术的联用工艺；③提高电子束预处理技术的安全性。

3）微波处理技术

微波处理技术处理速度快、效果好，可有效溶解污泥细胞壁，有助于提高 TS 和 VS 去除率，提升厌氧消化效率，微波处理引入污泥领域始于 20 世纪 90 年代初。污泥进行适宜时间的微波辐射可破坏污泥结构，明显改善其絮体结构和胞外聚合物（EPS）的组分，提高其过滤性能和脱水性能，降低污泥比阻，减小污泥沉降比（SV），加快沉降速度。但过量的微波辐射会破坏污泥的细胞壁结构，从而导致胞内物质大量溢出，污泥黏度增加，反而会降低污泥的脱水性能。同时，由于污泥内部的极性分子受电磁场的作用而发生振动摩擦产生热能，其中的水分迅速蒸发产生一个总压梯度来推动湿分的传递。同时，构成微生物的各种高分子极性基、可动性基等在微波电磁场作用下激烈地回转与振动，使蛋白质以及核酸等产生变异，从而杀灭病菌，因此，可以在低温和较短时间内达到满意的灭菌效果。

由于微波能不需要经过对流和传导等中间介质作为热的媒质，而是直接深入物料内部加热，因此能量损失小于利用接触和对流传热的干燥器，可以达到节能目的。

尽管微波技术在污泥处置方面的应用尚存在不足与未知，而且运行费用较高，也限制了工程应用，但大量研究证明，该技术具有加热速度快、热效高、设备体积小、易于控制等特点，具有较好的发展前景，仍不失为未来值得进一步研究的污泥处理技术之一。

（4）超声波处理技术

20 世纪 70 年代，研究人员开始利用超声波来提取细胞壁上的聚合物来研究污泥中微生物的表面特性，经过不断地研究和发展，终于在 20 世纪 90 年代，超声波技术被引入污泥处理研究与应用中。超声波处理污泥技术指超声波（20 kHz～10 MHz）作用于污泥，使其状态、组成、功能和结构等发生变化，从而稳定化、减量化的技术，可作为一种预处理技术与其他方法如厌氧、好氧处理技术联用。

超声波对污泥产生作用主要在于超声波的空化作用，在较高的超声波声强作用下，特别是低中频（低于 1 HMz）范围内，超声波会在水相产生大量的寿命约为 0.1 μs 空化穴，其在爆炸的瞬间产生短暂的强压力脉冲，并于气泡周围的微小空间内形成局部高温（5 000 K）、高压点（100 MPa），这种高温高压可以引起一系列物理化学效应，数微秒后，该热点以 109 k/s 的速率迅速冷却，在冷却过程中，产生强大的冲击波与高速射流，微小气泡的爆炸可以产生高强的水力剪切力，从而将微生物的细菌壁破解，可加快污泥水解速度，有利于污泥脱水，同时产生高活性的自由基（·OH 和 H^+等），自由基的存在又可促进化合物的分解，从而达到减少污泥量的目的。

按声波频率，超声波处理污泥技术可分为高频波处理和低频波处理。高频波处理是利用高频超声波改变液体中溶解态和悬浮态固体物质的物理特性，并以超声引起的机械剪切力的作用，使污泥絮体破碎并进一步导致细胞分解，促使了胞内物质如酶的释放，从而为污泥的进一步处理提供了有利条件。研究表明，超声波还有加快微生物生长的作用，这也是低频波处理工艺的主要原理依据。低频波处理是将低频超声波作用于污泥，对其中微生物活性起到加强作用，促进微生物新陈代谢，从而加快污泥的好氧、厌氧消化过程。

超声波工艺作为一种高效的新兴处理技术反应条件温和，具有无污染、能量密度高、污泥降解速度快等优点，适用范围广，可与其他技术结合使用，因此，在污泥脱水处理领域，将会引起人们越来越多的关注。但超声波处理污泥技术在应用于污泥处理机理、超声处理运行参数的优化、设备应用的经济化、超声波与污水处理工艺的合理组合等方面仍需进一步研究。

（5）臭氧处理技术

臭氧作为一种强氧化剂，在20世纪90年代就开始应用于饮用水领域，随后进入了工业废水的处理领域，最近研究人员又提出了将臭氧应用于污泥处理的研究思路。

臭氧处理污泥的机理主要是臭氧一旦溶于水，即可与污泥中的很多有机化合物发生反应，主要以下列两种方式：一种是臭氧分子与有机化合物的直接反应；另一种是通过二次氧化剂的间接反应。通过以上两种反应，污泥中的那些难以被生物降解的细胞膜等都可被臭氧破坏，连不容易水解的大分子物质也会被臭氧降解，并溶解于水中成为二次基质而为微生物所利用。同时，污泥的稳定性能、过滤性能和脱水性能也得以改善，可作为污泥处理处置的预处理手段而与其他方法联用。但是，臭氧处理技术对污泥中氮、磷元素的去除效果不佳，而且臭氧的强氧化作用不具有选择性，会与污泥中其他一些还原性物质发生反应。

可见，目前臭氧处理技术在污泥处理处置领域研究的还不够深入，一些技术难题还有待解决，还没有成熟到可以向全国大力推广并大规模工程化应用的程度，有待技术人员继续深入地研究。

（6）混凝法

混凝是指通过某种方法（如投加化学药剂）使胶体粒子和细微悬浮物聚集成絮凝体，然后予以分离除去的一种方法。凝聚和絮凝总称为混凝，即混凝包括凝聚与絮凝两种过程，其中凝聚主要指胶体脱稳并生成微小聚集体的过程，絮凝主要指脱稳的胶体或微小悬浮物聚结成大的絮凝体的过程。按机理，混凝可分为压缩双电层、吸附电中和、吸附架桥、沉淀物网铺四种。目前，混凝法作为废水和污泥处理工艺中的一道预处理工序，在国内外应用广泛。

对于污泥来说，在未加混凝剂之前，污泥胶体和细小悬浮颗粒的本身质量很轻，受水的分子热运动的碰撞而做无规则的布朗运动。首先，颗粒都带有同性电荷，它们之间的静电斥力阻止微粒间彼此接近而聚合成较大的颗粒；其次，带电荷的胶粒和反离子都能与周围的水分子发生水化作用，形成一层水化壳，能阻碍各胶体的聚合。一种胶体的胶粒带电越多，其电位就越大；扩散层中反离子越多，水化作用越大，水化层也越厚，因此扩散层也越厚，稳定性越强。而通过混凝法在污泥中投入混凝剂，因混凝剂为电解质，在污泥里形成胶团，与污泥胶体发生电中和，使污泥胶体电位降低或消除，从而破坏了颗粒的稳定状态（称脱稳），脱稳的颗粒相互聚集为较大颗粒而发生沉降。混凝沉淀不但可以去除污泥中的粒径为 10^{-6}～10^{-3} mm 的细小悬浮颗粒，还能够去除色度、油分、微生物、氮和磷等富营养物质、重金属以及有机物等。

在采用混凝法处理污泥的过程中，影响混凝效果的因素有很多，主要有污泥温度、pH、污泥中杂质的成分和性质、污泥中杂质的浓度和水力条件等。污泥中杂质的成分不同，同一种混凝剂的处理效果也不同。pH 对混凝的影响程度，视混凝剂的品种而异。影响混凝效果的主要原因在于其对混凝剂的水解动力学和水解组分形态产生显著影响。在不同的 pH 条件下，污泥最终产生的水解、络合产物亦不相同。污泥温度因素主要影响无机混凝剂的混凝，对高分子混凝剂影响较小，其对无机混凝剂的混凝的影响主要表现在两方面：①因为无机混凝剂为金属盐类，其水解是吸热反应，所以污泥温度会影响金属盐类在污泥中的水解速度；②污泥温度较低时，絮体形成缓慢，结构松散，颗粒细小，会影响矾花的形成和质量。而且污泥的黏度随温度的降低而增大，布朗运动强度也会减弱，不利于脱稳污泥胶粒的相互凝聚。

通常，能使胶体脱稳并形成絮体的药剂统称为混凝剂。目前的混凝剂主要分为无机混凝剂和有机混凝剂两种。无机混凝剂主要有硫酸铝、三氯化铁、硫酸亚铁等金属盐类；而有机混凝剂是能产生混凝作用的天然的或人工合成的有机分子物质，天然有机混凝剂包括淀粉、蛋白质、动物胶等，合成有机混凝剂有聚丙烯酰胺、聚丙烯酸钠、聚乙烯吡啶盐、聚乙烯亚胺等。目前新的混凝剂产品仍在不断的研究开发中。

（7）催化氧化法

催化氧化法是在催化剂存在下利用氧化剂将废水中污染物氧化成 CO_2 和水，达到去除污染物的目的，是一种新型的物化处理技术。该法具有使用范围广、处理效率高、二次污染少等特点，包括超临界水催化氧化法、电催化氧化法、化学催化氧化法、光催化氧化法、湿式催化氧化法等。

1）超临界水催化氧化法。

将水的温度、压力升高到临界点（温度 374.3℃、压力 22.05 MPa）以上，即为超临界水（SCW）。其密度、黏度、电导率、介电常数等基本性能与普通水存在很大差异，表现出类似于非极性有机化合物的性质。此时超临界水能与非极性物质（如烃类）和其他有机物完全互溶，同时超临界水还可以和空气、氧气、氮气和二氧化碳等气体完全互溶，而无机物特别是盐类在超临界水中的电离常数和溶解度则很低。而超临界水催化氧化法就是在催化剂作用下，在超临界的状态下将废水中所含有机物用氧气或 H_2O_2 分解成水、二氧化碳等小分子物质。催化剂通常采用过渡金属氧化物和贵金属作为活性组分，如 Cu、Zn、Fe、Mn、Ni、Al、V、Co 的氧化物和 Pt 等。其工艺流程一般为：在超临界水氧化系统内，污泥首先进行预处理，配制成泥浆并将浓度调整至设计值，然后经过高效预热系统与来自高温反应后物料进行换热，达到反应温度后进入超临界反应装置。在超临界水状态下污泥与氧气充分接触，污泥中有机质与氧气在短时间内完成氧化反应。

2）电催化氧化法。

其原理是常温常压下，通过有催化活性的电极反应直接或间接产生羟基自由基，从而降解难生化污染物。该方法处理效率高，但高电压下易产生析氧等副反应导致电流效率低，能耗大。因此，电催化氧化技术的改进成为近年来的研究热点。

3）化学催化氧化法。

其原理是利用强氧化剂在非均相催化剂作用下，直接氧化污染物，二氧化氯催化氧化法是一种常见的化学催化氧化法，其机理为利用二氧化氯打断有机分子的双键发色团，如偶氮基、硝基、硫化羰基、碳亚氨基等，使其脱色，同时降解其 COD，并提高 BOD_5/COD，增强其可生化性。

4）光催化氧化法。

光催化氧化法是由光能引起电子和空隙之间的反应，产生具有较强反应活性的电子（空穴对），这些电子迁移到颗粒表面，便可以参与和加速氧化还原反应的进行。通过加入氧化剂 H_2O_2 或 O_3 等，并在光敏化半导体催化剂作用下经人工光源（如汞灯、氙灯系列）或自然光照射，产生具有强氧化性的活性氧和自由基，使污染物氧化成 CO_2、N_2 和 H_2O 等无害成分。该法包括 UV-O_3、UV-H_2O_2、UV-H_2O_2-O_3 等工艺，对酚类物质及其他有机物都有较高的去除率，有很大的发展潜力。但是，该方法可能会产生一些有害的光化学产物，造成二次污染，且适用于低浊度、透光性好的液体废物，所以对化工污泥这种低透光胶体物质的处理效果还有待进一步考察。目前，该方法还仅停留在理论研究阶段，还不能实现大规模的工程化应用。

5）湿式催化氧化法。

其原理是在高温、高压及催化剂作用下，以空气或氧气为氧化剂将焦化废水中 COD、TOC、氨及氰等污染物转变成 CO_2、N_2 和 H_2O 等无害成分。该氧化法适用范围广、氧化速度快、处理效率高、二次污染低、可回收能量和有用物料。但是，由于该氧化反应在高温高压条件下进行，对相关工艺和设备要求严格，且投资费用高，催化剂价格昂贵，因此在国内很少采用。

3.2.5.3　国内外研究及应用现状

1935 年，W. 鲁道夫和 E. H. 特鲁尼克开始试验用物理化学处理系统处理污水。随着工业的发展，工业废水水质日趋复杂，废水中许多污染物，如重金属离子，用通常的生物处理法难以去除；许多复杂的有机物，生物难以降解；对有毒的污染物其浓度超过微生物的耐受限度时，生物处理法又不适用。为了保护环境和合理利用水资源，废水排放标准越来越严格，对废水回用率的要求越来越高。因此，20 世纪 70 年代以后，物化处理法得到了广泛重视和迅速发展。随后，由于物化法在污水领域的处理效果显著，研究人员开始将其延伸至污泥领域。

尽管国内外研究人员对各项物化处理技术进行了大量的探索，但由于一些技术的机制还未完全清晰，因此大部分的污泥物化处理技术还停留在实验室研究阶段，远未达到大规模工程化应用的成熟水平，但是依然具有广阔的发展前景。总体来说，未来物化法的研究方向主要有：①研究并推广高效率、低能耗、低成本、易操作、无二次污染的物化处理工艺，并对其物化处理机制作更进一步的深入研究，从理论上提供可靠的技术支撑；②开发将不同物化处理工艺有机结合的联用技术，各项污泥物化处理技术的联用能融合各项技术的优点，取长补短，从而达到更好的效果；③进行优化工艺与设备升级改造，提高现有技术的处理能力，改善其处理效果；④探索开发新型的物化处理方法。

3.2.6　污泥固化处理

3.2.6.1　污泥固化处理

污泥固化是通过添加特有的惰性材料作为固化剂，污泥与其发生化学反应而改性，使其成为不可流动或形成固态的固化物，从而提高污泥的强度、降低透水性，或是将污泥中含有的重金属污染物通过化学转变或引入某种稳定的晶格中的过程，有的是将有害废物掺和并包容在密实惰性基材中，将其转变成低溶解性、低毒性及低移动性的物质的一种方法。通过这种污泥固化技术可以构建污泥内封闭系统，达到污泥物理性质和化学性质趋于稳定，避免环境污染风险。

衡量固化处理效果的两项主要指标是固化体的浸出率和增容比。因此，有害废物经固化处理后所形成的固化体应具有良好的抗渗透性、抗浸出性、抗干湿性、抗融冻性及足够的机械强度等，最大限度地防止二次污染的发生，且增容比要低。同时，污泥固化体可以进行资源化再利用，如代替砂、黏土等建筑材料等，使污泥得到充分利用，从技术性和经济性两个方面都非常适合我国国情。

3.2.6.2 固化技术的分类及典型工艺

固化技术可按不同的固化剂分为水泥固化、石灰固化、沥青固化、塑料固化、玻璃固化等。前两种方法适用于处理大量的无机废物，最为常用，其余各种方法的处理成本一般都比较高。目前对污泥常用的固化技术主要包括石灰固化、大型包胶、专用药剂固化以及水泥固化等。

下面以水泥固化法为例来对固化技术进行说明。

水泥是一种无机胶结剂，经水化反应后可形成坚硬的水泥块，能将砂、石等添加料牢固地黏结在一起。水泥固化有害废物就是利用水泥的这一特性。采用水泥作为固化材料对有害污泥进行固化，其反应原理分为两个过程：①水泥中的硅酸三钙、硅酸二钙、铝酸三钙和铁铝酸四钙等与水发生水解和水化反应生成氢氧化钙、水化硅酸钙、水化铝酸钙、水化铁酸钙和钙矾石等化合物；②水泥颗粒重新与水再发生反应，其周围的水溶液逐渐饱和，此时水分子虽继续渗入水泥颗粒内部，但不能再继续溶解，只能以胶体析出并悬浮在溶液中。然后当水泥的各种水化物生成后，开始逐步硬化，最终形成水泥固化体。由于水泥具有较高的 pH，呈碱性环境，使得污泥中的重金属离子生成难溶于水的氢氧化物或碳酸盐等，从而固定在水泥固化体的晶格中，进而有效地防止重金属的浸出，达到无害化、稳定化的目的。污泥固化处理的一般工艺流程为：含水率 80%的污泥进入污泥储仓，通过底部的螺旋输送装置将污泥输送至固化污泥搅拌装置前端，同时将固化脱水材料通过定量输送装置送至自动搅拌装置，搅拌均匀后的固化材料通过输送装置一并输送至固化污泥搅拌装置前端，含水污泥与固化脱水材料在固化污泥搅拌机内按时定量搅拌压榨后排出，由皮带输送装置送接运车辆外运。

但是由于水泥的孔隙率较高，所以仍会有较高的浸出率，尽管如此，在工程中依然被广泛应用。主要是因为，水泥固化法具有以下几方面优点：①设备和工艺过程简单、便于操作；②可以有效地处理含重金属的废物，从而大大降低了环境污染风险；③设备投入少，动力消耗低，运行费用省，固化剂水泥和其他添加剂相对来源丰富，且价廉易得，在对含有害物质的污泥固化方法中，水泥固化法最为经济；④固化体强度高、长期稳定性好，对受热和风化也有一定的抵抗力。

3.2.6.3　国内外研究及应用现状

固化技术最初起源于30多年前美国利用普通水泥对低水平放射性液体废物的处理。经过多年的发展，固化技术已作为污泥处理的技术在一些发达国家和地区得到了研究和运用，主要用于处理各种有毒有害废物。对于有毒有害化工污泥，目前国内外的无害化处理方法主要是先进行固化/稳定化处理，然后再考虑综合利用，其中日本应用固化技术处理的危险废物主要有含Hg、Cd、Cr、As、PCBs的污泥，而美国采用固化技术处理炼油厂污泥及副油渣、电炉炼钢产生的灰渣及污泥、铅基引爆剂生产产生的水处理污泥、电镀污泥、金属表面处理产生的重金属污泥等。我国也已将此固化技术应用于电镀污泥等化工污泥的处理。

固化技术能够对化工污泥进行处理并能实现资源化利用的目标，所以固化技术具有很好的应用前景。未来的研究方向主要有以下几方面：①研究材料和能量消耗更少的固化技术，降低固化成本；②研发增容比更低的固化材料；③研究进一步提高固化体抗渗透性、抗浸出性、抗干湿性、抗融冻性及机械强度等的改进方法；④研究利用各类废渣作为固化材料的固化技术，体现以废治废理念；⑤多角度、全方位地探求固化体的资源化再利用手段，并深入研究其资源化利用的可行性。同时，对于化工污泥中所含的有害物质，尽管被固定在惰性材料中，但这些有害物质的形态和性质是否会随时间、温度和外力而发生变化，固化效果是否存在失效的可能性，是否会造成二次污染，这些问题有待进一步研究，因此有必要建立长期的环境监测和评估机制。

3.3　污泥处置技术

污泥处置是使处理后的污泥实现彻底消纳目标，实现其减量化、稳定化、无害化的最终状态，一般包括土地利用、填埋等。可以说，污泥处理是中间过程及手段，而污泥处置则是最终结果。

3.3.1　土地利用

3.3.1.1　土地利用原理

污泥中含有大量植物需要的矿物质、氮和磷，以及硼、镁、铁、锰、锌等营养元素，不仅能够为植物的生长提供营养物质，对农业和林业的增产发挥重要作用，而且其中含有的丰富腐殖质、有机物质还能改良土壤结构，提高其保水保肥能力，改善土壤的物理化学性质。污泥的土地利用方式正是基于此原理而产生的，根据《城镇污水处理厂污泥处置分类》（GB/T 23484—2009）对污泥土地利用方式的分类，包括农用、园林绿化、土地改良。其中农用是指用于农用肥料、农田土壤改良材料；园林绿化是指用于造林、育苗和园林绿化等基质或肥料；土地改良是指用于盐碱地、沙化地和废弃矿场的土壤改良。

3.3.1.2 土地利用技术的分类及典型工艺

污泥土地利用的主要技术分类及典型工艺如下：

（1）厌氧消化+土地利用技术

污泥厌氧消化是指污泥在无氧条件下，由兼性菌和厌氧细菌将污泥中的可生物降解的有机物分解成二氧化碳、甲烷和水等稳定的物质，同时释放出热量，并去除污泥臭味，杀死各种病原菌和寄生虫卵，减少污泥体积的过程。厌氧消化后排出的残渣中富含环状化合物的聚合物腐植酸，故可作为城市绿化的基肥、土料。但是厌氧后的沼渣仍然需要进行后续处理，使其达到完全安全稳定的程度，常见的后续处理是好氧发酵。

目前国际公认污泥厌氧消化为一个三阶段反应过程，依次分别是水解及酸化阶段、乙酸化阶段、甲烷化阶段。各阶段之间既相互联系又相互影响，各个阶段都有各自特色微生物群体。水解酸化阶段：污泥中的非水溶性高分子有机物，如碳水化合物、蛋白质、脂肪、纤维素等在微生物水解酶的作用下水解成溶解性的物质。水解后的物质在兼性菌和厌氧菌的作用下，转化成短链脂肪酸，如乙酸、丙酸、丁酸，以及乙醇、二氧化碳等。乙酸化阶段：在该阶段主要是乙酸菌将水解酸化产物、有机物、乙醇等转变为乙酸。该过程中乙酸菌和甲烷菌是共生的。甲烷化阶段：甲烷菌将乙酸和氢气、二氧化碳均转化为甲烷。

影响厌氧消化的主要因素如下：

1）温度。

在污泥厌氧消化过程中，温度对有机物负荷和产气量有明显影响。研究表明，在污泥厌氧消化过程中，温度发生±3℃变化时，就会抑制污泥消化速度；温度发生±5℃变化时，就会突然停止产气，使有机酸发生大量积累而破坏厌氧消化。因此按消化反应温度，污泥厌氧消化可分为中温消化和高温消化，反应温度分别为30～35℃和50～55℃。

中温消化的负荷为2.5～3.0 kg/（m^3·d），产气量为1～1.3 m^3/（m^3·d）。产气量达到总量的90%所需的消化时间为20 d，灭菌率低。高温消化：负荷为6～7 kg/（m^3·d），产气量为 3～4 m^3/（m^3·d），消化时间 10 d，灭菌率为 99%。高温消化比中温消化产气率高，消化池体积小，但能耗相对较高，投入大，控制困难。在污泥厌氧消化工艺中，以中温（33～35℃）消化最为常用。

2）酸碱度、pH 和消化液的缓冲作用。

研究表明，污泥厌氧消化系统中，各种细菌在适应的酸碱度范围内，只允许在中性附近波动。微生物对 pH 的变化非常敏感。水解与发酵菌及产氢、产乙酸菌适应的 pH 范围为 5.0～6.5，甲烷菌对 pH 非常敏感，其适应的 pH 范围为 6.6～7.5。如果水解酸化和乙酸化过程的反应速度超过甲烷化过程速度，pH 就会降低，从而影响产甲烷菌的生活环境，进而影响污泥厌氧消化效果，然而，由于消化液具有缓冲作用，在一定范围内避免了此种情况的发生。

消化液是污泥厌氧消化过程血红有机物分解产生的，其中除含有 CO_2 和 NH_3 外，还有以 NH_4NCO_3 形态表现的 NH_4^+，HCO_3^-和 H_2CO_3 形成的缓冲体系，可以平衡小范围的酸碱波动。因此应保持足够的碱度（2 000 mg/L），使其有足够的缓冲能力。

3）有毒物质。

重金属离子、NH_3 以及 SO_4^{2-}等阴离子都对甲烷消化有抑制的毒害作用。但在污泥厌氧消化中，每一种所谓有毒物质是具有促进还是抑制甲烷菌生长的作用，关键在于它们的毒阈浓度。低于毒阈浓度，对甲烷菌生长有促进作用；在毒阈浓度范围内，有中等抑制作用，随浓度逐渐增加，甲烷菌可被驯化；超过毒阈上限，则对微生物生长具有强烈的抑制作用。

4）营养与 C/N 比。

C 为反应过程提供能源，同时也是合成新细胞的原料。麦卡蒂等提出污泥细胞质的分子式是 $C_5H_7NO_3$，故要求 C/N 为 5∶1。C/N 若太高，则氮不足，消化液缓冲能力低，pH 会下降；C/N 若太低，表示氮过多，pH 上升，铵盐积累，会抑制消化。

总体来说，厌氧消化是目前国际上应用最为广泛的污泥稳定化和资源化方法，厌氧制沼生产环境好，臭气产生量少，故对大气造成的污染小；无酸性物质、二噁英、粉尘产生，并实现了较高的污泥资源化程度；不但可以产生高热值沼气，还生产了有机肥料。欧美 50%以上的污泥采用厌氧消化处理，产生的沼气转化为电能可满足污水厂所需电力的 33%～100%。

国内虽已在污泥的厌氧消化方面做了一些研究工作，并开始了工程应用的尝试，但从污泥厌氧消化市场现状来看，我国与发达国家仍存在较大差距。全国目前 2 600 多座污泥处理厂，约有 60 座采用了厌氧消化工艺，但正在运行的仅有 10～30 座，如大连东泰夏家河污泥处理厂、青岛市麦岛污水处理厂污泥处理处置工程等。

限制该技术在国内推广应用的因素有：

1）国内企业的工艺技术和产品设备比较落后，距全部国产化仍有很长的路要走。迄今为止，我国污泥厌氧消化技术在甲烷生产效率提高、厌氧反应条件优化及污泥浓度控制等方面仍存在难度，厌氧消化关键技术掌握在国外企业手中，相关设备尤其是厌氧消化的核心设备也主要依赖进口，导致了项目成本的增加。

2）国外设备的报价过高，对国内污泥厌氧消化工程在保证合理利润的前提下良性运行极为不利。

3）我国污泥普遍含砂量较高、有机物含量较低、污泥可生化性差，进一步阻碍了该技术在我国的工程化应用。但随着以提高污泥厌氧消化性能的物化强化和生物强化预处理技术的开发和应用，这种由污泥可生化性差带来的阻碍作用正在弱化。目前，在预处理技术中，热处理法和碱处理法已具备工程应用的条件，且基建投资、运行成本相对较低；超声波处理法和臭氧氧化法是十分有效的污泥预处理技术，欧美等国在这方面的研究较多；其他技术如辐照法和生物酶技术同属新兴的污泥预处理技术，具有较好的发展前景，是今后的重点研究方向。

（2）好氧堆肥+土地利用技术

污泥好氧堆肥法是指在人工控制下，在一定的水分、C/N 和通风条件下，利用污泥中微生物的发酵作用，将污泥中的有机物进行好氧分解，有机物由不稳定状态经过发酵、熟化过程最终转化为稳定的腐殖化残渣（肥料）的生物处理过程。堆肥的一般工艺流程主要分为前处理、一次发酵、二次发酵和后处理四个过程。在此过程中，不需外加能源，通过堆肥反应自身产生的热量的作用有效杀灭污泥中的有害微生物和病原体，使其不再对环境尤其是土壤环境造成危害；污泥的性状改善，阳离子交换量（CEC）显著增加，容重减小，含水率降低（小于 40%），达到减量的目的，并便于贮藏、运输和使用堆肥后的污泥疏松、分散、呈细粒状，且可被植物利用的营养成分增加，后期可用作农用肥料或者绿化土和填埋场覆土，有效地实现了污泥的无害化、减量化、资源化。

污泥好氧堆肥最佳堆肥温度范围为 55～65℃，极限可达 80～90℃，在此温度下才能保证杀灭其中的病原菌和寄生虫卵，故称高温堆肥。堆肥污泥的初始含水率应控制在 50%～65%，C/N 控制在 20～30 较为适宜。其优点是不需外加热源，不用耗用大量热能，降解程度高，基建费用和设备投资相对低，运行管理简单，可以获得符合农用要求的有机肥。缺点是消化污泥量少，降解程度随温度波动大，耗时长，占地面积较大，避免恶臭污染环境需要很高的运行成本。

目前采用的方法有静态堆肥和动态堆肥两种。有些地方仍沿用传统的条形静态通风垛，一些发达国家则多采用现代工业化的发酵仓工艺，如日本至 20 世纪 90 年代末已经建了35座污泥堆肥厂，其中最大的堆肥厂在北海道的札幌市，其发酵仓和生产线规模较大且机械化、自动化程度较高。国内的唐山、常州等地也采用发酵仓处理污泥。

3.3.1.3 国内外研究及应用现状

总而言之，污泥土地利用是欧美国家目前最主要的污泥处理应用方式，我国早在几十年前也已开始了将污泥直接用于农田，但对污泥土地安全利用技术较系统的研究却是从近些年才开始的。经过多年的发展，国内在污泥土地利用上取得了一定技术进展，研究内容主要集中在污泥的稳定化和无害化土地利用方法、污泥的肥效和对农作物的增产价值等方面。

但是污泥土地利用需要具备的一个重要条件是：其所含有的有害成分不超过土壤环境的承受范围。因此，污泥土地利用的风险主要是污泥中存在许多有毒有害物质，会在土壤中累积，对植物产生毒害作用。其中，重金属会随雨水或自行迁移到土壤深层，不仅污染土壤环境，还造成地下水污染。污泥中含有的大量营养元素若不能被植物及时吸收，随雨水径流进入地表水会导致水体富营养化，进入地下水会引起硝酸盐污染，过高的盐分会破坏养分之间的平衡，并抑制植物对养分的吸收。此外，污泥中含有的病原菌和寄生虫卵可通过各种途径传播，造成环境污染。污泥中有许多有毒害的有机物一般难以完全降解，也会产生一定的危害。污泥土地利用时，应当严格控制这些风险，避免污泥土地利用对周围环境的二次污染，并减小对人体食物链造成的负面影响。因此，目前许多国家和地区都对污泥在土地利用方面进行了严格的限定。

由于国内生活污水和工业废水大多合并处理，污水处理厂污泥的成分非常复杂，尤其是重金属和持久性有机污染物含量较高，进而造成污泥土地利用的环境风险较大。因此从我国目前来看，真正意义上的污泥土地安全利用实现难度仍较大，切实做到无害化的污泥土地利用实例较少。

尤其对于化工污泥，其中含有大量有毒有害的物质，土地利用会带来极大的风险，因此不建议采用土地利用方式。根据《危险废物鉴别标准》（GB 5085.1～GB 5085.7）中的鉴别程序和鉴别规则，属于危险废物的化工污泥，严禁进行土地利用。而不属于危险废物的化工污泥，则可按城镇污水处理厂污泥采用土地利用相关的处置方法。当用于农业用途时，污泥中污染物（如镉、汞、铅、铬、砷、硼、铜、锌、镍、矿物油、苯并[*a*]芘）的控制标准、污泥每年用量、施用年限及监测方法参照执行《农用污泥中污染物控制标准》（GB 4284—1984），利用的泥质指标及限制、取样和监测等也可执行《城镇污水处理厂污泥处置　农用泥质》（CJ/T 309—2009）；化工污泥用于土地改良时，利用的泥质指标及限制、取样和监测等可参照执行《城镇污水处理厂污泥处置 土地改良用泥质》(GB/T 24600—2009);用于园林绿化时,利用的泥质指标及限制、取样和监测等可参照执行《城镇污水处理厂污泥处置 园林绿化用泥质》(GB/T 23486—2009);化工污泥用于林地用途时,泥质指标及限制、取样和监测等也可执行《城镇污水处理厂污泥处置 林地用泥质》(CJ/T 362—2011)。此外,上海、广西和浙江亦可分别参照执行当地出台的地方标准《(上海市)城镇污水厂污泥应用于园林绿化的技术要求》(DB31/T 403—2008)、《广西城镇污水处理厂污泥产物土地利用技术规范》(DBJ/T 45-003—2015)和《(浙江省)污泥土地利用技术规范》(DB33/T 891—2013)。

3.3.2 污泥填埋

3.3.2.1 污泥填埋原理

污泥填埋是指运用一定工艺技术和工程措施将污泥埋于天然或人工坑地内的处置方式,相对操作简单,投资费用较小,处理费用较低,适应性强。

3.3.2.2 填埋技术的分类及典型工艺

根据污泥填埋地点分类,主要包括单独填埋、混合填埋及特殊填埋。单独填埋是指在专门填埋污泥的填埋场进行填埋处置;混合填埋是指在城市生活垃圾填埋场进行混合填埋(含填埋场覆盖材料利用);特殊填埋是指填地和填海造地。

根据污泥填埋工艺分类,主要包括传统填埋、卫生填埋及安全填埋。

传统填埋是将污泥集中堆置在坑、塘和池等低洼处,由于不加掩盖,故会给环境带来严重危害,正逐渐被摒弃。

卫生填埋始于20世纪60年代,即通过填充、堆平、压实、覆盖、再压实和封场等工序使污泥得到最终处置,渗滤液进行收集并处理,此类填埋方式规定必须按一定的工程技术规范和卫生要求进行,防止对周边环境产生危害和污染。

安全填埋用于危险废物的处理和处置。安全填埋要求如下:①安全填埋场必须有满足要求的防渗层,不得产生二次污染,当天然基础层饱和渗透系数小于 1.0×10^{-7} cm/s,且厚度大于5 m时,可直接采用天然黏土基础层作为防渗层;当天然基础层饱和渗透系数为 1.0×10^{-7}~1.0×10^{-6} cm/s时,可选用复合衬垫层作为防渗层,且高密度聚乙烯的厚度不得低于1.5 mm;当天然基础层饱和渗透系数大于 1.0×10^{-6} cm/s时,需采用双人工合成衬垫层(高密度聚乙烯)作为防渗层,上层厚度在2.0 mm以上,下层厚度在1.0 mm以上;②填埋时要严格按照作业规程进行单元式作业,做好清污水分流、减少渗沥水产生量；③封场后，经监测、论证和有关部门审定后，才能对土地进行适宜的非农业开发和利用。

对于化工污泥来说，在选用填埋方法时，需先对化工污泥进行危险性判别，再根据危险特性选择合适的填埋方法。根据《危险废物鉴别标准》（GB 5085.1～GB 5085.7）中的鉴别程序和鉴别规则，不属于危险废物的化工污泥，可按城镇污水处理厂污泥填埋的相关标准进行卫生填埋。而进入生活垃圾卫生填埋场混合填埋处置和用作覆盖土的泥质指标及限值、取样和监测等执行《城镇污水处理厂污泥处置　混合填埋用泥质》（GB/T 23485—2009）。而属于危险废物的化工污泥，且满足《危险废物填埋污染控制标准》（GB 18598—2001）中规定的填埋物入场要求的可入场填埋。而在入场的化工污泥填埋，可根据情况的不同，分别按以下两种工艺进行：直接入场安全填埋和先经预处理后再入场进行安全填埋。此时作为危险废物进行安全填埋的化工污泥，其安全填埋场的选址、设计、施工、运行、封场及监测的环境保护要求必须执行《危险废物填埋污染控制标准》（GB 18598—2001），或参照执行《化工危险废物填埋场设计规定》（HG/T 20504—2013）。当化工污泥含有可与衬层发生不相容性反应的成分时，禁止填埋。

3.3.2.3　国内外研究及应用现状

污泥填埋方式具有操作简单、投资较省、建设期短、处理量大、效果明显的优势。但由于该种方法会占用大量的土地，不适用于土地资源稀缺的地区。填埋场渗滤液处理问题会加重填埋场经济和管理负担，且有可能带来环境风险，因此污泥填埋必须满足相应的填埋操作条件。污泥填埋容易产生臭气、蚊蝇等环境问题，需要考虑重金属、病原体和其他污染物扩散渗漏等问题，尤其对于化工污泥来说，要求就更为严格。出于环保方面的考虑，很多国家和地区均出台了反对新建填埋场的政策措施。比如，欧盟最初的污泥处理处置方式主要是填埋和土地利用。目前，欧盟已对填埋、投海等简单的处置方式下达禁令。在美国，填埋方式的采用率也呈逐渐下降的趋势。

我国的填埋形式一般采用污泥与城市生活垃圾混和的卫生填埋方式，污泥单独卫生填埋方式在国内应用不是很多，较具代表性的主要有 1991 年上海市桃浦地区建成的第一座污泥卫生试验填埋场、2004 年上海白龙港污水处理厂建成的污泥专用填埋场等。

3.3.3　碱法稳定

3.3.3.1　碱法稳定原理

污泥的碱法稳定是指通过向污泥中添加碱性物质，从而调质污泥，提高其脱水性能，调节 pH，并通过污泥 pH 和温度升高来实现污泥的杀菌、消毒，实现污泥臭味的控制，或通过添加这些碱性物质来固化污泥并将污泥的固化产物用做水泥熟料、建筑材料、园林土、土壤改良剂等，从而满足污泥最终出路和循环再利用的需要。此法的目的主要是稳定污泥，操作简单，所需的基建费用低，但是由于会增加污泥的体积，因此其最终处置费用一般比其他稳定方法要高。

在污泥碱法稳定工艺所使用的碱性材料中，石灰和氯得到了最为广泛研究和应用。其中氯是一种强氧化剂，已经被用于饮用水和污水处理中的灭活和消灭致病微生物。但是，使用氯成本较高，安全方面也需要引起格外的重视。虽然石灰的处理效果不如氯，但它使用方便，经济安全，在碱法稳定工艺中最为常见。此外，碱性材料也包含一些其他碱性化合物，如方解石（$CaCO_3$、石灰石）、K_2O、白云石[$CaMg(CO_3)_2$]、Na_2CO_3（水泥窑灰中）、硅酸盐（飞灰中）和一些金属氧化物。这些化合物在污泥中与水的反应影响 pH 的改变和热量的释放。

但是，目前碱性材料污泥碱法稳定过程中发生的化学反应还没有完全厘清，下面以最常见的石灰稳定工艺为例进行说明。在石灰稳定工艺中有大量化学反应发生，主要是 CaO 和 H_2O 反应生成 $Ca(OH)_2$，同时产生热量。主要反应过程如下：

$$CaO+H_2O = Ca(OH)_2+\text{热量}$$

此外在污泥中，石灰与有机离子、无机离子可能发生的反应主要为：

与无机组分有关的反应：

$$Ca^{2+}+2HCO_3^-+CaO \longrightarrow 2CaCO_3+H_2O$$

$$2PO_4^{3-}+6H^++3CaO \longrightarrow Ca_3(PO_4)_2+3H_2O$$

$$CO_2+CaO \longrightarrow CaCO_3$$

与有机组分有关的反应：

$$RCOOH+CaO \longrightarrow RCOOCaOH$$

$$\text{脂肪}+CaO \longrightarrow \text{脂肪酸}$$

3.3.3.2　碱法稳定技术的分类及典型工艺

由于在所有碱性材料中，石灰最为常用，下面以石灰稳定工艺为例对碱法稳定技术的分类及典型工艺进行说明。在石灰稳定工艺中通常根据石灰的投加位置，石灰稳定基本工艺有两种类型：预石灰稳定工艺（脱水前进行石灰稳定）、后石灰稳定工艺（脱水后进行石灰稳定）；根据投加石灰的形态，将石灰稳定工艺分为液体石灰（石灰）预稳定工艺和干石灰稳定工艺。

（1）液体石灰（石灰）预稳定工艺

对于以污泥土地利用（如注入到农业用地地表以下）为最终处理目的时，通常将石灰加注到浓缩后的污泥中。一般此种方式限用于小厂或土地利用拖运距离相对较近的地方。

（2）干石灰稳定工艺

干石灰稳定工艺包括向脱水泥饼投加干石灰或水合石灰，自 20 世纪 60 年以来，污水厂中干石灰稳定就已有应用。在石灰与泥饼混合时，通常采用的装置有叶片式混料机、带式混合器、犁式混合机、螺旋输送机、桨式搅拌机以及类似的设备。干式石灰稳定的药剂可采用熟石灰、生石灰以及其他干碱性材料。在小型装置中，限制使用熟石灰。生石灰易于装卸，且其费用比熟（水合）石灰低。在向脱水泥饼中投加生石灰时，会发生消解并释放热量，会增进病原体去除。

目前常用的工艺有 BIO*FIX 工艺、N-Viro Soil 工艺、RDP En-Vessel 巴氏杀菌工艺和 Chenfix 工艺等。

1）BIO*FIX 工艺。

BIO*FIX 工艺是由 Wheelabrator 净水公司 BIO GRO 分公司推向市场的专利碱法稳定工艺。在这一工艺中，碱性药剂使用生石灰来处理污泥，生石灰与污泥中水的放热反应可使温度快速升高。温度升高，再加上 pH 提高可以破坏致病微生物和去除带菌体。

污泥与生石灰及其他物料以合适比率混合，通过改变碱性材料的输入和传送到混合器的速度，生产符合美国 EPA（503）法案关于致病微生物和带菌体数量减少的 A 类（PFAP）或 B 类（PSAP）标准的污泥产品。符合 A 类和 B 类标准的工艺差别主要是不同的石灰比率和接触时间。通过巴氏杀菌（70℃、30 min）效果，就能达到致病微生物减少的 A 类标准。在生产致病微生物减少的 B 类标准产品的过程中，需要通过投加足量的石灰，接触 2 h，将污泥 pH 提高到 12。石灰比率表示在处理过程中每吨干污泥所使用的生石灰量。A 类标准比 B 类标准需要更高的石灰比率。BIO*FIX 工艺的终产品一般可以用作肥料、农用石灰替代品、土壤改良剂和垃圾填埋场覆盖土。A 类产品和 B 类产品的适用范围又有所区别。其中由 BIO*FIX 工艺生产的 A 类产品，其应用有场所地点的限制，而 BIO*FIX 工艺生产的 B 类产品适用范围较广，一般可用于农业土壤、土地改造工程和类似地方。

2）N-Viro Soil 工艺。

N-Viro Soil 工艺是在 20 世纪 80 年代后期由美国俄亥俄州的 N-Viro Soil 能源公司开发，并申请专利的，属于使用石灰和窑灰的后石灰稳定工艺。其中，窑灰可使用水泥窑灰（CKD）和高钙石灰窑灰（LKD）。其中的活性 CaO 含量对碱法稳定工艺的运行至关重要，此外，窑灰中 Ca、Zn、Hg、Cu、Pb 等痕量金属的含量能在一定程度上影响碱法稳定效果和最终稳定产物，同样也该严格控制。该工艺是采用相对低温、高 pH 和干燥化联合处理。

在此工艺中，主要特点是相对低温、高 pH，和干燥化联合进行。N-Viro 工艺所使用的碱性药剂贮存在贮藏仓中，通过空气动力或螺旋传输器从贮藏仓传至混合器。传输器为封闭设计，可以有效防止灰尘和臭味的逸出。含 18%～40% TS 的污泥在单轴混合器内与石灰和窑灰混合。混合器是封闭的以防止灰尘扩散并允许对含 NH_3 的使用过的空气进行处理。窑灰和 CaO 投加量主要取决于入流污泥干燥情况和窑灰中 CaO 含量。当窑灰中活性石灰的含量不足以提高所需要的温度时，就要投加 CaO。混合的物料必须在热脉冲容器、贮存箱或封闭环境内熟化（Cured）至少 12 h，此时的温度应保持在 52～62℃。热脉冲之后，物料被风干。物料被好氧化和间歇地风干 3～7 d，直到固体含量大于 50% TS，这期间 pH 保持在 12 以上。如果继续进行风干，可使物料体积进一步减少至 60%～65% TS。最终产品干燥，使用时无臭味，是颗粒状物质，满足美国 EPA（503）的 A 类标准，可用作石灰化药剂、垃圾填埋覆盖土和土壤补充剂。

3）RDP En-Vessel 巴氏杀菌工艺。

RDP En-Vessel 巴氏杀菌工艺由美国 RDP 公司研制开发。RDP En-Vessel 巴氏杀菌工艺包括两部分：生石灰与脱水污泥的混合、辅助加热混合物（通常是电加热）。此系统包括脱水污泥进料器、双轴热混合器、带有变速石灰进料器的石灰贮存箱和巴氏低温杀菌容器。热混合器用于将石灰和污泥混合，将混合物加热至大约 70℃。用电加热污泥进料器和混合器，并绝缘隔离巴氏低温杀菌容器。此外用加热补充生石灰与水反应释放出的热量，以减少石灰使用量。为满足巴氏低温杀菌的要求，加热的混合物在容器内保存不少于 30 min，且不低于 70℃。最终的碱性稳定产品满足美国 EPA（503）A 类标准的要求。

4）Chenfix 工艺。

Chenfix 工艺使用石灰、波特兰（Portland）水泥和溶解性硅酸钠凝硬性化合物，于

20 世纪 70 年代就申请了专利。第一个 Chenfix 工艺装置出现了严重的臭味、固体含量低等问题，经过不断地完善和改进，在 20 世纪 90 年代早期，改进型 Chenpost 工艺被开发出来，主要应用于工业和城市废物的处理。

在 Chenpost 工艺中，通过使用石灰和特殊设计的化学药剂来加热和提高 pH，处理时间较短，在 3～6 h 内，就能生产出碱法稳定污泥，并满足美国 EPA（503）A 类标准的要求。

3.3.3.3　国内外研究及应用现状

该工艺是污泥应用于农业、林业、卫生填埋、水泥熟料、建材利用和土壤改良剂的一种较有效的处理手段。在欧美等国家，碱法稳定工艺已经应用了许多年，尤其是通过投加石灰的传统碱法稳定工艺，主要应用于含大量微生物的污泥种类。在国内，由于这种方法可以用较低的成本和简单的工艺实现污泥的干化、固化和杀菌，并同时改善污泥的特性，便于储存与运输，因此受到了高度重视。总之，经过多年的探索，新型的碱法稳定工艺不断地得到了开发和应用，可见碱法稳定技术仍是未来污泥处理的一个重要手段。

3.4　污泥资源化利用技术

3.4.1　污泥建材利用

污泥建材利用是指将污泥作为制作建筑材料的部分原料的处置方式，其原理是污泥中一般含有 20%～30%的无机物，主要是硅、钙、铝、铁等，与许多常用建筑材料的原料成分相近，因此可以利用污泥中的有效成分制造建筑材料，比如应用于制砖、水泥、陶粒、活性炭、熔融轻质材料以及生化纤维板的制作。建材行业原料需求量非常大，用污泥生产建材可以就地消纳大量污泥，实现资源、能源的充分利用，还可将其中的有毒有害物质分解或固化。对于有机物含量偏低、不宜农用的污泥是一种具有显著优势的处理方式，并可创造一定的实用价值。从技术、经济、环境角度来看，污泥的建材利用不但技术可行，而且具有可观的经济效益和环境效益。研究表明，对于化工污泥来说，其中的重金属等有毒有害物质，在污泥制成建材后，一部分会随灰渣进入建材而被固化其中，重金属失去游离性，因此，通常不会随浸出液渗透到环境中，从而不会对环境造成较大的危害。

在国外，多项利用污泥制造建材的技术已经成熟，关于污泥制砖、轻质建筑材料以及水泥材料等的技术在日本、德国等国已经开始或正在计划投入大规模的生产再利用，应用前景良好。其中，日本 40 多家水泥企业中超过半数均处理各种废弃物，日本麻省水泥公司用下水道污泥及城市其他废弃物生产出高强度水泥。此外，由日本荏原株式会社开发成功的污泥熔融系统将含水率为 75%的脱水污泥经过干燥、熔融后制成与微晶玻璃类似的人造大理石，其外观、强度、耐热性均比熔融材料优，可作为建筑的内外装饰材料用。

根据《危险废物鉴别标准》（GB 5085.1～GB 5085.7）中的鉴别程序和鉴别规则，属于危险废物的化工污泥，必须交由具备危险废物处置资质的单位进行专业处置。而不属于危险废物的化工污泥，可参照城镇污水处理厂污泥用于生产建材的用途。

用化工污泥制取烧结砖时，其泥质参照执行《城镇污水处理厂污泥处置　制砖用泥质》（GB/T 25031—2010），利用污泥制备出的成品砖质量指标应满足《烧结普通砖》（GB 5101—2003）、《烧结多孔砖和多孔砌块》（GB 13544—2011）和《烧结空心砖和空心砌块》（GB 13545—2003））中的相关规定。污泥在制烧结砖时，大气污染物排放最高允许浓度满足《城镇污水处理厂污泥处置　单独焚烧用泥质》（GB/T 24602—2009）的要求。

同理，当化工污泥用于制取水泥熟料时，泥质、取样和监测参照执行《城镇污水处理厂污泥处置　水泥熟料生产用泥质》（CJ/T 314—2009）。但是，化工污泥用于制取烧结砖和水泥以外的其他建材时，国家和行业尚未出台相关标准。

3.4.1.1 污泥制砖

污泥制砖形式一般有干化污泥制砖和焚烧灰渣制砖两种。当用干化污泥直接制砖时，应通过对污泥成分的适当调整使其与制砖黏土的化学成分相当。当污泥与黏土按 1∶10 的质量比例进行配料时，污泥砖可达到普通红砖的强度。当利用污泥焚烧灰渣制砖时，灰渣的化学成分与制砖黏土已经较为接近，因此可以通过两种途径实现烧结砖制造：一种是与黏土等掺和料混合烧砖，另一种是不加掺合料完全利用单独污泥焚烧灰渣烧砖。

脱水污泥主要由 Fe_2O_3、Al_2O_3、SiO_2、CaO、MgO 等黏土矿物质成分组成，其性质近似黏土，具有可塑性、烧结性、耐热性和吸附性，并且污泥中含有大量灰分和铝盐或铁盐等混凝剂成分，可以作为建筑材料中的添加剂，为其制砖创造条件。比较常见的污泥制砖技术主要有以下两种：

（1）污泥焚烧灰制砖

该方法是将污泥焚烧灰添加适量辅料（如黏土、粉煤灰、煤矸石等）成型烧结制砖。

污泥焚烧灰中的 SiO_2 含量较低，因此在利用污泥焚烧灰制砖时，需添加适量的黏土与硅砂，从而提高 SiO_2 含量。一般较为适宜的质量配比为焚烧灰∶黏土∶硅砂=1∶1∶（0.3～0.4）。

（2）干化污泥直接制砖

该法是直接将干燥的城市污泥破碎后与黏土等辅料成型烧结制砖，同时可以利用污泥中潜在热值。干化污泥用于直接制砖时，应对污泥中的成分进行适当的调节，使其成分与制砖黏土的化学成分相当。当污泥与黏土按质量比 1∶10 配料时，污泥砖可以达到普通红砖的强度。此污泥砖的制造方式受坯体中有机挥发分含量的限制，当有机挥发物达到一定限度会导致烧结开裂，从而影响砖块的质量，所以污泥掺加比例较低。

污泥的掺量比例、成型压力和焚烧温度是决定砖抗压强度、吸水率、热导率、抗折强度等性能的关键性因素。当污泥掺量为 0～200 g/kg 时，随着污泥掺量的增加，污泥砖的抗压强度明显降低，吸水率随之增大。成型砖坯密实度下降，在焙烧过程，污泥中重金属熔融固化，有机物挥发所形成的气孔和孔洞降低了砖体抗压强度及。当污泥掺量低于 100 g/kg 时，污泥砖性能符合《烧结普通砖》（GB 5101—2003）要求。当成型压力为 20～60 MPa 时，随成型压力的增大，污泥砖的抗压强度逐渐升高，吸水率逐渐减小。当烧结温度为 900～1 100℃时，随着温度的升高，污泥砖的抗压强度逐渐增强，吸水率逐渐降低，当烧结温度高于 1 050℃时，砖的抗压强度和均已达到了标准要求。当保温时间超过 1.5 h 时，随着保温时间的延长，污泥砖的抗压强度降低，吸水率也相应增大。

美国、英国、日本等发达国家都在该领域进行了较多的研究，对污泥制砖工艺、污泥制砖的影响因素、污泥砖块产品的性质等方面取得阶段性研究成果。其中，日本的污泥焚烧灰制砖技术走在世界前列，受到越来越多的重视。目前已经有 8 座完整规模的厂用 100%的污泥焚烧灰制砖。制成的砖块被广泛用于公共设施。德国对污水污泥的建材利用才刚刚起步，没有任何长期工业上的实践。正借鉴日本的经验，并与日本开展合作研究项目。

在我国，有关利用污泥焚烧灰制砖的报道很少，而利用干污泥直接制砖却有较多的文献说明。如中石化胜利油田规划设计研究院、同济大学环境科学与工程学院、南京制革厂等研究机构、其他高等院校和国内企业对干污泥直接制砖进行了试验研究，但缺乏实际的工程应用，所以在今后的研究中还要结合经济效益进行投资、收益的估算并大胆借鉴国外经验，开发污泥前处理及混合焙烧等成套工艺及配套设备，才能将污泥的制砖利用付诸实际。

国内外的研究表明，污泥砖各方面的指标均可以等同传统砖。可见，该技术的应用前景将十分广阔。

3.4.1.2 污泥制陶粒

陶粒是以泥质岩石（板岩、页岩等）、黏土、工业废料（煤矸石、粉煤灰）等为主要原料，加工熔烧而成的具有内部多孔结构的粒状陶质物，具有强度高、密度小、防火、防冻、耐酸蚀和抗震等优点，经济效益和环保效益突出，在建筑业、农业和环保业有着广泛应用。目前，污泥制陶粒的工艺主要有两种，一种是直接以脱水污泥为原料制陶粒，另一种是利用生污泥或厌氧发酵污泥的焚烧灰制陶粒。

污泥陶粒是污泥经加工制粒或粉磨成球后烧胀而成的一种人造轻陶粒，具有轻质高强、保温隔热、耐久性好、抗震性好等优点。

污泥陶粒工艺流程主要包括均化、干化、部分燃烧和烧结。

均化指湿污泥与预先干化好的干污泥一起进入污泥混合机，经混合、均匀化后形成颗粒，送至干化器干化。污泥干化装置主要分为直接加热和间接加热两种。为了防止污泥在干化过程中结成大块，干化一般采用旋转干化器。热风进口温度为 800～850℃，排气温度为 200～250℃。污泥经干化后从含水率 80%左右下降到 5%左右。干化器的排气进入脱臭炉，炉温控制在 650℃左右，使排气中的恶臭成分全部分解，以防产生二次污染。部分燃烧是在理论空气比约 0.25 以下燃烧，使污泥中的有机成分降解，大部分成为气体排出，另一部分以固定碳的形式残留。部分燃烧炉内的温度控制在 700～750℃。燃烧的排气中含有许多未燃成分，送至排气燃烧炉再燃烧，产生的热风可作为污泥干化热源利用。部分燃烧后的污泥中的固定碳为 10%～20%，热值为 1 256～7 536 kJ/kg。烧结是制陶粒的最后一道工序，烧结陶粒的强度和相对密度与烧结温度以及产品中残留碳含量有关。残留碳的含量与陶粒的强度成反比，残留碳的含量越多，强度越低。烧结温度在 1 000～1 100℃为宜，超出此温度范围陶粒强度会降低。陶粒的相对密度随烧结温度升高而减少，在上述温度范围内，其相对密度为 1.6～1.9，烧结时间一般为 2～3 min。

欧美、日本等发达国家（地区）对利用各类污泥制陶瓷产品的可行性做了研究，并对制成的样品进行了吸水率、多孔性、线性收缩和横向断裂强度等物理性能和浸出液的测试。我国多个企事业机构都对污泥制备陶粒技术进行了研究，比如同济大学的研究人员对苏州河底泥为主要原料烧制陶粒的工艺参数进行了分析，以及广州华穗轻质陶粒制品厂采用城市污水处理厂污泥替代河道淤泥或部分黏土烧制轻质陶粒，并获得成功。

3.4.1.3 污泥制生态水泥

污泥制生态水泥是指利用城市污水处理厂产生的脱水污泥作为原料制造水泥，其大约 60%的原材料为废料，实现了污泥的资源化利用，且水泥烧成温度为 1 000～1 200℃（普通水泥烧成温度为 1 450℃左右），从而降低了燃料用量和二氧化碳的排放量，因此又被称为“环保水泥”。

污泥的化学特性与水泥生产所用的原料基本相似，垃圾焚烧灰的化学成分中一般有 80%以上的矿物质是水泥熟料的基本成分。因此利用水泥回转窑处理污泥来制造水泥，不仅具有焚烧法的减容减量化特征，且燃烧后的残渣成为水泥熟料的一部分，不需要对焚烧灰进行填埋处置，是一种两全其美的水泥生产途径。

利用水泥回转窑处理污泥的优势在于：水泥回转窑处理物料量大，工作稳定，并具有燃烧炉温高的特点，二噁英等稳定有机物也能被彻底分解，且在水泥混烧过程中，污泥灰渣中的重金属能够被固定在水泥熟料的结构中，从而达到被固定化的目的。此外，水泥厂均配备有环保设施，可以控制 SO_2 等污染物的排放。

利用污泥做水泥生产原料有三种方式：一是直接用脱水污泥；二是干化污泥；三是污泥焚烧灰。无论是采用哪种方式，关键是污泥中所含的无机成分必须符合生产水泥的要求。除 CaO 含量较低、SiO_2 含量较高外，污泥焚烧灰其他成分含量与硅酸盐水泥含量相当。因此，污泥焚烧灰加入一定量的石灰或石灰石，经煅烧即可制成硅酸盐水泥。污泥水泥性质与污泥的比例、煅烧温度、煅烧时间和养护条件相关。与普通硅酸盐水泥相比，在颗粒度、相对密度、波索来反应性能等方面基本相似，而在稳固性、膨胀密度、固化时间方面较好。

世界上发达国家利用水泥窑处理废弃物生产生态水泥已有 20 余年的历史，拥有成熟的经验。1996 年 4 月瑞士的 HCBRekingen 水泥厂成为世界上第一家具有利用废料的环境管理系统的水泥厂，并得到 ISO 14001 国际标准的认证。在欧洲水泥生产者联合会所属的水泥厂中每年焚烧处理 100 万 t 有害废物。日本 40 多家水泥企业，其中 50%以上工厂均处理各种废弃物。虽然我国同济大学、上海水泥厂等也做了利用污泥代替黏土生产水泥的尝试，但总体来说，在我国利用垃圾焚烧灰、下水道污泥等废弃物来生产水泥尚属起步阶段。

3.4.1.4　污泥制纤维板

污泥中含有大量有机成分，利用其中的粗蛋白与球蛋白（酶）能溶解于水及烯酸、稀碱、中性盐水溶液的性质，在碱性条件下加热、加压后发生蛋白质变性，制成污泥树脂（又称蛋白胶），使之与漂白、脱脂处理的废纤维压制成板材，即为污泥生化纤维板。

污泥制纤维板的主要工艺包括污泥树脂调制、填料预处理、搅拌、预压成型和热压。

污泥树脂调制通常将脱水至含水率 85%～90%的污泥与药品混合，装入反应器搅拌均匀，然后通入蒸汽加热至 90℃保持 20 min 后，再加入石灰，在 90℃条件下反应 40 min 即可。为使其具有较好的凝胶性、预压成型时容易脱水，可在调制中投加碱液、甲醛及混凝剂（如三氯化铁、硫酸亚铁、硫酸铝或聚合氯化铝），还可加硫酸铜以提高除臭效果和加水玻璃以增加树脂的黏滞度及耐水性，使成品经久耐用。

填料可以采用麻纺厂、印染厂、纺织厂的废纤维，为了提高产品质量一般应对上述废纤维进行预处理。预处理方法是将废纤维加碱蒸煮去油、去色，使之柔软，然后粉碎以使纤维长短一致。预处理的投料质量比为：麻∶石灰∶碳酸钠=1∶0.15∶0.05，蒸煮时间为 4 h。

搅拌是将污泥树脂（干重，其含水率为 75%～80%）与纤维按质量比 2.2∶1 混合搅拌。搅拌料应及时预压成型，以免停放时间过久而使脱水性能降低。

预压成型是在 1 min 内，压力自 1.372 MPa 提高至 2.058 MPa，并稳定 4 min 后形成厚度为 8.5～9.0 mm、含水率为 60%～65%的湿板坯。

热压是采用电热升温法使湿板坯温度升至 160℃，在 3.43～3.92 MPa 的压力下稳定 3～4 min，然后逐渐降至 0.49 MPa，让蒸汽逸出，并反复 2～3 次。湿板坯经热压后，由于水分蒸发而使密度增加，机械强度提高，吸水率下降，颜色变浅。最后对制成的生化纤维板实施裁边整理，即可得到成品。

国内外已有人尝试用污泥来制纤维板，但制造过程和成品仍有一些气味，需要脱臭，强度也有待提高。

3.4.1.5 污泥制熔融微晶玻璃

微晶玻璃又称微晶玉石或陶瓷玻璃，亮度比陶瓷高，韧性比玻璃强，硬度比钢大，受热不胀，遇冷不缩，高温不裂。由于污泥、工业尾矿、冶金矿渣、粉煤灰、煤矸石等一般的废渣土中都含有制作微晶玻璃的大多数成分，因此可用其作为生产原料，既治理了环境，又有利于降低成本，而且生产过程中无污染，产品本身无放射性污染，是一种集环境保护和优良性能于一身的新型建筑材料。

其生产工艺有两种：压延法和烧结法。目前建筑用微晶玻璃均采用烧结法，即将配好比例的原材料放到窑炉里烧熔，然后把熔液倒在冰冷的铁板上淬火，从而成为一块普通玻璃。然后将其捣碎，装入模具，抹平，再次放入窑炉煅烧，使原子排列规则化，实现其从普通玻璃到微晶玻璃的变化过程。

美国、俄罗斯率先起步开发和使用微晶玻璃，日本、西欧、亚太一些国家也正在开发新型的微晶玻璃产品。我国目前已有 3 家公司批量生产建筑微晶玻璃。

总体来说，污泥的多项建材利用技术已经成熟，应用前景良好。其中，建筑砖块、轻质材料以及水泥材料等技术，已经在日本、德国等国开始进行规模化生产应用或正在计划大规模生产利用。其中日本在这方面走在了前面，已经有许多成功运行的工程实例，据统计到 2002 年年末，日本污泥有效利用率高达 63%，其中建材利用的比例为 40%。在我国，污泥的建材资源化利用是一种有效的污泥减量化及资源化手段，在北京、重庆及上海等地均进行过相应的生产性研究。总体来说，大多还处于研究及尝试的阶段。

3.4.1.6　污泥制混凝土

污泥焚烧灰也可以作为混凝土的细填料，代替部分水泥和细砂等，研究表明污泥灰替代混凝土细填料的比例甚至可高达 30%，具有较高的商业价值。应对作为混凝土填料用的污泥焚烧灰进行筛分和粉磨预处理，并对焚烧灰的有机质残留量进行控制，以保证生产混凝土的原料污泥灰达到一定的粒径配比，并确保污泥混凝土成品的质量。

3.4.1.7　污泥制沥青

目前，一般多用石灰石粉末做沥青的细集料，从 1997 年日本开始了用污泥灰作为细集料的可行性研究，经实验分析，加入了污泥灰的沥青混合物，其各方面性能与传统的材料制成的混合物相同，甚至在黏度、耐久性和稳定性方面还可以得到加强。

3.4.2　污泥热解产油技术

污泥低温热解制油是目前正在发展的一种新的热能利用技术，即在 300～500℃、常压（或高压）和缺氧条件下，借助污泥中所含的硅酸铝和重金属（尤其是铜）的催化作用将污泥中的脂类和蛋白质转变成碳氢化合物，最终产物为燃料油、气和炭。热解前的污泥干燥可利用燃料气、炭等燃料来提供能量，热解生成的油质量类似于中号燃料油，可以用来发电，实现能源循环。污泥热解技术具有不产生二噁英、固化重金属、高能量利用和低能量损失等特点。

污泥低温热解制油技术于 20 世纪 70 年代由 Bayer 等提出；Campbe 评价了该方法的经济性，Briddle 等研究了该过程的二次污染控制；1983 年，Briddle 和 Campbe 在加拿大建造了一个小规模的连续反应系统。Frost 等评价了热解油的市场应用前景。90 年代末，第 1 座商业规模的污泥炼油处理厂在澳大利亚的 Subiaco 建成。目前，澳洲最成功的低温热解制油实例是 ESI 公司设计的污泥回收生物能量工程。

国外污泥低温热解制油技术的主要思路是将干燥污泥中的有机物通过低温热解方式转换为干净的燃料。首先，将含固率为 2%～4%的污泥通过离心脱水后，得到含固率为 28%的污泥。经干燥后的污泥首先进入第 1 个转换反应器，有机物在 450℃下进行分解。然后，有机物在第 2 个反应器内被催化生成碳氢化合物，并且进行浓缩、分离及净化，为下一步能量的生成利用做准备。非凝性的碳氢化合物以及非挥发性焦炭从转换反应器流入到热气机。最后，干燥中消耗的热气通过气体污染控制装置在环境要求标准下排放。该技术主要产生 3 种具有使用价值和市场价值的产品。①燃料油：干燥 1 t 污泥生成 200～300 L 热值约为 35 GJ/L 的燃料油；②惰性灰分：灰分随燃烧过程产生，稳定性很高，可以存储待销售，用于进一步制造铺路砖等多种建筑材料；③燃烧热：可通过燃烧焦炭、非冷凝性气体以及反应水得到，为干燥刚进入系统泥饼提供热量，实现整个过程中能量的充分循环利用。

美国 Slurrycarb 低温裂解专利技术的开发也已有 10 余年，其工艺流程较简单，设计和设备集成模块化，适用于各种污泥处理规模。该技术最初应用于日本，随后美国加利福尼亚州橙郡污泥碳化厂也设计了处理量为 675 t/d 工艺生产线，2009 年 1 月投产，目前已达到设计能力的 80%。

3.4.3 有价金属回收技术

根据来源和种类的不同，化工废水中可能会含有一定量的铜、镍、铬、锌、铁、锡等重金属及可溶性盐类，其中的大部分将通过一系列废水处理的物理及化学反应而转移到化工污泥中，具有严重的环境危害性，容易对生态环境造成严重的破坏。同时，对这些化工污泥中品位较高的重金属物质不加以回收再利用，也是对金属资源的巨大浪费，通过适当的技术对其中的有价金属进行回收及循环再利用，能带来可观的经济效益、环境效益和社会效益。

（1）湿法冶金法回收有价金属

湿法冶金法起源于采矿领域，即指从水溶液中提取金属及其化合物、制取某些无机材料及处理某些“三废”污染物的过程。

利用湿法冶金法从电镀污泥中回收有价金属主要借鉴了采矿业湿法冶金的原理，主要包括以下几方面优点：①能从多组分的电镀污泥中回收铜、镍、锌等有价金属，有利于综合回收各类金属资源；②在水溶液中，各种参数较易控制，因而可通过控制水溶液中的各种参数，选择性地分离各类金属元素，选择性较强，处理效果稳定，适宜按不同要求控制回收金属产品；③直接与金属或其化合物的生产过程结合，成本低、设备简单。

湿法冶金回收电镀污泥中有价金属包括预处理、浸出、净化富集和回收产品四个阶段。其一般工艺流程是，电镀污泥经过风干或焚烧预处理后，先利用浸出剂与污泥原料作用，使其中的金属物质变为可溶性化合物进入水相，并与进入渣相的伴生元素初步分离，浸出液中的金属离子可通过化学沉淀、溶剂萃取、氢还原、电解等方法富集，从而进行分离回收，实现有价金属的资源化利用。

（2）熔炼法回收有价金属

熔炼法回收有价金属的原理是采用铁矿石、铜矿石、石灰石等作为填充和辅助材料，以煤炭、焦炭为燃料和还原性物质反应的火法冶金方法。该熔炼法主要适用于对分质污泥进行回收，比如用铜污泥炼铜，用铬污泥炼不锈钢等，而对成分复杂的混合污泥，直接进行冶炼回收金属还存在一定困难。对于电镀污泥而言，熔炼法可回收其中的铜、镍等重金属，主要用于回收重金属含量较高的电镀污泥。

为了提高熔炼效率，电镀污泥在熔炼前需进行干化脱水等前处理。处理以铜为主的污泥时应控制熔炼炉温在 1 300℃以上，处理以镍为主的污泥时应控制熔炼炉温在 1 455℃以上，熔炼出的产物可直接用电解法进行金属分离和提纯。采用熔炼工艺时，还需考虑焚烧烟气和炉渣的妥善处理问题。这主要是由于焚烧烟气中含有大量有毒有害物质，会对环境造成二次污染，而且部分金属在熔炼过程中会随烟气排放，必须安装废气处理装置加以回收。废气处理装置可采用布袋除尘和湿法除尘相结合的工艺，经处理达标后排放。炉渣经过处理并达到冶金行业废弃物标准，可进行安全填埋或作为建材原料。

（3）焙烧浸取法回收有价金属

焙烧浸取法的原理是先利用高温焙烧预处理污泥中的杂质，然后用酸、氨、水等介质提取焙烧产物中的有价金属，该法相当于将焙烧、浸取等处理工艺进行组合，以达到回收重金属的目的。该类组合方法流程较简单，具有较强的经济性和简便性，但回收得到的重金属盐分含杂质较多，需进一步优化工艺，或对回收得到的重金属盐分进行分离纯化。

在焙烧浸取法中，焙烧工艺条件的控制将影响后续浸取工序的效果，焙烧浸取法的工艺控制参数包括焙烧温度、电镀污泥与添加剂（如碳酸钠、黄铁矿等）的质量比、焙烧时间、浸取时间等，这些参数均是影响电镀污泥中重金属浸出率的重要因素。目前，国内外有关焙烧浸取法的研究主要集中在工艺参数的优化上。

“中温焙烧—钠化氧化+水浸”工艺是目前从电镀污泥中回收铬的典型工艺，其工艺流程是：首先，将电镀污泥烘干，按一定比例将其与碳酸钠混合后进行焙烧氧化，使三价铬氧化成六价铬生成铬酸钠熔融体，而铝、锌等金属生成相应的氧化物；其次，将焙烧物通过水浸使铬、铝、锌溶解生成相应的盐，浸出液过滤去除其他金属固体后进行水解酸化，然后进一步过滤去除氢氧化铝、氢氧化锌，实现铬与铝、锌的分离；得到的滤液进一步酸化成重铬酸钠，浓缩至一定体积后冷却，过滤分离去除硫酸；在该试验中，钠化后得到重铬酸钠溶液；最后，经浓缩结晶、离心、干燥后得到重铬酸钠成品。

“中温焙烧—钠化氧化+水浸”工艺中，焙烧温度是影响铬浸出率的最重要因素，此外，电镀污泥与碳酸钠的质量比、焙烧时间、水浸时间对铬浸出率的影响较为接近。最优工艺参数为：焙烧温度为650℃，焙烧时间为2 h，电镀污泥与碳酸钠的质量比为1∶1，水浸时间为1.0 h，在此最优工艺条件下的铬回收率可大于90%。

（4）生物法回收有价金属

由于电镀污泥中重金属含量较高，对微生物产生毒害作用，因此，采用生物沥滤法回收电镀污泥中金属时，通常要求电镀污泥中金属含量不超过0.1%，限制了生物沥滤法在电镀污泥处理中的应用。

生物沥滤法回收有价金属的原理是利用化能自养型嗜酸性硫杆菌的生物产酸作用，将污泥中的重金属溶解出来，然后进行固液分离，从而达到回收重金属的目的。在生物沥滤过程中起作用的微生物主要是硫杆菌属类细菌，如氧化亚铁硫杆菌、氧化硫硫杆菌等，根据其酸化能力的强弱，可分为弱嗜酸硫杆菌和嗜酸硫杆菌。其中，嗜酸硫杆菌在污泥重金属生物沥滤过程中起关键作用，较常见的嗜酸硫杆菌有氧化亚铁硫杆菌和氧化硫硫杆菌等。

生物沥滤作用机制可根据硫杆菌氧化硫化合物方式的不同，分为直接沥滤机制和间接沥滤机制。直接沥滤的机理是：在有氧的条件下，硫杆菌类细菌将目标金属的硫化物直接氧化成硫酸盐，使目标金属沥出。在间接沥滤机制中，氧化亚铁硫杆菌先将Fe^{2+}氧化成Fe^{3+}，而Fe^{3+}的作用是将目标金属的硫化物氧化为其相应的硫酸盐而沥出并产生硫酸，而硫酸与目标金属的硫化物进一步进行氧化反应，生成硫酸盐和单质硫，其中的单质硫被氧化亚铁硫杆菌氧化成硫酸，降低了pH并继续与目标金属的硫化物发生氧化反应，从而沥出目标金属，如此循环进行。

3.4.4 含油污泥回收油技术

在含油污泥回收油方面，目前主要技术有溶剂萃取法、热洗涤法、热处理法、回收油加热法、化学破乳法和固液分离法等。但是目前在实际应用中，含油污泥中油的回收技术一般不单独使用，仅作为化工含油污泥的预处理手段而与其他技术相结合，且不以单纯的回收油品为目的。

（1）溶剂萃取法

化学污泥的溶剂萃取法是物化处理法的一种。萃取指利用化合物在两种互不相溶（或微溶）的溶剂中溶解度或分配系数的不同，使化合物从一种溶剂内转移到另外一种溶剂中，经过反复多次萃取，将绝大部分的化合物提取出来的方法，且萃取剂可循环利用。利用相似相溶原理，萃取有两种方式：一种是浸取法，也叫固—液萃取，即用溶剂分离固体混合物中的组分；另一种是溶剂萃取法，即液—液萃取法，其原理是用液态的萃取剂处理与之不互溶的双组分或多组分混合溶液，实现组分分离的传质分离过程。

溶剂萃取法特别适合于焦化废水中酚类物质的分离，并已被广泛应用于回收含油废水中的污油。而在化工污泥方面，同样借鉴此种物化处理方法，用于含石油类污染物的化工污泥的处理处置与资源化，应该具有良好的经济和社会效益，值得推广。

（2）热处理技术

热处理技术的原理是利用全封闭式固控设备循环系统，将含油污泥加热到一定温度，使烃类物质解吸并回收烃类物质的方法，处理效果较好，处理后的剩余泥渣能达到美国国家环境保护局按指定的最佳示范有效技术的处理标准（best demonstrated available technology，BDAT）的要求，但其操作复杂，反应条件要求高。总体来说，热处理技术目前已在国外得到了广泛的应用，但国内仍处于研究阶段。

该技术包括高温处理技术和氧化热处理技术，两者并存于污泥处理过程中，当温度在 340℃以下时，反应中以高温分解为主导。

在高温处理过程中，加入适宜的催化剂和添加剂有助于降低反应温度、加快反应速度、缩短反应时间、提高液体产品质量以及减少固体残渣含量。国内外开展了大量的相关实验研究，均可有力地证明以上结论。比如，对炼油厂含油污泥进行的催化热解试验表明，以 Na_2CO_3 为催化剂、CH_2Cl_2 为萃取剂，经高温处理后制取液态和气态产品，并且产油率随温度的升高而增加。得到的液态产物成分接近柴油，其热值为 45 311 kJ/kg，但含有 9.57%的固态杂质；得到气态产物在 25℃的条件下的主要成分和含量情况：CO_2 为 50.85%、碳氢化合物为 25.23%、H_2O 为 17.78%、CO 为 6.11%。催化剂和添加剂价格昂贵，因此有研究者开始关注廉价催化剂和添加剂替代品的研发。其中，Shie 等通过对用廉价的铁化合物和铝化合物代替普通催化剂的试验研究表明，采用以上替代品进行含油污泥高温催化降解亦具有良好的催化增产效果，其中 Fe_2O_3 和 $Fe_2(SO_4)_3{\cdot}nH_2O$ 可提高油的质量；Al 和 $Fe_2(SO_4)_3{\cdot}nH_2O$ 可提高油的产量。

同时，由于氧的存在对含油污泥热处理后得到的液体产品质量有较大的影响，国内外研究者便基于以上对含油污泥氧化热处理技术进行了研究，提出了反应过程的 5 个平行阶段的理论及其反应动力学方程，为含油污泥热处理系统的设计提供了依据。

（3）热洗涤法

热洗涤法的操作方法是：将含油污泥用 70℃的热碱水和洗涤剂反复洗涤，在液固比值为 2∶1 的条件下洗涤 20 min。大量的研究及实践证明，含油污泥经化学热洗涤后残油率一般均在 3%以下，甚至可降至 0.3%，并且呈中性，可通过生物技术进行后续处理，可进行固化填埋或做型煤填料进行最终处置。目前，该法已经在美国、英国、荷兰、加拿大等国的含油污泥处理过程中得到了广泛应用。

3.4.5 回收汞蒸馏技术

含汞污泥处理技术通常采用蒸馏法处理，其工艺包括预处理、焙烧、冷凝等工艺单元。先将含汞污泥进行化学预处理，使 $HgCl_2$ 转化为 HgO，然后再将其置于蒸馏炉内，蒸馏过程中温度控制在 650～700℃，加热使汞挥发为汞蒸气，最后经冷凝回收金属汞。该技术成熟度高，针对污泥中汞的形态可采取不同的预处理方法，可高效回收污泥中金属汞，适用于金属冶炼含汞烟尘，含汞污泥、装置收集的粉尘，含汞废活性炭等的处理处置也可参照此技术。对于含有不同有价金属的污泥，既保证污泥中含汞化合物全部挥发，又保证除汞外的铅、锌等其他金属成分基本不变，便于资源的综合利用。

3.4.6 活性污泥制取活性炭

由于污泥中含有大量有机物，在一定的高温下以污泥为原料通过改性可以制得含碳吸附剂。活性炭应用非常广泛，拥有广阔的市场前景，不仅可以通过吸附作用去除水中的有机物和重金属离子等无机污染物，同时其在废气脱硫方面也具有良好的处理效果，是一种优良的废水和废气处理剂。此外，日本还将炭化污泥应用为土壤改良材、园艺用土壤、脱水助剂、融雪材、脱臭剂。

根据污泥炭化机理，污泥吸附剂一般分为直接活化和热解炭化后再活化两种。其中，热解炭化后再活化最为常用，主要包括热解碳化和活化两个步骤。碳化是把原料热解为碳渣，活化是关键步骤，是根据要求把碳化物变为所需要的多孔结构物质。目前活化方法有两类：物理活化和化学活化。相对于物理活化，化学活化需要较低的温度，活化产率高，通过选择合适的活化剂控制反应条件可制得高比表面积活性炭。但化学活化对设备腐蚀性大，污染环境，其制得的活性炭中残留化学药品活化剂，应用受到限制。

针对不同的污泥和所制吸附剂的不同用途，可相应采用不同的制备方法，而不同的制备方法所得到的吸附剂性能差别很大。影响吸附剂性能的主要因素有活化药剂的种类、浓度、热解时间、热解温度和活化温度等。活性炭微孔的形成和发展与原材料的孔结构、活化剂的种类、活化温度、活化时间、活化剂流量、催化剂种类、催化反应速度等诸多因素有关。

（1）物理活化法

物理活化法也称气体活化法，碳化物在 800～1 000℃高温下与二氧化碳、水蒸气、烟道气、氧气、空气等具有氧化性的活化气体接触，进行碳的氧化反应并以气态形式逸出，在碳原子位置上就出现空穴，产生发达的微孔结构，从而形成吸附性能。主要特点是可以使用多种原料，在生产上较灵活，既可以生产粉状炭，也可以生产颗粒炭、成型炭。气固间反应速度对产品孔隙结构的影响非常大。当炭颗粒中气体内扩散速度大于气体反应速度时，活化由反应控制，这时活化在孔内进行，有利于孔的发育；对于扩散速度小于气体反应速度的情况，活化由扩散控制，活化在靠近炭颗粒表面层或较大的孔内会造成颗粒的表面烧失，不利于孔的发育。而在高温低压条件下，无论采用 CO_2 还是采用 H_2O 活化都有利于微孔的发达，在低温高分压条件则有利于中孔的形成。因此可以通过对原料的颗粒度、反应温度、气体浓度、活化气体种类的调节，便可改变反应速度和扩散速度的关系，实现污泥吸附剂孔结构的人为选择和控制。

（2）化学活化法

化学活化法也称药品活化法，是通过化学试剂镶嵌入含碳原料内部，使原料中的碳氢化合物所含有的氢和氧以水的形态分解脱离，通过一系列的交联或缩聚反应产生发达的微孔，从而制成污泥吸附剂。活化剂可以循环利用，炭化、活化可以同步进行，活性炭的收率高，且活化温度较低，在生产中可以用控制活化剂种类、活化剂浓度及用量的方法在一定程度上控制成品活性炭的孔径分布。

活化剂可以是酸类、碱类和盐类物质，常用的化学活化剂有 KOH、$ZnCl_2$、H_3PO_4、H_2SO_4，以及 K_2S、$AlCl_3$、铁盐、硝酸、金属钾、金属钠等。合适的活化剂种类、活化剂的量、活化时间、活化温度对控制活性炭的孔结构十分重要。采用 KOH（等碱性活化剂），当活化温度高于钾单质沸点 762℃时，通过生成单质钾蒸气扩散到炭层，有利于创造发达的微孔，得到的活性炭比表面积较高。对于 $ZnC1_2$、H_3PO_4，它们在热解过程中起脱水作用，有助于热解反应，降低焦油的生成，炭化过程中通过缩聚反应进行芳构化，形成丰富微孔的结构，作用表现在两个方面：①促进热解过程，形成基于乱层炭结构的初始孔隙；②活化剂充满在形成的孔内，避免了焦油的生成，清洗后除去活化剂可得到孔结构发达的活性炭。其中，以 $ZnCl_2$ 为活化剂可得到较高微孔体积的活性炭，且产率较高；采用 H_3PO_4 活化，活化温度较低（400～500℃），得到的活性炭具有丰富的中孔结构。

此外，化学物理法在活化前对原料进行了化学改性浸渍处理，从而提高原料活性并在材料内部形成传输通道，有利于气体活化剂进入孔隙内刻蚀。化学物理法可通过控制浸渍比和浸渍时间制得孔径分布合理的活性炭材料，并且所制得的活性炭既有高的比表面积又含有大量中孔，在活性炭材料表面获得特殊官能团。

近年来，美国、日本、法国、中国、西班牙、新加坡等国家的研究者对污泥改性制备吸附剂技术进行了较多的研究。近年来，研究的重点是污泥热解方法及工艺的优化、吸附剂制备中间过程和方法的改进、活化药剂的选择等方面。

3.4.7 污泥中蛋白质利用技术

对污泥中蛋白质进行利用的关键技术主要是污泥中蛋白质提取技术，其过程可大致分为污泥的溶胞和蛋白质的分离两部分。从污泥中提取蛋白质就是使污泥中的微生物蛋白释放出来，变成可溶性物质的过程，由于污泥中的蛋白质主要存在于污泥细菌的细胞壁及其内含物中，因此若想提取污泥蛋白质，需要首先破坏污泥的结构和细菌的细胞壁，使污泥絮体结构发生变化，细菌破裂，细胞内的内含蛋白物质溶出，进入水相，然后采取各种手段将溶入水相的污泥蛋白质分离出来，对其进行进一步的利用。

溶胞技术利用物理、化学、生物等方法，对剩余污泥絮体进行破碎分解，促进微生物细胞裂解，使胞内物质溶出到液相中。通常的溶胞方法包括物理法（超声波、微波、聚焦脉冲、热解和冻/融等）、化学法（包括碱处理、酸处理以及臭氧处理等）、生物法（投加分泌胞外酶的菌体或直接投加溶菌酶等酶制剂）以及多种方法联合等方法。

污泥溶胞液是多糖、蛋白质和脂肪等有机物以及重金属等多种物质组成的混合溶液，要得到蛋白质必须将目标蛋白质从其中分离纯化出来。蛋白质的分离纯化主要是通过溶胞液的浓缩和浓缩液的结晶来实现的。传统浓缩法主要用减压蒸馏法和泡沫法分离蛋白质。近年来随着膜工业的发展，膜法也开始渐渐兴起。蛋白质结晶方法主要是沉淀法，包括盐析沉淀法、有机沉淀分离法和等电点分离法等。

对污泥蛋白质的利用主要是将其用作蛋白质饲料和蛋白质泡沫灭火剂，另外泡沫混凝土发泡剂和蛋白质泡沫钻井液有少量应用。

然而，由于污泥成分非常复杂，其中的重金属、病原菌、寄生虫（卵）和有毒有机物在蛋白质提取的同时有可能被一同提取出来。因此，从剩余污泥中高效提取蛋白质，并保证所提取的蛋白质的安全性，是污泥蛋白质提取技术需要重点关注的问题。目前，这一方面的研究还不深入，安全高效的提取污泥蛋白质的方法以及污泥蛋白质的潜在危害等方面仍需进一步研究，对污泥中蛋白质的利用也应格外慎重。尤其是对于化工污泥来说，虽然因其来源和种类的不同，其中蛋白质的含量也会有所不同，但蛋白质含量通常都有限，对其进行资源化再利用的经济价值很低。加之化工污泥往往伴随大量有毒有害物质，污染物成分复杂多样，含量也更高，提取并利用化工污泥中的蛋白质对人体健康和生态环境带来的风险同样也更大，所以无论从技术可行性还是从风险可控程度来讲，都不建议采用此种资源化方法。

4

我国化学工业污泥产生及污染现状

4.1 我国化学工业行业分类

4.1.1 化工行业现状

化学工业是我国重要的基础产业，包括石油化学工业、煤炭化学工业、化纤、橡胶和塑料工业、无机酸工业、无机碱工业、化肥农药、工业、无机盐工业、染料和涂料工业等。化学工业也是一种高污染、高能耗的行业，从化工产品生产过程中排放出来的废水对我国水环境造成了严重的污染。尤其是化工废水中的汞、铬（Ⅵ）、镉、铅、钼、钒、铜、锰等重金属离子，以及砷、氰化物、硫化物、多环芳烃、多元酚、氯苯化合物等化学毒物对生态环境造成了极大的风险。化学工业废水处理工艺包括化学法、物理法、生物法以及膜技术等，虽然污水处理率逐年提高，化工废水污染的问题初步得到控制，但污泥产生量也显著增加。

化工废水的化学、物理、生物处理等环节均可能产生污泥。污泥的产生量、化学组成以及典型污染物的化学形态与废水来源行业、废水排放源、废水处理方法等因素息息相关。酸碱中和、混凝、氧化还原、沉淀等过程产生化学污泥，生物降解过程产生剩余污泥。在化学、物理处理过程中，化工废水中的重金属成分以化学沉淀的形式转移进入污泥，而一些多环芳烃类有机化合物可生化性差，在生物处理过程中无法被降解，它们被活性污泥吸附富集，导致剩余污泥中含有大量的毒性难降解有机污染物。总体来说，化工废水处理污泥有以下特点：①含水率高，一般为50%～95%，造成污泥中的污染物非常容易随水流渗入土壤和地下水层；②种类多样，既有生物处理过程剩余的生物质污泥，也有化学、物理处理过程产生的无机质污泥；③组成复杂，既含有有机物、病毒、寄生虫等，也含有重金属、无机盐等物质；④污染物存在形态复杂，包括吸附态、离子交换态、有机结合态等存在形式，造成它们在环境中的迁移转化行为和毒性作用规律更加复杂多变。而且国内对化工行业污泥的统计和管理尚存在空白，污泥污染问题在很大程度上已经影响了我国污水污染控制的成效。

2011 年 6 月，环境保护部下发了《关于污（废）水处理设施产生污泥危险特性鉴别有关意见的函》（环函〔2010〕129 号），就污（废）水处理设施污泥危险特性鉴别工作进行了明确和解释。专门处理工业废水（或同时处理少量生活污水）的处理设施产生的污泥，可能具有危险特性，应按《国家危险废物名录》、《危险废物鉴别技术规范》（HJ/T 298—2007）和危险废物鉴别标准的规定，对污泥进行危险特性鉴别。由于我国工业废水产生量巨大，相应的污泥产生量也十分可观。浙江、广东、山东、河南、河北等省份污泥产生量较大。由于目前污泥的处置方式以填埋为主，其次为焚烧处置和土地利用，而不同的化学工业污泥中均含有大量有机物、重金属、持久性有机物等，所以若管理不当存在巨大的环境风险。

4.1.2 我国化学工业子行业分布

通过国内外文献调研、行业专家咨询等，化工工业包含化纤、橡胶和塑料、化肥、有机化工（煤化工、石油化工）、合成药、无机盐、农药、燃料、涂料等，我国化学工业子行业及代码见表 4-1。

表 4-1 我国化学工业子行业及代码

二级行业	二级代码	三级行业	三级代码	四级行业	四级代码
石油加工、炼焦和核燃料加工业	25	精炼石油产品制造	251	原油加工及石油制品制造	2511
				人造原油制造	2512
		炼焦	252	炼焦	2520
化学原料和化学制品制造业	26	基础化学原料制造	261	无机酸制造	2611
				无机碱制造	2612
				无机盐制造	2613
				有机化学原料制造	2614
				其他基础化学原料制造	2619
		肥料制造	262	氮肥制造	2621
				磷肥制造	2622
				钾肥制造	2623
				复混肥料制造	2624
				其他肥料制造	2629

二级行业	二级代码	三级行业	三级代码	四级行业	四级代码
化学原料和化学制品制造业	26	农药制造	263	化学农药制造	2631
		涂料、油墨、颜料及类似产品制造	264	涂料制造	2641
				油墨及类似产品制造	2642
				颜料制造	2643
				染料制造	2644
				密封用填料及类似品制造	2645
		合成材料制造	265	初级形态塑料及合成树脂制造	2651
				合成橡胶制造	2652
				合成纤维单（聚合）体制造	2653
				其他合成材料制造	2659
		专用化学产品制造	266	化学试剂和助剂制造	2661
				专项化学用品制造	2662
				林产化学产品制造	2663
				信息化学品制造	2664
				环境污染处理专用药剂材料制造	2665
				动物胶制造	2666
				其他专用化学产品制造	2669
		日用化学产品制造	268	肥皂及合成洗涤剂制造	2681
				化妆品制造	2682
				口腔清洁用品制造	2683
				香料、香精制造	2684
				其他日用化学产品制造	2689
医药	27	化学药品原料药制造	271	化学药品原料药制造	2710
		化学药品制剂制造	272	化学药品制剂制造	2720
化学纤维制造业	28	纤维素纤维原料及纤维制造	281	化纤浆粕制造	2811
				人造纤维（纤维素纤维）制造	2812
		合成纤维制造	282	锦纶纤维制造	2821
				涤纶纤维制造	2822
				腈纶纤维制造	2823
				维纶纤维制造	2824
				丙纶纤维制造	2825
				氨纶纤维制造	2826
				其他合成纤维制造	2829

二级行业	二级代码	三级行业	三级代码	四级行业	四级代码
橡胶和塑料制品业	29	橡胶制品业	291	轮胎制造	2911
				橡胶板、管、带制造	2912
				橡胶零件制造	2913
				再生橡胶制造	2914
				日用及医用橡胶制品制造	2915
				其他橡胶制品制造	2919
		塑料制品业	292	塑料薄膜制造	2921
				塑料板、管、型材制造	2922
				塑料丝、绳及编织品制造	2923
				泡沫塑料制造	2924
				塑料人造革、合成革制造	2925
				塑料包装箱及容器制造	2926
				日用塑料制品制造	2927
				塑料零件制造	2928
				其他塑料制品制造	2929

本章将重点以钛白粉、PVC和焦化3个行业为典型化工行业，以石油化工、化肥制造、农药制造、无机化工、涂料染料、化学制药6个行业为重点化工行业，进行化工行业废水污泥源解析，分析全国和各省（自治区、直辖市）典型化工行业和重点化工行业废水排放和处理量、主要污染物排放量、化工污泥排放与处置等问题。

4.1.3 化工行业污染现状

与城镇生活污水处理过程中产生的普通剩余污泥相比，化学工业废水处理污泥中经常包含的重金属或毒性难降解有机物，这些物质多是我国环境优先控制污染物，极易导致废水处理污泥具有很强的生态毒性和环境风险，必须谨慎对待和妥善处置。我国水环境优先控制污染物包括14种化学类别共68种有毒化学物质。其中，有机物占58种，大多属于难降解的持久性化合物；重金属占9种；非重金属无机物1种，详见表4-2。

表 4-2　我国水环境优先控制污染物

化学类别	名称
卤代（烷烯）烃类	二氯甲烷、三氯甲烷、四氯化碳、1,2-二氯乙烯、1,1,1-三氯乙烷、1,1,2-三氯乙烷、1,1,2,2-四氯乙烷、三氯乙烯、四氯乙烯、三溴甲烷
苯系物	苯、甲苯、乙苯、邻-二甲苯、间-二甲苯、对-二甲苯
氯代苯类	氯苯、邻-二氯苯、对-二氯苯、六氯苯
多氯联苯类	多氯联苯
酚类	苯酚、间-甲酚、2,4-二氯酚、2,4,6-三氯酚、五氯酚、对-硝基酚
硝基苯类	硝基苯、对-硝基甲苯、2,4-二硝基甲苯、三硝基甲苯、对-硝基氯苯、2,4-二硝基氯苯
苯胺类	苯胺、二硝基苯胺、对-硝基苯胺、2,6-二氯硝基苯胺
多环芳烃	萘、荧蒽、苯并[*b*]荧蒽、苯并[*k*]荧蒽、苯并[*a*]芘、茚并[1,2,3-*cd*]芘、苯并[*g,h,i*]苝
酞酸酯类	酞酸二甲酯（邻苯二甲酸二甲酯）、酞酸二丁酯（邻苯二甲酸二丁酯）、酞酸二辛酯（邻苯二甲酸二辛酯）
农药	六六六、滴滴涕、敌敌畏、乐果、对硫磷、甲基对硫磷、除草醚、敌百虫
丙烯腈	丙烯腈
亚硝胺类	*N*-亚硝基二丙胺、*N*-亚硝基二正丙胺
氰化物	氰化物
重金属及化合物	砷及其化合物、铍及其化合物、镉及其化合物、铬及其化合物、铜及其化合物、铅及其化合物、汞及其化合物、镍及其化合物、铊及其化合物

4.2　2014 年我国化学工业污泥产生及污染现状

4.2.1　各省化工污泥排放与处理现状

4.2.1.1　各省工业污泥排放与处理现状

2014 年我国工业废水中污染物产生量化学需氧量为 2 129.02 万 t、氨氮为 129.88 万 t，工业废水处理量达 499.87 亿 t。污染物去除量化学需氧量为 1 190.91 万 t、氨氮为 110.66 万 t。污水处理厂污泥产生量为 2 801.47 万 t，其中污泥处置量为 2 799.75 万 t，倾倒丢弃量为 1.73 万 t。污泥处置以填埋处理为主，共 1 320.77 万 t，其次为焚烧处置，为 621.54 万 t，土地利用为 534.54 万 t，建筑材料利用为 322.90 万 t。

2014 年全国各省污泥产生量分布如图 4-1 所示，浙江省、江苏省、广东省、山东省、河北省和河南省，污泥产生量较大。

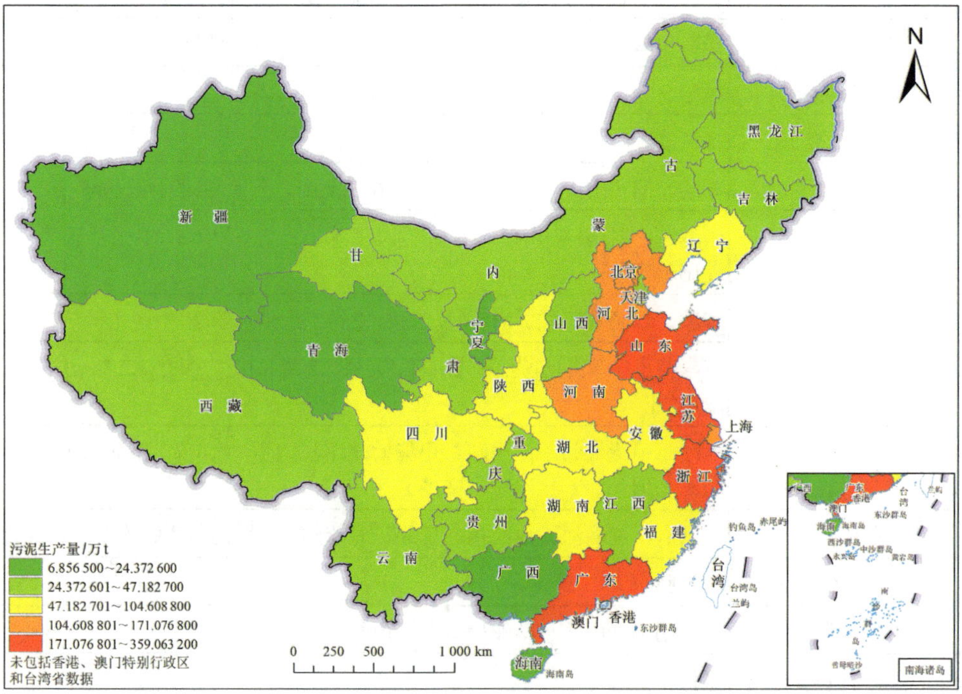

（国审字（2021）第 0259 号，下同。）

图 4-1 2014 年我国废水处理污泥产生量分布

4.2.1.2 各省化工污泥排放与处理现状

2014 年我国化工废水中污染物产生量化学需氧量为 411.70 万 t，占工业废水中污染物产生量化学需氧量的 19.34%；产生氨氮为 71.20 万 t，占工业废水中污染物产生量氨氮的 54.82%。化工废水处理量达 55.61 亿 t，占工业废水产生量的 11.13%。化工污泥产生量为 399.76 万 t，占工业污泥产生量的 14.27%，其中污泥处置量为 243.50 万 t，占工业污泥处置量的 8.70%，倾倒丢弃量为 0.09 万 t，占工业污泥倾倒丢弃量的 4.91%。

2014 年我国各省化工废水和污泥排放与处理量，江苏省最多，化工废水处理量为 59 461 万 t、化工废水排放量为 51 963 万 t，污泥产生量为 13.66 万 t、污泥处置量为 5.57 万 t、污泥倾倒丢弃量为 0；其次是山东省，化工废水处理量为 58 273 万 t、化工废水排放量为 44 009 万 t，污泥产生量为 55.55 万 t、污泥处置量为 4.79 万 t、污泥倾倒丢弃量为 0；西藏自治区无化工，废水处理、污染物排放和污泥排放量均为 0。2014 年我国化工废水处理量分布见图 4-2。

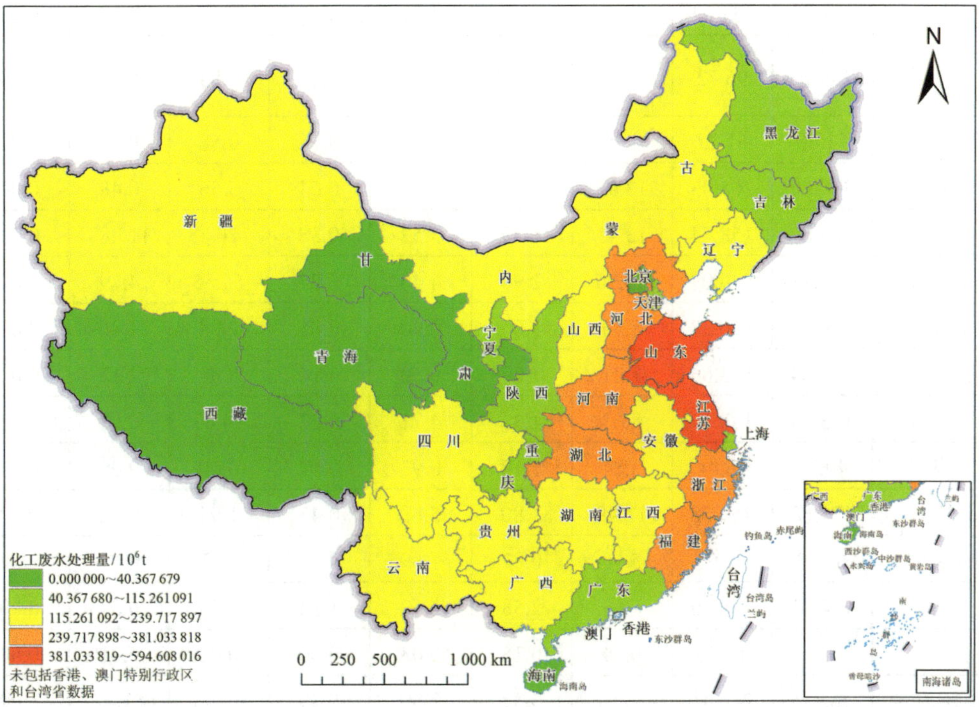

图 4-2　2014 年我国化工废水处理量分布

2014 年我国各省化工废水主要污染物排放量，江苏省最多，化学需氧量产生量为 47.69 万 t、化学需氧量排放量为 5.23 万 t，氨氮产生量为 3.78 万 t、氨氮排放量为 0.47 万 t；其次是山东省，化学需氧量产生量为 40.30 万 t、化学需氧量排放量为 2.98 万 t，氨氮产生量为 4.40 万 t、氨氮排放量为 0.27 万 t，见表 4-3。

表 4-3　2014 年各省化工废水污染和污泥排放量

省份	化工废水处理量/10^6 t	化工废水排放量/10^6 t	化学需氧量产生量/万 t	化学需氧量排放量/万 t	氨氮产生量/万 t	氨氮排放量/万 t	污泥产生量/万 t	污泥处置量/万 t	污泥倾倒丢弃量/t
浙江省	377.89	226.41	26.02	1.80	3.72	0.14	16.11	9.75	0.00
福建省	296.60	123.92	12.38	0.97	1.75	0.17	9.46	1.84	0.00
江苏省	594.61	519.63	47.69	5.23	3.78	0.47	13.66	5.57	0.00

省份	化工废水处理量/10^6 t	化工废水排放量/10^6 t	化学需氧量产生量/万 t	化学需氧量排放量/万 t	氨氮产生量/万 t	氨氮排放量/万 t	污泥产生量/万 t	污泥处置量/万 t	污泥倾倒丢弃量/t
广东省	115.26	105.12	7.73	1.18	1.11	0.14	4.39	0.53	20.00
河北省	381.03	231.04	28.08	3.77	4.51	0.52	7.30	4.10	0.00
广西壮族自治区	239.72	96.72	7.30	1.37	2.07	0.20	3.83	0.66	0.00
天津市	61.60	61.27	4.39	1.00	0.27	0.15	0.58	0.54	0.00
湖北省	318.60	205.03	13.95	3.61	1.33	0.64	5.56	0.48	0.00
安徽省	180.69	158.74	13.41	1.59	3.52	0.38	120.88	115.83	0.00
山东省	582.73	440.09	40.30	2.98	4.40	0.27	55.55	4.79	0.00
上海市	96.02	166.37	8.56	1.06	0.40	0.05	2.88	2.86	0.00
江西省	163.04	123.66	8.21	1.69	0.50	0.14	8.02	7.12	0.00
四川省	193.63	130.57	8.63	1.33	4.71	0.22	14.53	0.02	0.00
甘肃省	40.37	36.44	3.84	1.19	0.93	0.57	0.00	0.00	0.00
辽宁省	175.60	461.58	12.49	2.80	5.83	0.43	1.94	0.02	0.00
重庆市	66.12	62.63	5.55	0.82	1.69	0.09	1.77	0.69	29.80
湖南省	174.96	148.10	6.63	2.58	2.62	1.34	2.03	0.87	0.00
北京市	4.33	14.90	0.69	0.15	0.03	0.00	0.02	0.01	0.00
河南省	265.15	265.41	33.81	3.32	2.99	0.39	61.05	51.37	0.00
陕西省	106.82	99.62	11.04	1.86	1.28	0.29	1.48	1.18	0.00
云南省	173.38	25.21	3.62	0.75	2.94	0.16	18.85	7.05	0.00
吉林省	68.31	84.57	5.72	1.00	0.24	0.09	4.85	4.79	0.00
新疆维吾尔自治区	150.50	122.10	31.64	12.15	5.55	0.95	10.28	6.85	800.00
海南省	11.08	9.07	4.22	0.09	0.08	0.01	0.00	0.00	0.00
贵州省	239.14	34.35	3.56	0.89	2.48	0.10	7.13	7.13	0.00
山西省	170.57	127.40	24.40	2.38	2.40	0.31	2.14	0.26	0.00
黑龙江省	73.08	90.94	12.78	0.95	3.39	0.17	3.36	0.14	0.00
内蒙古自治区	153.19	84.70	16.04	2.54	2.08	0.28	15.36	7.11	0.00
青海省	13.32	35.28	3.23	1.63	0.18	0.14	1.95	1.95	0.00
宁夏回族自治区	67.79	52.16	4.85	1.67	4.40	0.41	4.58	0.00	0.00
西藏自治区	0.00	0.00	0.00	0.00	0.00	0.00	0.00	0.00	0.00

4.2.2　典型化工污泥排放与处理现状

4.2.2.1　钛白粉行业污泥污染现状

2014 年我国钛白粉行业废水处理量为 19 404.09 万 t、钛白粉废水排放量为 18 261.57 万 t、钛白粉废水 COD 产生量为 13.23 万 t、钛白粉废水 COD 排放量为 2.38 万 t、钛白粉废水氨氮产生量为 0.72 万 t、钛白粉废水氨氮排放量为 0.14 万 t、钛白粉废水污泥产生量为 115.87 万 t、钛白粉废水污泥处理量为 59.05 万 t，钛白粉废水污泥丢弃量为 0。

从 2014 年我国各省钛白粉行业废水处理量来看，江苏省最多，为 4 587.14 万 t，其次是四川省，为 2 829.26 万 t；从 2014 年我国各省钛白粉行业废水污泥排放与处理量来看，钛白粉废水污泥产生量安徽省最多，为 50.74 万 t、处理量为 50.73 万 t，其次是山东省，污泥产生量为 30.18 万 t，黑龙江省、青海省、海南省和西藏自治区无钛白粉行业废水处理、污染物排放和污泥排放，见图 4-3。

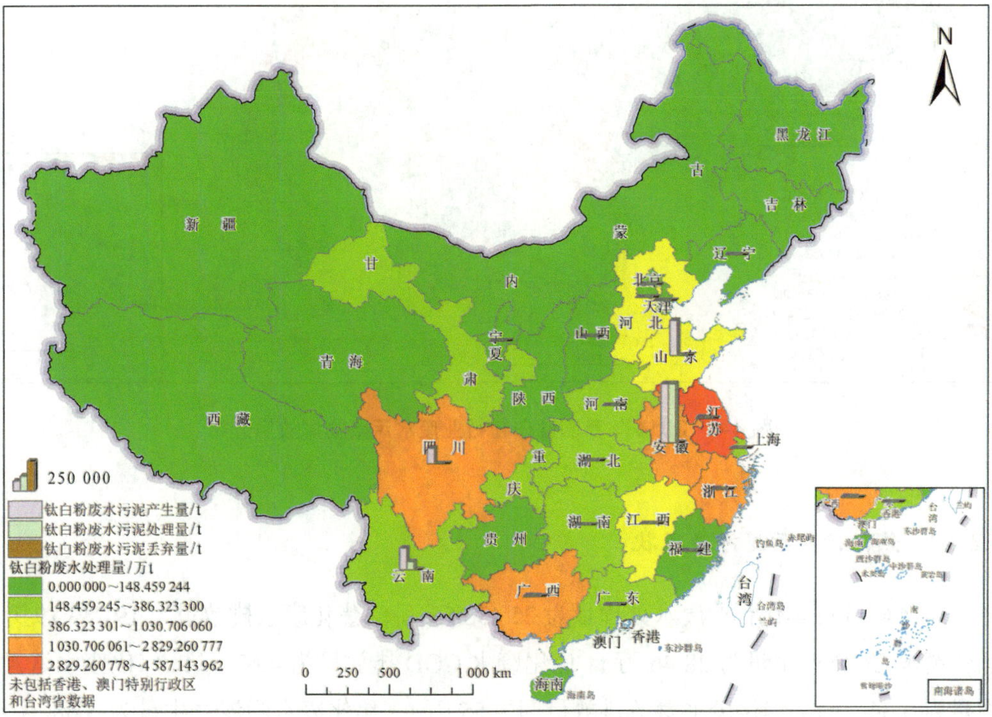

图 4-3　2014 年我国钛白粉行业废水处理污泥量分布

从 2014 年我国各省钛白粉行业废水排放来看，江苏省最多，为 4 900.33 万 t，其次是浙江省，为 2 308.92 万 t；从 2014 年我国各省钛白粉行业废水主要污染物排放来看，江苏省最多，钛白粉废水 COD 产生量为 30 225.03 t、排放量为 4 733.49 t，钛白粉废水氨氮产生量为 1 152.19 t、排放量为 252.29 t，其次是浙江省，钛白粉废水 COD 产生量为 29 347.63 t、排放量为 2 033.89 t，钛白粉废水氨氮产生量为 1 143.50 t、排放量为 103.76 t，见图 4-4。

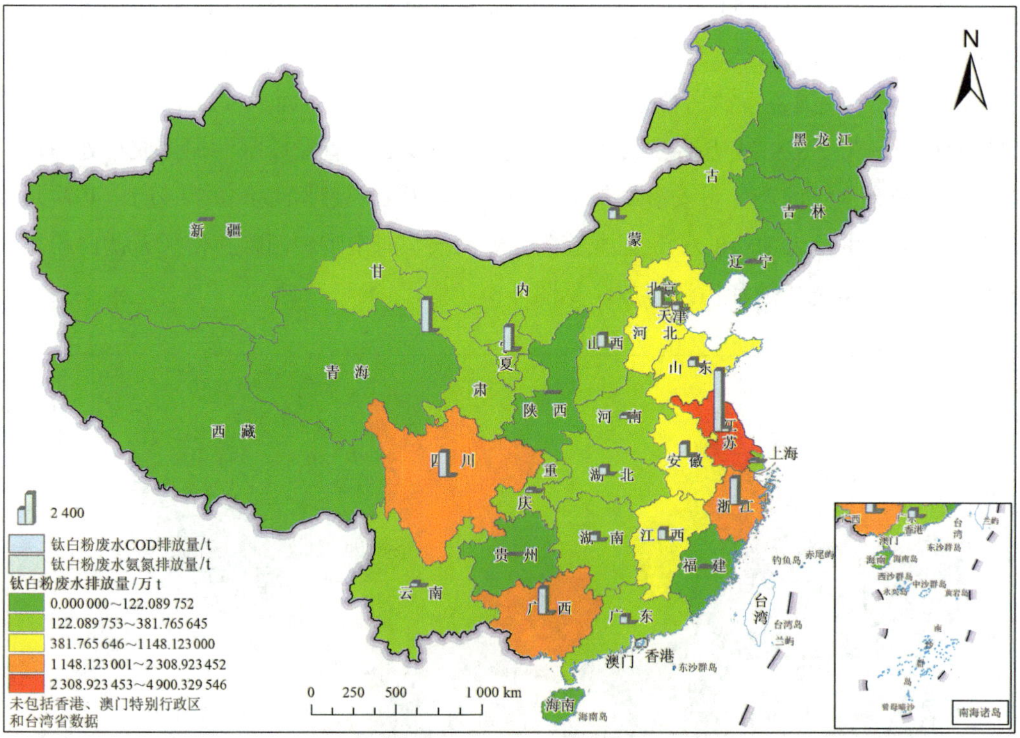

图 4-4 2014 年我国钛白粉行业废水污染物排放量分布

4.2.2.2 焦化行业污泥污染现状

2014 年我国焦化行业废水处理量为 25 438.55 万 t、焦化废水排放量为 19 783.19 万 t、焦化废水 COD 产生量为 28.46 万 t、焦化废水 COD 排放量为 4.62 万 t、焦化废水氨氮产生量为 3.36 万 t、焦化废水氨氮排放量为 0.55 万 t、焦化废水污泥产生量为 3.68 万 t、焦化废水污泥处理量为 0.43 万 t，焦化废水污泥丢弃量为 0。

从 2014 年我国各省焦化行业废水处理量来看，山西省最多，为 6 716.99 万 t，其次是河北省，为 4 596.20 万 t；从 2014 年我国各省焦化行业废水污泥排放与处理量来看，焦化废水污泥产生量山西省最多，为 14 325.92 t、处理量为 2 519.80 t，其次是内蒙古自治区，污泥产生量为 8 872.61 t，北京市、天津市、浙江省、广东省、海南省和西藏自治区无焦化行业废水处理污染物排放和污泥排放，见图 4-5。

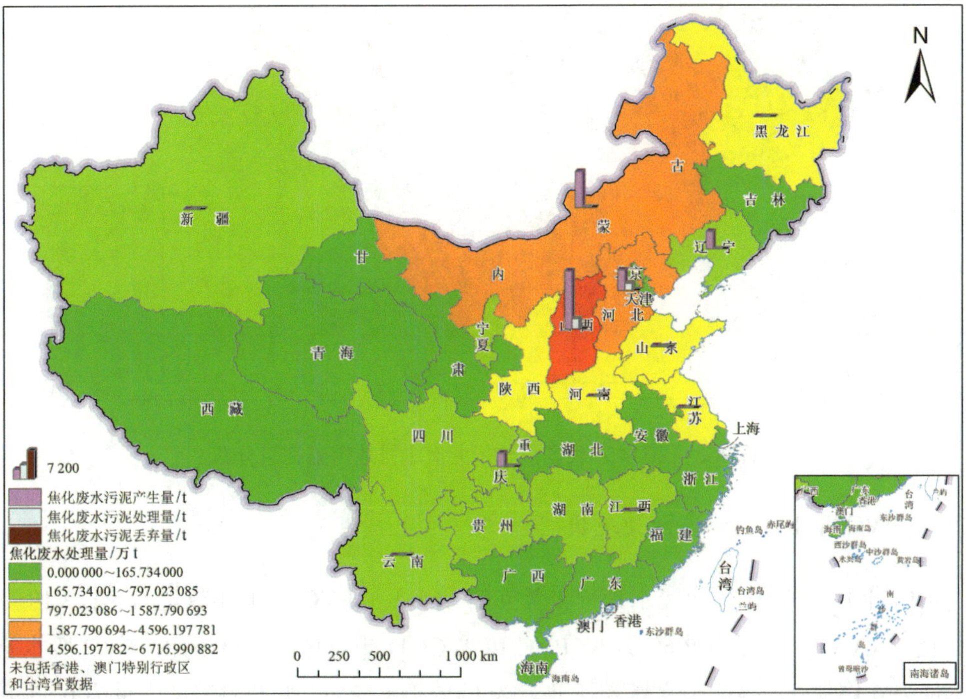

图 4-5　2014 年我国焦化行业废水处理污泥量分布

从 2014 年我国各省焦化行业废水排放来看，山西省最多，为 5 592.68 万 t，其次是河北省，为 3 135.60 万 t；从 2014 年我国各省焦化行业废水主要污染物排放来看，山西省最多，焦化废水 COD 产生量为 59 568.84 t、排放量为 10 044.43 t，焦化废水氨氮产生量为 6 931.10 t、排放量为 1 677.21 t，其次是河北省，焦化废水 COD 产生量为 56 531.53 t、排放量为 4 202.78 t，焦化废水氨氮产生量为 4 999.36 t、排放量为 483.32 t，见图 4-6。

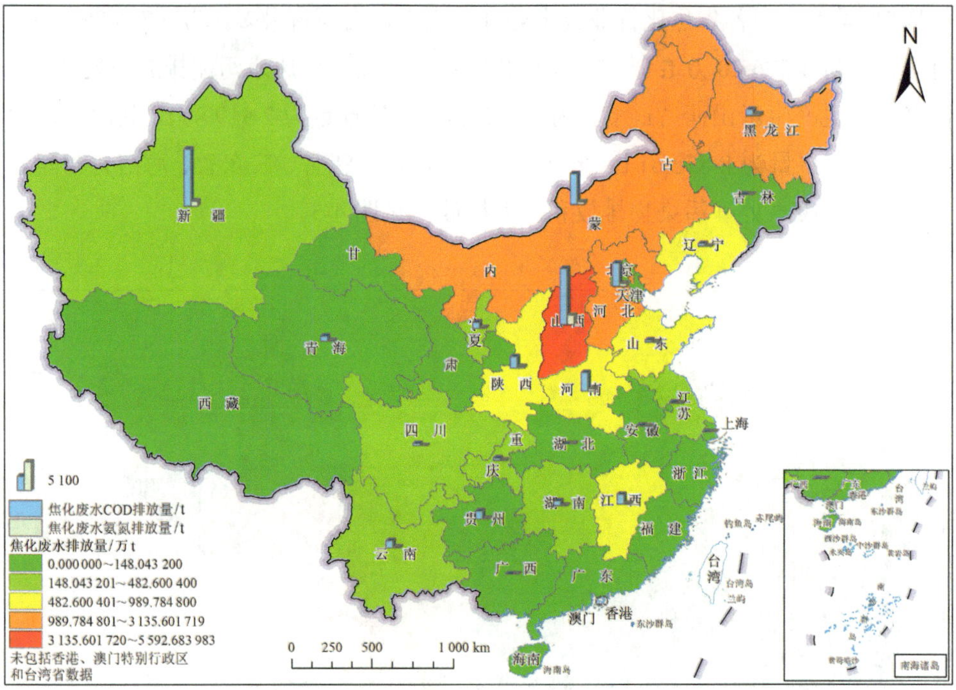

图 4-6　2014 年我国焦化行业废水排放污染物量分布

4.2.2.3　PVC 行业行业污泥污染现状

2014 年我国 PVC 行业废水处理量为 4 062.65 万 t、PVC 废水排放量为 5 122.19 万 t，PVC 废水 COD 产生量为 2.69 万 t、PVC 废水 COD 排放量为 0.69 万 t，PVC 废水氨氮产生量为 0.15 万 t、PVC 废水氨氮排放量为 0.05 万 t，PVC 废水污泥产生量为 0.65 万 t、PVC 废水污泥处理量为 0.43 万 t，PVC 废水污泥丢弃量为 0。

从 2014 年我国各省 PVC 行业废水处理量来看，浙江省最多，为 1 197.00 万 t，其次是广东省，为 693.17 万 t；从 2014 年我国各省 PVC 行业废水污泥排放与处理量来看，PVC 废水污泥产生量江苏省最多，为 4 176.64 t、处理量为 3 246.80 t，其次为浙江省，污泥产生量为 1 453.88 t、处理量为 974.04 t，青海省、宁夏回族自治区和西藏自治区无 PVC 行业废水处理、污染物排放和污泥排放，见图 4-7。

从 2014 年我国各省 PVC 行业废水排放来看，浙江省最多，为 1 131.09 万 t，其次是广东省，为 762.31 万 t；从 2014 年我国各省 PVC 行业废水主要污染物排放来看，浙江省最多，PVC 废水 COD 产生量为 9 820.18 t、排放量为 1 245.84 t，PVC 废水氨氮产生量为 512.74 t、排放量为 140.47 t，其次是福建省，PVC 废水 COD 产生量为 3 861.56 t、排放量为 437.34 t，PVC 废水氨氮产生量为 153.94 t、排放量为 43.60 t，见图 4-8。

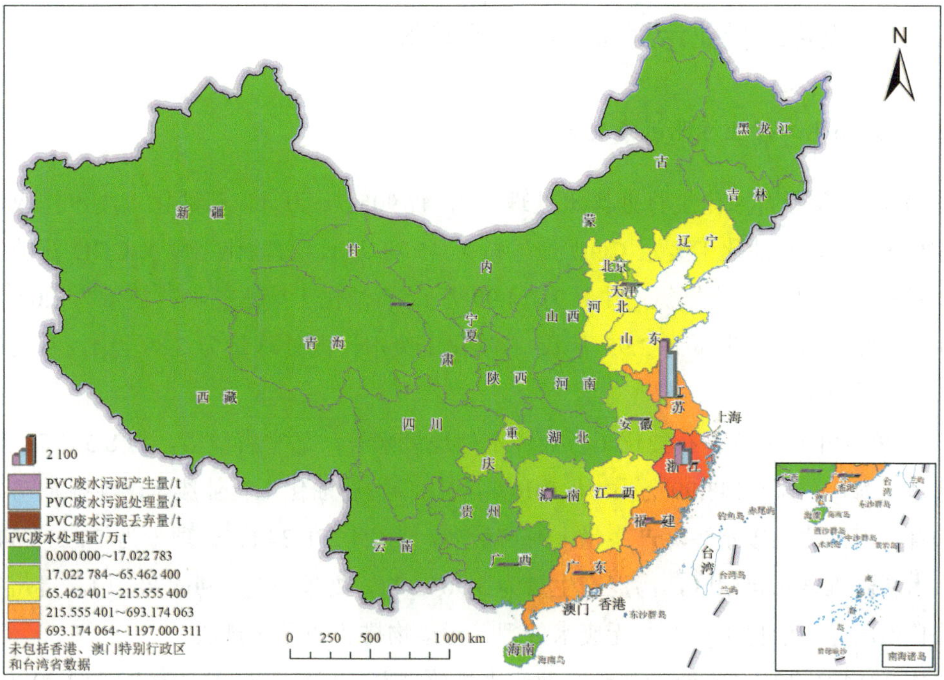

图 4-7　2014 年我国 PVC 行业废水处理污泥量分布

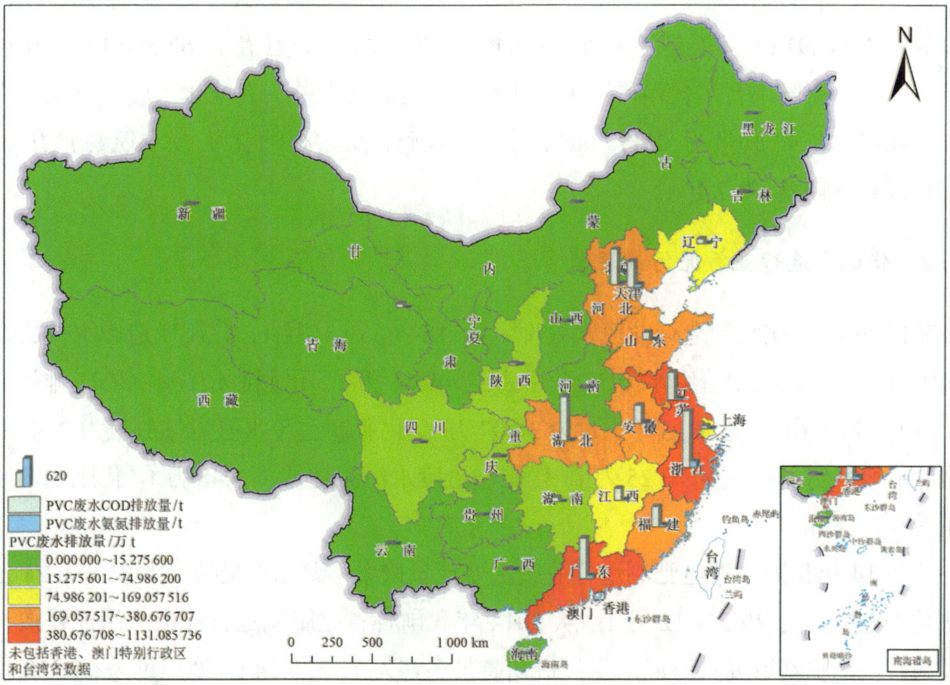

图 4-8　2014 年我国 PVC 行业废水排放污染物量分布

4.2.3 重点化工行业污泥排放与处理现状

4.2.3.1 石油化工行业污泥污染现状

2014 年我国石油化工行业废水处理量为 47 905.54 万 t、石油化工废水排放量为 63 629.09 万 t，石油化工废水 COD 产生量为 45.78 万 t、石油化工废水 COD 排放量为 4.38 万 t，石油化工废水氨氮产生量为 14.99 万 t、石油化工废水氨氮排放量为 1.03 万 t，石油化工废水污泥产生量为 2.95 万 t、石油化工废水污泥处理量为 2.89 万 t，石油化工废水污泥丢弃量为 0。

从 2014 年我国各省石油化工行业废水处理量来看，辽宁省最多，为 8 595.72 万 t，其次是上海市，为 5 243.99 万 t；从 2014 年我国各省石油化工行业废水污泥排放与处理量来看，石油化工废水污泥产生量上海市最多，为 24 278.34 t、处理量为 24 278.34 t，其次为新疆维吾尔自治区，污泥产生量为 3 964.00 t、处理量为 3 964.00 万 t，贵州省和西藏自治区无石油化工行业，无废水处理、污染物排放和污泥排放。

从 2014 年我国各省石油化工行业废水排放来看，辽宁省最多，为 23 312.70 万 t，其次是上海市，为 11 203.30 万 t；从 2014 年我国各省石油化工行业废水主要污染物排放来看，山东省石油化工废水 COD 产生最多，石油化工废水 COD 产生量为 73 541.15 t、排放量为 3 208.91 t，其次是江苏省，石油化工废水 COD 产生量为 62 550.12 t、排放量为 2 917.06 t；新疆维吾尔自治区石油化工废水氨氮产生最多，石油化工废水氨氮产生量为 33 043.27 t、排放量为 2 177.08 t，其次是浙江省，石油化工废水氨氮产生量为 29 310.97 t、排放量为 7.40 t。

4.2.3.2 化肥制造行业污泥污染现状

2014 年我国化肥制造行业废水处理量为 164 665.13 万 t、化肥制造废水排放量为 68 721.41 万 t，化肥制造废水 COD 产生量为 49.88 万 t、化肥制造废水 COD 排放量为 8.07 万 t，化肥制造废水氨氮产生量为 36.07 万 t、化肥制造废水氨氮排放量为 3.38 万 t，化肥制造废水污泥产生量 22.25 万 t、化肥制造废水污泥处理量 7.48 万 t，化肥制造废水污泥丢弃量为 0。

从 2014 年我国各省化肥制造行业废水处理量来看，湖北省最多，为 21 480.24 万 t，其次是山东省，为 20 541.12 万 t；从 2014 年我国各省化肥制造行业废水污泥排放与处理量来看，化肥制造废水污泥产生量贵州省最多，为 71 320.14 t、处理量为 71 320.14 t，其次是福建省，污泥产生量为 58 019.00 t，西藏自治区无化肥制造行业废水处理、污染物排放和污泥排放。

从 2014 年我国各省化肥制造行业废水排放来看，湖北省最多，为 8 037.02 万 t，其次是河南省，为 7 774.28 万 t；从 2014 年我国各省化肥制造行业废水主要污染物排放来看，山西省化肥制造废水 COD 产生最多，化肥制造废水 COD 产生量为 138 869.14 t、排放量为 2 880.77 t，其次是安徽省，化肥制造废水 COD 产生量为 43 361.82 t、排放量为 3 517.06 t；四川省化肥制造废水氨氮产生最多，化肥制造废水氨氮产生量为 41 588.50 t、排放量为 1 200.04 t，其次是宁夏回族自治区，化肥制造废水氨氮产生量为 39 618.91 t、排放量为 2 304.92 t。

4.2.3.3　农药制造行业污泥污染现状

2014 年我国农药制造行业废水处理量为 10 298.58 万 t、农药制造废水排放量为 11 914.15 万 t，农药制造废水 COD 产生量为 14.64 万 t、农药制造废水 COD 排放量为 1.97 万 t；农药制造废水氨氮产生量为 0.81 万 t、农药制造废水氨氮排放量为 0.15 万 t；农药制造废水污泥产生量为 0.76 万 t、农药制造废水污泥处理量为 0.14 万 t，农药制造废水污泥丢弃量为 0。

从 2014 年我国各省农药制造行业废水处理量来看，江苏省最多，为 3 867.13 万 t，其次是四川省为 1 141.31 万 t；从 2014 年我国各省农药制造行业废水污泥排放与处理量来看，农药制造废水污泥产生量浙江省最多，为 5 526.57 t、处理量为 1.00 t，其次为江苏省，污泥产生量为 1 460.76 t、处理量为 1 183.50 t，青海、福建、吉林、贵州、云南、海南、北京、西藏 8 个省（自治区、直辖市）无农药制造行业废水处理、污染物排放和污泥排放。

从 2014 年我国各省农药制造行业废水排放来看，江苏省最多，为 3 867.13 万 t，其次是浙江省，为 1 085.38 万 t；从 2014 年我国各省农药制造行业废水主要污染物排放来看，江苏省农药制造废水 COD 产生量最多，农药制造废水 COD 产生量为 71 863.41 t、排放量为 6 642.56 t，其次为安徽省，农药制造废水 COD 产生量为 11 522.02 t、排放量为 1 187.16 t；江苏农药制造废水氨氮产生量最多，农药制造废水氨氮产生量为 3 226.08 t、排放量为 412.78 t，其次是安徽省，农药制造废水氨氮产生量为 987.47 t、排放量为 81.01 t。

4.2.3.4　无机化工行业污泥污染现状

2014 年我国无机化工行业废水处理量为 63 063.09 万 t、无机化工废水排放量为 35 519.52 万 t，无机化工废水 COD 产生量为 15.44 万 t、无机化工废水 COD 排放量为

4.06 万 t，无机化工废水氨氮产生量为 3.10 万 t、无机化工废水氨氮排放量为 0.70 万 t，无机化工废水污泥产生量为 73.36 万 t、无机化工废水污泥处理量为 70.30 万 t，无机化工废水污泥丢弃量为 0。

从 2014 年我国各省无机化工行业废水处理量来看，浙江省最多，为 11 219.74 万 t，其次是贵州省，为 5 916.37 万 t；从 2014 年我国各省无机化工行业废水污泥排放与处理量来看，无机化工废水污泥产生量安徽省最多，为 652 696.86 t、处理量为 650 491.86 t，其次是浙江省，污泥产生量为 31 047.89 t、处理量为 31 048.96 t，北京市和西藏自治区无无机化工行业废水处理、污染物排放和污泥排放。

从 2014 年我国各省无机化工行业废水排放来看，山东省最多，为 7 346.26 万 t，其次是江苏省，为 3 786.19 万 t；从 2014 年我国各省无机化工行业废水主要污染物排放来看，江苏省无机化工废水 COD 产生最多，无机化工废水 COD 产生量为 26 087.16 t、排放量为 4 222.43 t，其次是上海市，无机化工废水 COD 产生量为 14 353.65 t、排放量为 875.23 t；江苏省无机化工废水氨氮产生最多，无机化工废水氨氮产生量为 9 624.52 t、排放量为 394.53 t，其次是河北省，无机化工废水氨氮产生量为 3 441.19 t、排放量为 625.42 t。

4.2.3.5 涂料染料行业污泥污染现状

2014 年我国涂料染料行业废水处理量为 21 713.31 万 t、涂料染料废水排放量为 18 858.29 万 t，涂料染料废水 COD 产生量为 13.41 万 t、涂料染料废水 COD 排放量为 2.43 万 t，涂料染料废水氨氮产生量为 0.74 万 t、涂料染料废水氨氮排放量为 0.15 万 t，涂料染料废水污泥产生量为 115.88 万 t、涂料染料废水污泥处理量为 59.05 万 t，涂料染料废水污泥丢弃量为 0。

从 2014 年我国各省涂料染料行业废水处理量来看，江苏省最多，为 4 639.23 万 t，其次是广西壮族自治区，为 3 830.62 万 t；从 2014 年我国各省涂料染料行业废水污泥排放与处理量来看，涂料染料废水污泥产生量安徽省最多，为 507 355.23 t、处理量为 507 262.53 t，其次是山东省，污泥产生量为 301 840.20 t，黑龙江省、青海省、海南省和西藏自治区无涂料染料行业废水处理、污染物排放和污泥排放。

从 2014 年我国各省涂料染料行业废水排放来看，江苏省最多，为 4 639.23 万 t，其次是浙江省，为 2 420.55 万 t；从 2014 年我国各省涂料染料行业废水主要污染物排放来看，江苏省 COD 产生量最多，涂料染料废水 COD 产生量为 30 634.98 t、排放量为 4 805.52 t，其次是浙江省，涂料染料废水 COD 产生量为 30 634.98 t、排放量为 4 805.52 t；江苏省氨氮产生量最多，涂料染料废水氨氮产生量为 1 165.08 t、排放量为 257.76 t，其次是浙江省，涂料染料废水氨氮产生量为 1 147.23 t、排放量为 105.00 t。

4.2.3.6　化学制药行业污泥污染现状

2014 年我国化学制药行业废水处理量为 25 931.23 万 t、化学制药废水排放量为 28 396.81 万 t，化学制药废水 COD 产生量为 53.09 万 t、化学制药废水 COD 排放量为 5.57 万 t，化学制药废水氨氮产生量为 2.04 万 t、化学制药废水氨氮排放量为 0.46 万 t，化学制药废水污泥产生量为 20.77 万 t、化学制药废水污泥处理量为 10.65 万 t，化学制药废水污泥丢弃量为 0。

从 2014 年我国各省化学制药行业废水处理量来看，河北省最多，为 3 428.32 万 t，其次是河南省，为 3 286.84 万 t；从 2014 年我国各省化学制药行业废水污泥排放与处理量来看，化学制药废水污泥产生量河南省最多，为 68 285.00 t、处理量为 68 148.00 t，其次是河北省，污泥产生量为 25 468.50 t、处理量为 2 400.50 t，青海省、海南省、西藏自治区无化学制药行业废水处理、污染物排放和污泥排放。

从 2014 年我国各省化学制药行业废水排放来看，河南省最多，为 4 057.90 万 t，其次是河北省，为 3 428.51 万 t；从 2014 年我国各省化学制药行业废水主要污染物排放来看，河南省 COD 产生量最多，化学制药废水 COD 产生量为 109 430.12 t、排放量为 6 232.52 t，其次是山东省，化学制药废水 COD 产生量为 69 710.11 t、排放量为 3 708.16 t；河南省氨氮产生量最多，化学制药废水氨氮产生量为 3 212.77 t、排放量为 707.11 t，其次是河北省，化学制药废水氨氮产生量为 2 572.74 t、排放量为 820.50 t。

4.3　2015 年我国化学工业污泥产生及污染现状

4.3.1　各省化工污泥排放与处理现状

4.3.1.1　各省工业污泥排放与处理现状

2015 年我国工业废水中污染物产生量化学需氧量为 1 823.01 万 t、氨氮为 110.78 万 t，工业废水处理量达 444.60 亿 t。污染物去除量化学需氧量为 1 567.50 万 t，氨氮为 91.10 万 t。污水处理厂污泥产生量为 3 015.88 万 t，其中污泥处置量为 3 015.76 万 t，倾倒丢弃量为 0.12 万 t。污泥处置以填埋处理为主，为 1 354.61 万 t，其次为焚烧处置，为 674.48 万 t，土地利用为 562.41 万 t，建筑材料利用为 424.25 万 t。

2015 年全国各省污泥产生量分布，见图 4-9，河南省、浙江省、山东省和安徽省污泥产生量较大。

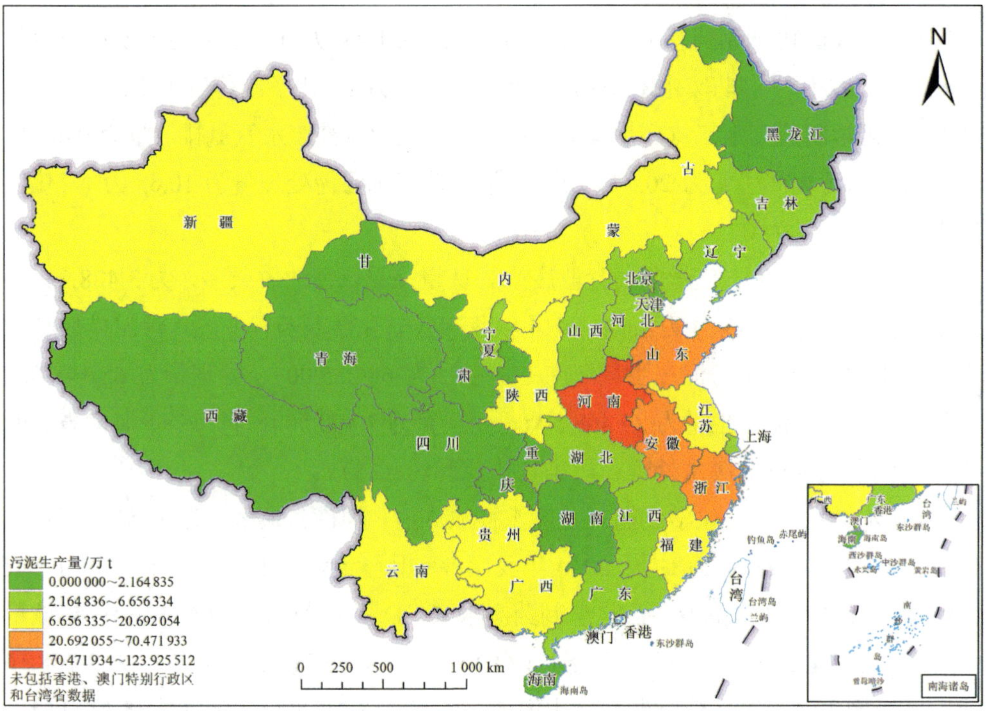

图 4-9 2015 年我国废水污泥产生量分布

4.3.1.2 各省化工污泥排放与处理现状

2015 年我国化工废水中污染物产生量化学需氧量为 398.58 万 t，占工业废水中污染物产生量化学需氧量的 21.86%；产生氨氮为 110.78 万 t，占工业废水中污染物产生量氨氮的 57.40%；化工废水处理量达 56.50 亿 t，占工业废水的 12.71%；化工污泥产生量为 447.56 万 t，占工业污泥产生量的 14.84%，其中污泥处置量为 148.12 万 t，占工业污泥处置量的 4.91%，倾倒丢弃量为 69.90 t，占工业倾倒丢弃量的 5.38%。

2015 年我国各省化工废水处理与排放量，山东省最多，化工废水处理量为 63 505 万 t、化工废水排放量为 49 796 万 t；其次是江苏省，化工废水处理量为 56 178 万 t、化工废水排放量为 50 675 万 t；西藏自治区无化工废水处理、污染物排放和污泥排放。2015 年我国化工废水处理量分布，见图 4-10。

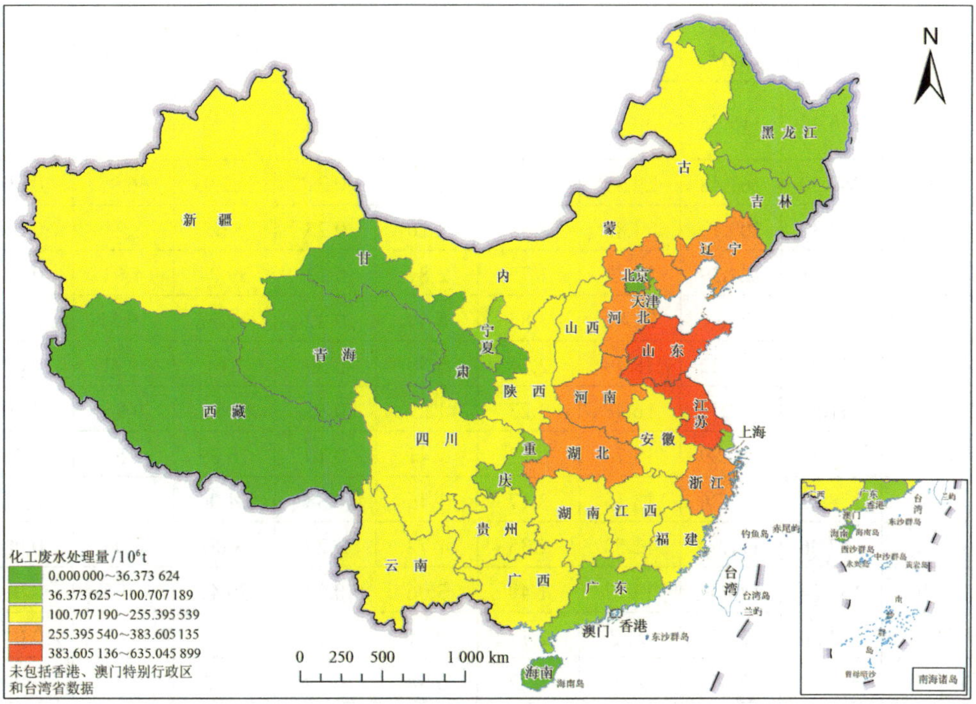

图 4-10　2015 年我国化工废水处理量分布

2015 年我国各省化工废水处理污泥产生与处置量，河南省最多，污泥产生量为 123.93 万 t、污泥处置量为 66.95 万 t，污泥倾倒丢弃量为 0；其次是安徽省，污泥产生量为 70.47 万 t、污泥处置量为 0.05 万 t，污泥倾倒丢弃量 0；西藏自治区无化工污泥排放。

2015 年我国各省化工废水主要污染物排放量，江苏省最多，化学需氧量产生量为 47.52 万 t、化学需氧量排放量为 5.30 万 t，氨氮产生量为 3.79 万 t、氨氮排放量为 0.43 万 t；其次是山东省，化学需氧量产生量为 44.69 万 t、化学需氧量排放量为 3.07 万 t，氨氮产生量为 3.60 万 t、氨氮排放量为 0.25 万 t，见表 4-4。

表 4-4　2015 年各省化工废水污染和污泥排放

省份	化工废水处理量/10^6 t	化工废水排放量/10^6 t	化学需氧量产生量/万 t	化学需氧量排放量/万 t	氨氮产生量/万 t	氨氮排放量/万 t	污泥产生量/万 t	污泥处置量/万 t	污泥倾倒丢弃量/万 t
江苏省	561.78	506.75	47.52	5.30	3.79	0.43	14.37	5.68	0.00
山东省	635.05	497.96	44.69	3.07	3.60	0.25	49.16	7.99	0.00

省份	化工废水处理量/10^6 t	化工废水排放量/10^6 t	化学需氧量产生量/万 t	化学需氧量排放量/万 t	氨氮产生量/万 t	氨氮排放量/万 t	污泥产生量/万 t	污泥处置量/万 t	污泥倾倒丢弃量/万 t
新疆维吾尔自治区	146.44	115.75	30.98	12.65	2.95	0.93	11.57	0.23	0.00
河南省	289.30	267.48	29.31	3.35	2.16	0.31	123.93	66.95	0.00
河北省	360.37	209.13	24.86	3.36	3.20	0.25	5.65	3.28	0.00
浙江省	383.61	224.39	23.41	1.75	2.87	0.13	39.04	4.62	0.00
内蒙古自治区	194.00	89.60	22.82	2.85	5.49	0.32	17.77	10.51	0.00
辽宁省	344.97	407.22	18.49	2.76	5.89	0.39	2.61	0.94	0.00
湖北省	341.83	227.59	16.48	3.23	1.29	0.53	6.66	0.96	0.00
福建省	255.40	110.89	13.70	0.92	1.41	0.10	10.09	2.53	0.00
陕西省	138.81	117.36	13.16	3.17	1.46	0.38	14.04	13.90	0.00
山西省	147.06	111.99	12.53	2.35	1.72	0.28	3.06	0.06	0.00
安徽省	136.24	146.07	12.32	1.49	3.06	0.29	70.47	0.05	0.00
江西省	174.20	122.52	9.38	2.17	0.61	0.22	5.78	4.67	0.00
四川省	181.28	127.54	9.18	1.22	3.98	0.19	0.90	0.36	0.00
黑龙江省	61.46	71.15	8.00	0.79	4.39	0.22	1.96	0.49	0.00
湖南省	164.96	141.23	6.93	2.16	2.09	1.15	1.46	0.90	0.00
广东省	100.71	93.96	6.77	1.07	1.21	0.10	3.32	0.25	0.00
广西壮族自治区	243.72	90.26	6.69	1.36	2.15	0.18	20.69	0.81	0.00
上海市	97.26	163.12	6.38	1.01	0.33	0.04	3.07	2.69	0.00
吉林省	49.10	67.67	5.63	1.10	0.25	0.10	3.98	3.28	0.00
宁夏回族自治区	85.74	61.57	4.82	2.17	3.28	0.41	3.08	2.92	0.00
重庆市	62.37	61.36	4.41	0.88	1.69	0.09	1.77	0.68	0.00
天津市	59.73	61.48	4.07	0.98	0.27	0.13	0.15	0.10	0.00
甘肃省	36.37	34.11	3.75	1.15	0.69	0.60	0.00	0.00	0.00
云南省	173.57	23.46	3.57	0.78	2.83	0.15	19.85	7.05	0.00
青海省	14.75	47.41	3.52	1.85	0.28	0.15	2.16	1.69	0.00
海南省	12.16	9.61	3.35	0.13	0.07	0.01	0.00	0.00	0.00
贵州省	192.88	31.41	2.90	0.59	0.58	0.07	11.63	4.56	0.00
北京市	14.62	14.79	0.52	0.07	0.05	0.00	0.03	0.00	0.00
西藏自治区	0.00	0.00	0.00	0.00	0.00	0.00	0.00	0.00	0.00

4.3.2 典型化工污泥排放与处理现状

4.3.2.1 钛白粉行业污泥源解析

2015 年我国钛白粉行业废水处理量为 20 300.46 万 t、钛白粉废水排放量为 19 027.55 万 t，钛白粉废水 COD 产生量为 13.56 万 t、钛白粉废水 COD 排放量为 2.39 万 t，钛白粉废水氨氮产生量为 0.58 万 t、钛白粉废水氨氮排放量为 0.14 万 t，钛白粉废水污泥产生量为 149.99 万 t、钛白粉废水污泥处理量为 8.41 万 t，钛白粉废水污泥丢弃量为 0。

从 2015 年我国各省钛白粉行业废水处理量来看，江苏省最多，为 3 950.39 万 t，其次是安徽省，为 2 983.64 万 t；从 2015 年我国各省钛白粉行业废水污泥产生与处理量来看，钛白粉废水污泥产生量安徽省最多，为 65.71 万 t，其次为浙江省，污泥产生量为 26.83 万 t，青海省和西藏自治区无钛白粉行业废水处理、污染物排放和污泥排放，见图 4-11。

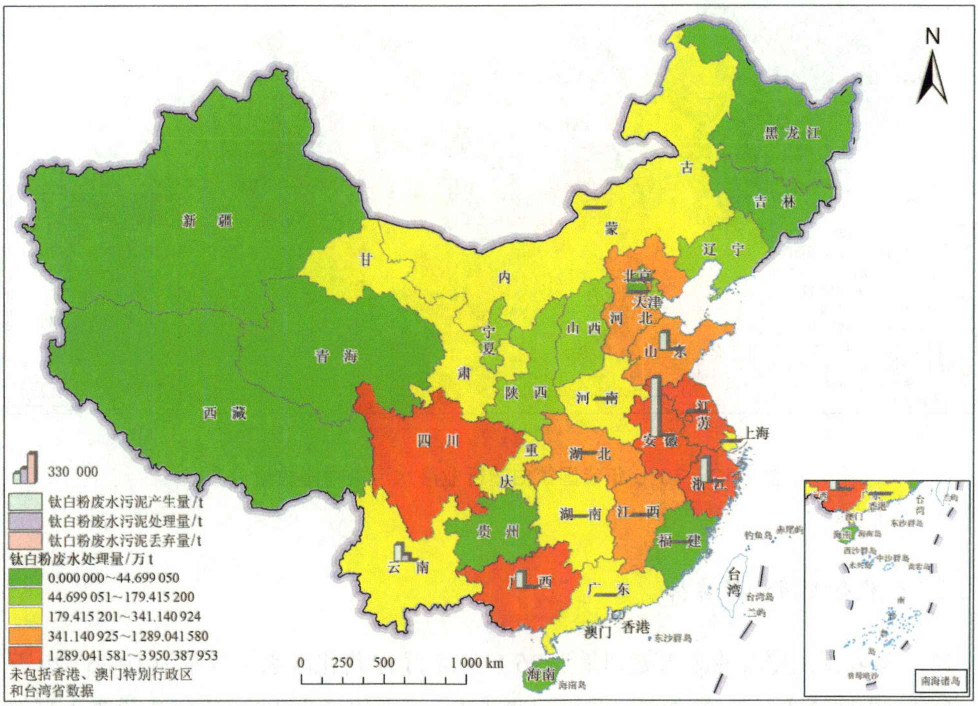

图 4-11 2015 年我国钛白粉行业废水处理污泥量分布

从 2015 年我国各省钛白粉行业废水排放来看，江苏省最多，为 4 135.71 万 t，其次是浙江省，为 2 028.48 万 t；从 2015 年我国各省钛白粉行业废水主要污染物排放来看，江苏省最多，钛白粉废水 COD 产生量为 30 998.90 t、排放量为 4 574.15 t，钛白粉废水氨氮产生量为 1 100.29 t、排放量为 263.66 t，其次是浙江省，钛白粉废水 COD 产生量为 28 539.00 t、排放量为 1 798.94 t，钛白粉废水氨氮产生量为 977.11 t、排放量为 107.09 t，见图 4-12。

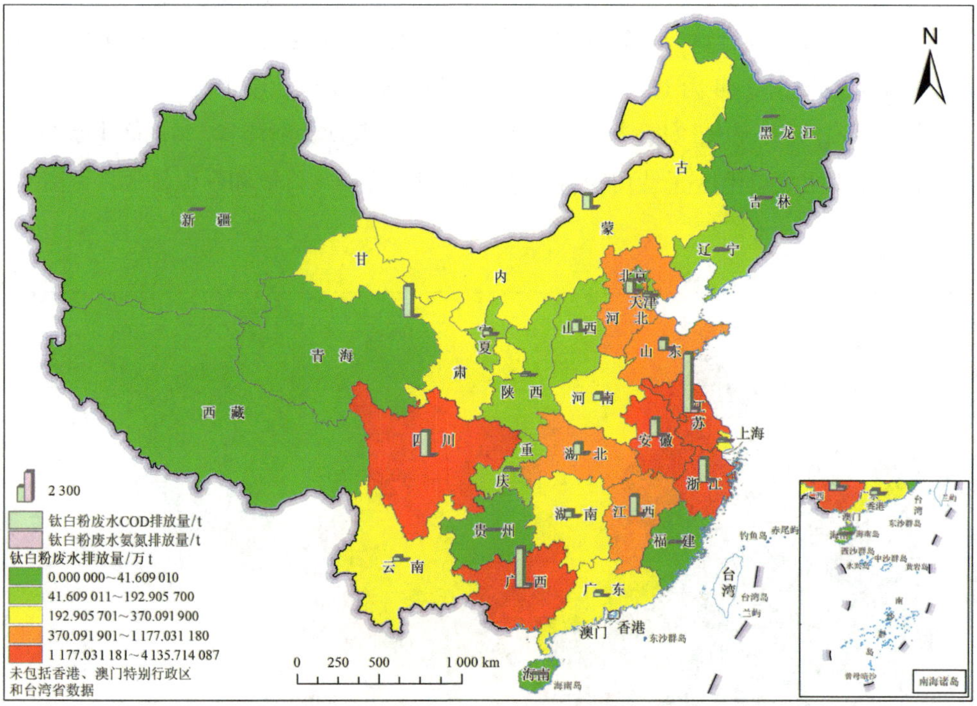

图 4-12 2015 年我国钛白粉行业废水污染物排放量分布

4.3.2.2 焦化行业污泥源解析

2015 年我国焦化行业废水处理量为 26 143.15 万 t、焦化废水排放量为 19 257.20 万 t，焦化废水 COD 产生量为 26.28 万 t、焦化废水 COD 排放量为 4.35 万 t，焦化废水氨氮产生量为 2.70 万 t、焦化废水氨氮排放量为 0.53 万 t，焦化废水污泥产生量为 4.66 万 t、焦化废水污泥处理量为 806.81 t，焦化废水污泥丢弃量为 0。

从 2015 年我国各省焦化行业废水处理量来看，山西省最多，为 5 635.97 万 t，其次是河北省，为 4 984.23 万 t；从 2015 年我国各省焦化行业废水污泥排放与处理量来看，焦化废水污泥产生量山西省最多，为 23 432.44 t、处理量为 514.80 t，其次是云南省，污泥产生量为 11 217.47 t，2015 年北京、浙江、广西、海南和西藏五省（自治区、直辖市）无焦化废水处理、污染物排放和污泥排放，见图 4-13。

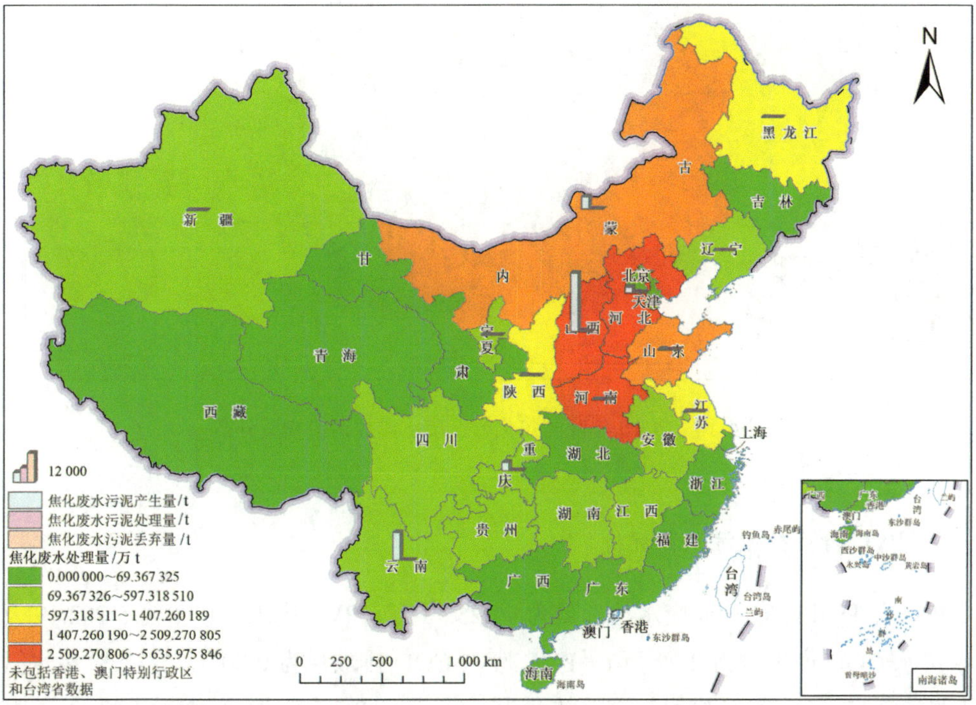

图 4-13　2015 年我国焦化行业废水处理污泥量分布

从 2015 年我国各省焦化行业废水排放来看，山西省最多，为 5 061.90 万 t，其次是河北省，为 2 809.45 万 t；从 2015 年我国各省焦化行业废水主要污染物排放来看，河北省最多，焦化废水 COD 产生量为 56 151.99 t、排放量为 4 230.67 t，焦化废水氨氮产生量为 4 695.05 t、排放量为 478.43 t，其次是山西省，焦化废水 COD 产生量为 52 864.71 t、排放量为 10 622.89 t，焦化废水氨氮产生量为 5 773.84 t、排放量为 1 469.96 t，见图 4-14。

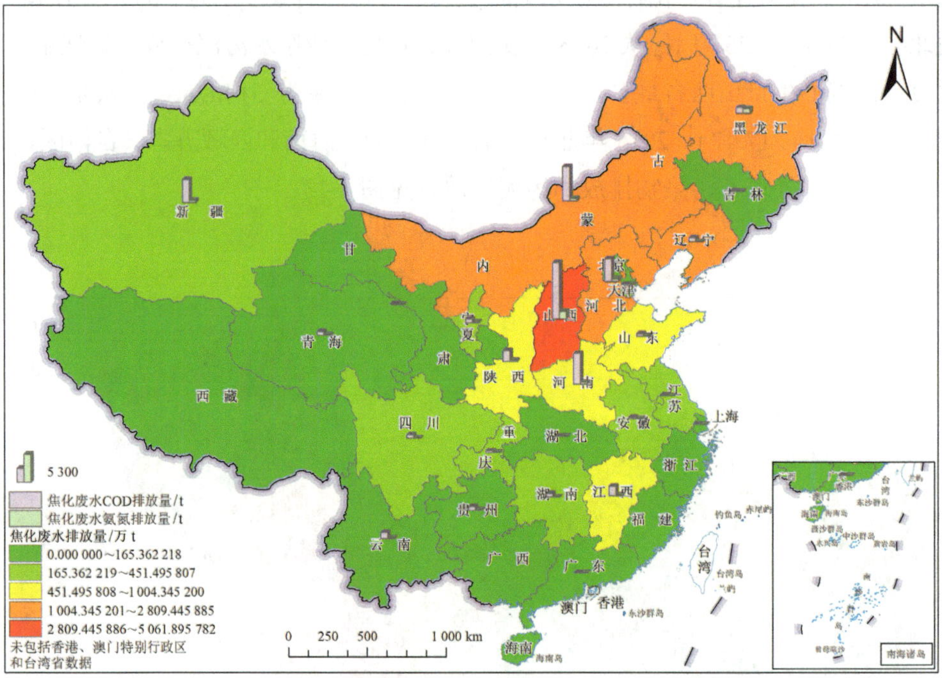

图 4-14　2015 年我国焦化行业废水排放污染物量分布

4.3.2.3　PVC 行业行业污泥源解析

2015 年我国 PVC 行业废水处理量为 4 425.93 万 t、PVC 废水排放量为 5 702.19 万 t，PVC 废水 COD 产生量为 2.99 万 t、PVC 废水 COD 排放量为 0.80 万 t，PVC 废水氨氮产生量为 0.17 万 t、PVC 废水氨氮排放量为 0.06 万 t，PVC 废水污泥产生量为 0.61 万 t、PVC 废水污泥处理量为 0.36 万 t，PVC 废水污泥丢弃量为 0。

从 2015 年我国各省 PVC 行业废水处理量来看，浙江省最多，为 1 150.01 万 t，其次是广东省，为 701.71 万 t；从 2015 年我国各省 PVC 行业废水污泥产生与处理量来看，PVC 废水污泥产生量江苏省最多，为 4 176.54 t、处理量为 3 246.80 t，其次是浙江省，污泥产生量为 1 142.47 t、处理量为 316.25 t，青海省和宁夏回族自治区无 PVC 行业废水处理、污染物排放和污泥排放，见图 4-15。

从 2015 年我国各省 PVC 行业废水排放来看，浙江省最多，为 1 093.62 万 t，其次是广东省，为 750.48 万 t；从 2015 年我国各省 PVC 行业废水主要污染物排放来看，浙江省最多，PVC 废水 COD 产生量为 9 668.16 t、排放量为 1 410.24 t，PVC 废水氨氮产生量为 487.38 t、排放量为 151.22 t，其次是福建省，PVC 废水 COD 产生量为 3 691.25 t、排放量为 449.38 t，PVC 废水氨氮产生量为 161.13 t、排放量为 43.61 t，见图 4-16。

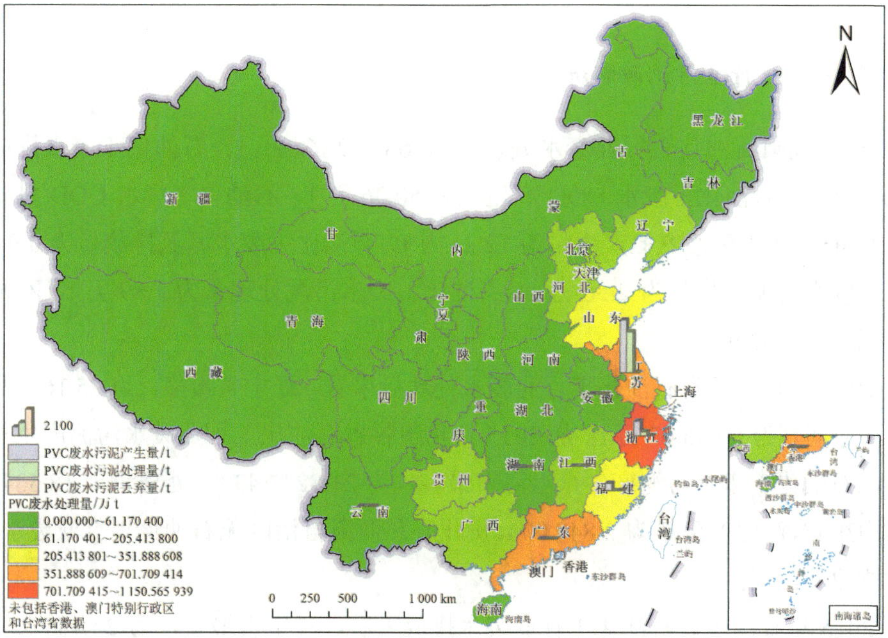

图 4-15　2015 年我国 PVC 行业废水处理污泥量分布

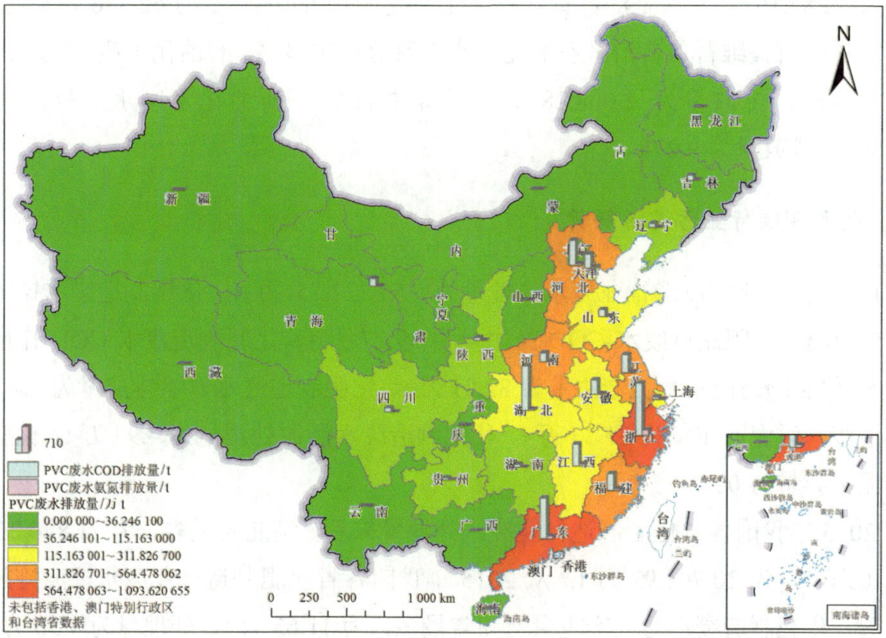

图 4-16　2015 年我国 PVC 行业废水排放污染物量分布

4.3.3 重点化工行业污泥排放与处理现状

4.3.3.1 石油化工行业污泥源解析

2015 年我国石油化工行业废水处理量为 68 722.63 万 t、石油化工废水排放量为 64 994.42 万 t，石油化工废水 COD 产生量为 50.36 万 t、石油化工废水 COD 排放量为 4.55 万 t，石油化工废水氨氮产生量为 12.21 万 t、石油化工废水氨氮排放量为 0.94 万 t，石油化工废水污泥产生量为 2.56 万 t、石油化工废水污泥处理量为 1.89 万 t，石油化工废水污泥丢弃量为 0。

从 2015 年我国各省石油化工行业废水处理量来看，辽宁省最多，为 25 163.59 万 t，其次是山东省，为 6 996.47 万 t；从 2015 年我国各省石油化工行业废水污泥产生与处理量来看，石油化工废水污泥产生量上海市最多，为 21 824.343 t、处理量为 18 537.64 t，其次为山东省，污泥产生量为 2 849.00 t，贵州省和西藏自治区无石油化工行业废水处理、污染物排放和污泥排放。

从 2015 年我国各省石油化工行业废水排放来看，辽宁省最多，为 23 486.62 万 t，其次是上海市，为 10 941.91 万 t；从 2015 年我国各省石油化工行业废水主要污染物排放来看，山东省石油化工废水 COD 产生最多，石油化工废水 COD 产生量为 81 683.43 t、排放量为 4 287.16 t，其次是江苏省，石油化工废水 COD 产生量为 62 376.94 t、排放量为 2 541.50 t；新疆维吾尔自治区石油化工废水氨氮产生最多，石油化工废水氨氮产生量为 29 740.45 t、排放量为 2 008.18 t，其次是浙江省，石油化工废水氨氮产生量为 21 325.89 t、排放量为 9.27 t。

4.3.3.2 化肥制造行业污泥源解析

2015 年我国化肥制造行业废水处理量为 155 227.75 万 t、化肥制造废水排放量为 64 908.51 万 t，化肥制造废水 COD 产生量为 39.27 万 t、化肥制造废水 COD 排放量为 7.24 万 t，化肥制造废水氨氮产生量为 32.31 万 t、化肥制造废水氨氮排放量为 2.47 万 t，化肥制造废水污泥产生量为 21.33 万 t、化肥制造废水污泥处理量为 4.97 万 t，化肥制造废水污泥丢弃量为 0。

从 2015 年我国各省化肥制造行业废水处理量来看，湖北省最多，为 21 844.33 万 t，其次是山东省，为 20 794.92 万 t；从 2015 年我国各省化肥制造行业废水污泥排放与处理量来看，化肥制造废水污泥产生量贵州省最多，为 11.63 万 t、处理量为 4.56 万 t，其次是福建省，污泥产生量为 5.80 万 t，上海市和西藏自治区无化肥制造行业废水处理、污染物排放和污泥排放。

从 2015 年我国各省化肥制造行业废水排放来看，湖北省最多，为 9 178.09 万 t，其次是河南省，为 6 986.56 万 t；从 2015 年我国各省化肥制造行业废水主要污染物排放来看，内蒙古自治区化肥制造废水 COD 产生最多，化肥制造废水 COD 产生量为 51 248.89 t、排放量为 951.68 t，其次是安徽省，化肥制造废水 COD 产生量为 44 823.90 t、排放量为 3 722.66 t，内蒙古自治区化肥制造废水氨氮产生最多，化肥制造废水氨氮产生量为 44 849.92 t、排放量为 290.44 t，其次是四川省，化肥制造废水氨氮产生量为 34 405.27 t、排放量为 1 149.72 t。

4.3.3.3　农药制造行业污泥源解析

2015 年我国农药制造行业废水处理量为 9 152.23 万 t、农药制造废水排放量为 11 011.39 万 t，农药制造废水 COD 产生量为 15.00 万 t、农药制造废水 COD 排放量为 1.98 万 t，农药制造废水氨氮产生量为 0.76 万 t、农药制造废水氨氮排放量为 0.15 万 t，农药制造废水污泥产生量为 0.33 万 t、农药制造废水污泥处理量为 690.72 t，农药制造废水污泥丢弃量为 0。

从 2015 年我国各省农药制造行业废水处理量来看，江苏省最多，为 3 755.83 万 t，其次是浙江省，为 1 043.44 万 t；从 2015 年我国各省农药制造行业废水污泥产生与处理量来看，农药制造废水污泥产生量浙江省最多，为 1 810.07 t，其次是江苏省，污泥产生量为 769.74 t、处理量为 495.00 t，新疆、青海、福建、吉林、贵州、云南、西藏 7 个省（自治区）无农药制造行业废水处理、污染物排放和污泥排放。

从 2015 年我国各省农药制造行业废水排放来看，江苏省最多，为 4 704.30 万 t，其次是浙江省，为 1 057.01 万 t；从 2015 年我国各省农药制造行业废水主要污染物排放来看，江苏省农药制造废水 COD 产生量最多，农药制造废水 COD 产生量为 77 189.84 t、排放量为 7 489.25 t，其次是山东省，农药制造废水 COD 产生量为 10 546.62 t、排放量为 477.47 t；江苏省农药制造废水氨氮产生量最多，农药制造废水氨氮产生量为 3 063.30 t、排放量为 492.46 t，其次是安徽省，农药制造废水氨氮产生量为 1 144.87 t、排放量为 112.09 t。

4.3.3.4　无机化工行业污泥源解析

2015 年我国无机化工行业废水处理量为 66 541.68 万 t、无机化工废水排放量为 35 133.15 万 t，无机化工废水 COD 产生量为 14.44 万 t、无机化工废水 COD 排放量为 4.23 万 t，无机化工废水氨氮产生量为 2.63 万 t、无机化工废水氨氮排放量为 0.58 万 t，无机化工废水污泥产生量为 5.50 万 t、无机化工废水污泥处理量为 2.20 万 t，无机化工废水污泥丢弃量为 0。

从 2015 年我国各省无机化工行业废水处理量来看，浙江省最多，为 11 282.69 万 t，其次是山东省，为 7 337.37 万 t；从 2015 年我国各省无机化工行业废水污泥产生与处理量来看，无机化工废水污泥产生量河南省最多，为 10 340.94 t、处理量为 5 000.00 t，其次是辽宁省，污泥产生量为 9 251.00 t、处理量为 9 251.00 t，海南省、北京市、西藏自治区无无机化工行业废水处理、污染物排放和污泥排放。

从 2015 年我国各省无机化工行业废水排放来看，山东省最多，为 9 118.77 万 t，其次是江苏省，为 3 958.38 万 t；从 2015 年我国各省无机化工行业废水主要污染物排放来看，山东省无机化工废水 COD 产生最多，无机化工废水 COD 产生量为 27 573.71 t、排放量为 4 511.81 t，其次是江苏省，无机化工废水 COD 产生量为 27 535.07 t、排放量为 4 353.33 t；江苏省无机化工废水氨氮产生最多，无机化工废水氨氮产生量为 9 998.70 t、排放量为 462.46 t，其次是湖南省，无机化工废水氨氮产生量为 2 886.78 t、排放量为 1 311.89 t。

4.3.3.5 涂料染料行业污泥源解析

2015 年我国涂料染料行业废水处理量为 22 817.71 万 t、涂料染料废水排放量为 19 648.01 万 t，涂料染料废水 COD 产生量为 13.75 万 t、涂料染料废水 COD 排放量为 2.46 万 t，涂料染料废水氨氮产生量为 0.60 万 t、涂料染料废水氨氮排放量为 0.15 万 t，涂料染料废水污泥产生量为 150.07 万 t、涂料染料废水污泥处理量为 8.42 万 t，涂料染料废水污泥丢弃量为 0。

从 2015 年我国各省涂料染料行业废水处理量来看，广西壮族自治区最多，为 4 309.07 万 t，其次是江苏省，为 4 001.01 万 t；从 2015 年我国各省涂料染料行业废水污泥排放与处理量来看，涂料染料废水污泥产生量安徽省最多，为 65.71 万 t，其次是浙江省，污泥产生量为 26.84 t、处理量为 1 231.00 t，青海省和西藏自治区无涂料染料行业废水处理、污染物排放和污泥排放。

从 2015 年我国各省涂料染料行业废水排放来看，江苏省最多，为 4 187.55 万 t，其次是浙江省，为 2 115.44 万 t；从 2015 年我国各省涂料染料行业废水主要污染物排放来看，江苏省涂料染料废水 COD 产生量最多，涂料染料废水 COD 产生量为 31 156.48 t、排放量为 4 672.93 t，其次是浙江省，涂料染料废水 COD 产生量为 28 601.09 t、排放量为 1 819.00 t；江苏省氨氮产生量最多，涂料染料废水氨氮产生量为 1 120.66 t、排放量为 273.26 t，其次是浙江省，涂料染料废水氨氮产生量为 980.75 t、排放量 108.52 t。

4.3.3.6　化学制药行业污泥源解析

2015 年我国化学制药行业废水处理量为 25 754.72 万 t、化学制药废水排放量为 26 178.44 万 t，化学制药废水 COD 产生量为 48.63 万 t、化学制药废水 COD 排放量为 5.04 万 t，化学制药废水氨氮产生量为 2.01 万 t、化学制药废水氨氮排放量为 0.47 万 t，化学制药废水污泥产生量为 27.25 万 t、化学制药废水污泥处理量为 13.90 万 t，化学制药废水污泥丢弃量为 0。

从 2015 年我国各省化学制药行业废水处理量来看，浙江省最多，为 4 365.59 万 t，其次是河南省，为 3 253.89 万 t；从 2015 年我国各省化学制药行业废水污泥产生与处理量来看，化学制药废水污泥产生量河南省最多，为 87 843.10 t、处理量为 86 181.10 t，其次是内蒙古自治区，污泥产生量为 60 490.90 t，青海省、西藏自治区无化学制药行业废水处理、污染物排放和污泥排放。

从 2015 年我国各省化学制药行业废水排放来看，河南省最多，为 3 497.55 万 t，其次是山东省，为 3 051.70 万 t；从 2015 年我国各省化学制药行业废水主要污染物排放来看，河南省 COD 产生量最多，化学制药废水 COD 产生量为 85 099.45 t、排放量为 4 608.89 t，其次是湖北省，化学制药废水 COD 产生量为 62 796.85 t、排放量为 4 849.30 t；河南省氨氮产生量最多，化学制药废水氨氮产生量为 2 578.23 t、排放量为 402.28 t，其次是山东省，化学制药废水氨氮产生量为 2 265.80 t、排放量为 192.11 t。

4.4　2016 年我国化学工业污泥产生及污染现状

4.4.1　各省化工污泥排放与处理现状

4.4.1.1　各省工业污泥排放与处理现状

2016 年我国工业废水中污染物产生量化学需氧量为 1 579.8 万 t，氨氮为 95.5 万 t，工业废水处理量达 368.7 亿 t。污染物去除量化学需氧量为 1 457.7 万 t、氨氮为 85.5 万 t。污水处理厂污泥产生量为 1 789.2 万 t，其中污泥处置量为 1 785.2 万 t，倾倒丢弃量为 4.07 万 t。污泥处置以填埋处理为主，为 697.3 万 t，其次是焚烧处置，为 482.6 万 t，土地利用为 337.9 万 t，建筑材料利用为 267.3 万 t。

2016 年全国各省污泥产生量分布见图 4-17，山东省、安徽省、河南省、浙江省和江苏省污泥产生量较大。

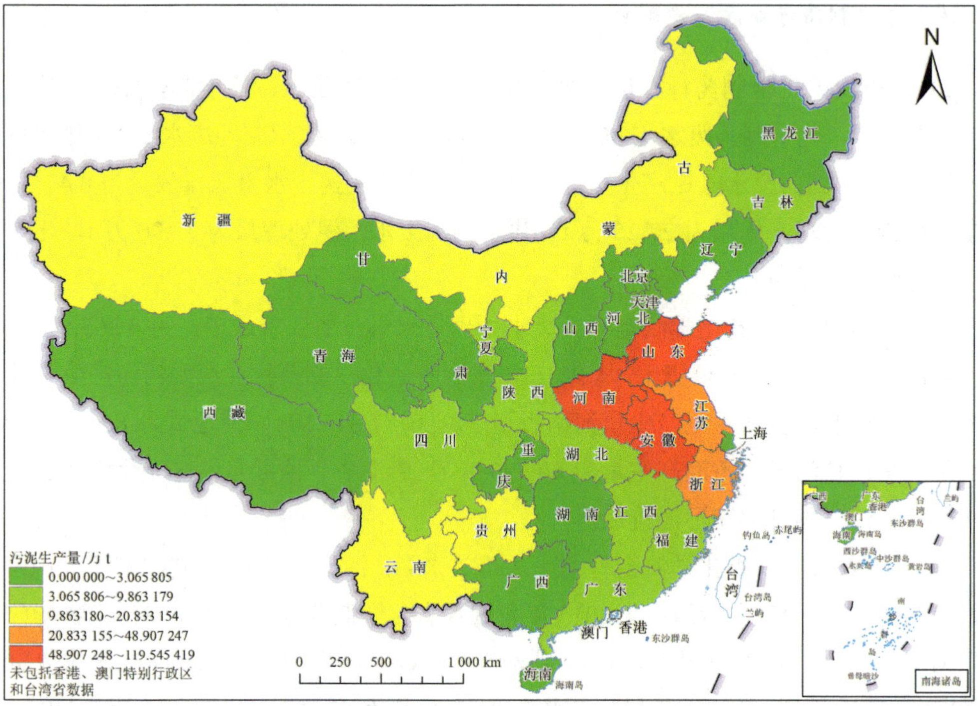

图 4-17　2016 年我国废水污泥产生量分布

4.4.1.2　各省化工污泥排放与处理现状

2016 年我国化工废水中污染物产生量化学需氧量为 320.99 万 t，占工业废水中污染物产生量化学需氧量的 20.30%；产生氨氮 52.17 万 t，占工业废水中污染物产生量氨氮的 54.63%；化工废水处理量达 40.34 亿 t，占工业废水处理量的 10.94%。化工污泥产生量 519.34 万 t，占工业污泥产生量的 29.03%，其中污泥处置量为 172.30 万 t，占工业污泥处置量的 9.65%，倾倒丢弃量 120 t，占工业倾倒丢弃量的 0.29%。

2016 年我国各省化工废水排放与处理量，山东省最多，化工废水处理量为 42 712 万 t、化工废水排放量为 43 400 万 t。其次是江苏省，化工废水处理量为 39 461 万 t、化工废水排放量为 39 807 百万 t。污泥产生与处置量，河南省最多，污泥产生量为 119.55 万 t、污泥处置量为 58.15 万 t、污泥倾倒丢弃量为 0；其次是山东省，污泥产生量为 89.47 万 t、污泥处置量为 15.08 万 t、污泥倾倒丢弃量为 0；西藏自治区无化工废水处理、污染物排放和污泥排放。2016 年我国化工废水处理量分布见图 4-18。

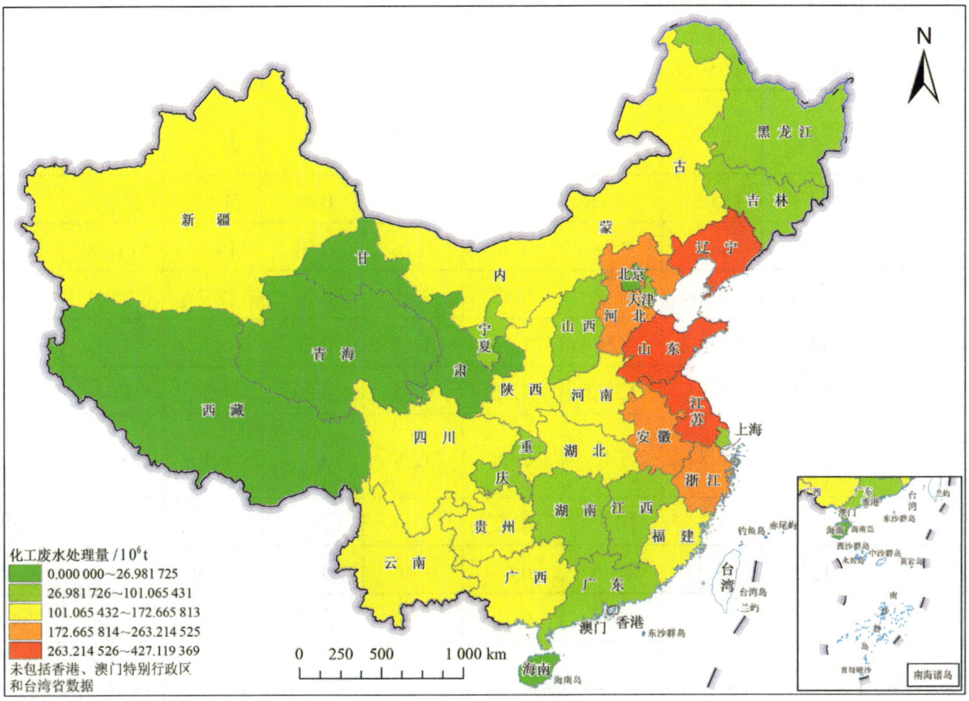

图 4-18　2016 年我国化工废水处理量分布

2016 年我国各省化工废水主要污染物排放量，山东省最多，化学需氧量产生量为 44.99 万 t、化学需氧量排放量为 2.18 万 t、氨氮产生量为 3.98 万 t、氨氮排放量为 0.16 万 t；其次是江苏省，化学需氧量产生量为 40.52 万 t、化学需氧量排放量为 3.21 万 t、氨氮产生量为 3.78 万 t、氨氮排放量为 0.38 万 t，见表 4-5。

表 4-5　2016 年各省化工废水污染和污泥排放

省份	化工废水处理量/10^6 t	化工废水排放量/10^6 t	化学需氧量产生量/万 t	化学需氧量排放量/万 t	氨氮产生量/万 t	氨氮排放量/万 t	污泥产生量/万 t	污泥处置量/万 t	污泥倾倒丢弃量/t
山东省	427.12	434.00	44.99	2.18	3.98	0.16	89.47	15.08	0.00
江苏省	394.61	398.07	40.52	3.21	3.78	0.38	37.41	6.06	0.00
辽宁省	340.16	307.58	16.46	1.21	3.30	0.07	1.71	0.60	0.00
安徽省	263.21	103.69	8.46	0.81	2.70	0.13	84.25	0.28	0.00
浙江省	246.81	197.78	28.49	1.15	2.63	0.09	48.91	10.08	0.00
河北省	222.49	130.96	18.97	1.98	1.25	0.20	2.76	0.23	0.00

省份	化工废水处理量/10^6 t	化工废水排放量/10^6 t	化学需氧量产生量/万 t	化学需氧量排放量/万 t	氨氮产生量/万 t	氨氮排放量/万 t	污泥产生量/万 t	污泥处置量/万 t	污泥倾倒丢弃量/t
新疆维吾尔自治区	172.67	127.74	24.73	1.76	2.44	0.27	18.62	14.49	0.00
河南省	153.38	135.86	13.16	0.87	1.02	0.09	119.55	58.15	0.00
贵州省	150.01	6.92	0.68	0.06	0.16	0.01	14.04	14.04	0.00
云南省	142.86	31.78	3.18	0.53	2.85	0.13	18.71	7.05	0.00
湖北省	142.54	127.43	8.62	1.11	1.15	0.20	6.74	4.31	0.00
四川省	137.42	95.91	12.72	0.72	0.75	0.08	4.26	3.94	0.00
广西壮族自治区	127.44	46.84	5.48	0.28	1.29	0.06	1.30	0.35	0.00
内蒙古自治区	123.89	68.34	10.17	0.72	4.48	0.07	20.83	7.80	0.00
福建省	112.22	63.03	8.06	0.45	1.24	0.05	6.19	3.71	0.00
陕西省	110.91	68.99	10.06	0.40	1.09	0.07	9.86	9.28	0.00
上海市	101.07	105.56	6.50	0.44	0.32	0.03	3.00	2.75	0.00
山西省	94.13	71.19	9.88	0.94	3.62	0.12	1.72	1.12	0.00
湖南省	86.80	76.97	4.26	0.58	1.00	0.56	1.69	0.41	0.00
广东省	85.40	66.52	5.44	0.39	3.77	0.02	6.17	0.34	0.00
江西省	75.58	76.59	5.05	0.71	0.31	0.07	5.28	3.64	0.00
宁夏回族自治区	69.34	52.72	7.55	0.96	2.55	0.15	5.78	3.88	0.00
黑龙江省	45.95	42.31	5.69	0.35	3.49	0.02	1.39	0.84	0.00
天津市	45.72	42.86	3.05	0.25	0.09	0.03	0.27	0.01	0.00
重庆市	43.60	41.01	2.24	0.19	1.11	0.02	1.12	0.04	0.00
吉林省	42.46	56.59	4.71	0.45	0.24	0.03	3.94	0.01	0.01
甘肃省	26.98	30.46	0.82	0.12	0.04	0.01	1.09	1.09	0.00
北京市	15.49	15.52	0.61	0.03	0.04	0.00	0.10	0.10	0.00
海南省	8.93	9.75	3.71	0.06	0.08	0.01	0.04	0.00	0.00
青海省	6.84	66.05	3.98	2.16	1.27	0.24	3.07	2.60	0.00
西藏自治区	0.00	0.04	0.00	0.00	0.00	0.00	0.00	0.00	0.00

4.4.2　典型化工污泥排放与处理现状

4.4.2.1　钛白粉行业污泥源解析

2016 年我国钛白粉行业废水处理量为 14 920.95 万 t、钛白粉废水排放量为 14 195.91 万 t，钛白粉废水 COD 产生量为 11.21 万 t、钛白粉废水 COD 排放量为 1.38 万 t，钛白粉废水氨氮产生量为 0.56 万 t、钛白粉废水氨氮排放量为 0.12 万 t，钛白粉废水污泥产生量为 156.97 万 t、钛白粉废水污泥处理量为 7.73 万 t，钛白粉废水污泥丢弃量为 0。

从 2016 年我国各省钛白粉行业废水处理量来看，江苏省最多，为 4 170.96 万 t，其次是浙江省，为 2 030.32 万 t；从 2016 年我国各省钛白粉行业废水污泥排放与处理量来看，钛白粉废水污泥产生量安徽省最多，为 78.68 万 t，其次是浙江省，污泥产生量为 28.16 万 t，四川省、青海省和西藏自治区无钛白粉行业废水处理、污染物排放和污泥排放，见图 4-19。

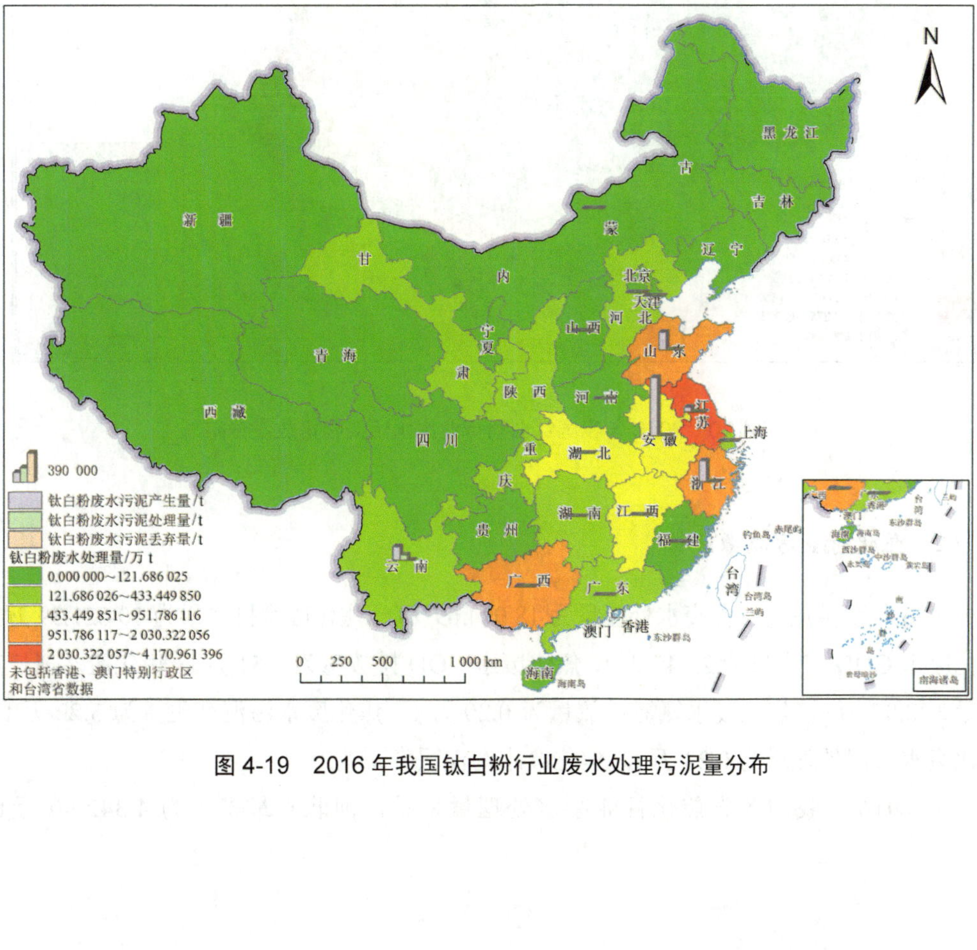

图 4-19　2016 年我国钛白粉行业废水处理污泥量分布

从 2016 年我国各省钛白粉行业废水排放来看，江苏省最多，为 4 275.81 万 t，其次是浙江省，为 2 008.29 万 t；从 2016 年我国各省钛白粉行业废水主要污染物排放来看，钛白粉废水 COD 浙江省最多，产生量为 28 093. 36 t、排放量为 1 561.28 t，其次是江苏省钛白粉废水 COD 产生量为 23 433.12 t、排放量为 3 505.59 t；钛白粉废水氨氮江苏省最多，产生量为 1 515.02 t、排放量为 335.09 t，其次是浙江省，钛白粉废水氨氮产生量为 957.43 t、排放量为 116.75 t，见图 4-20。

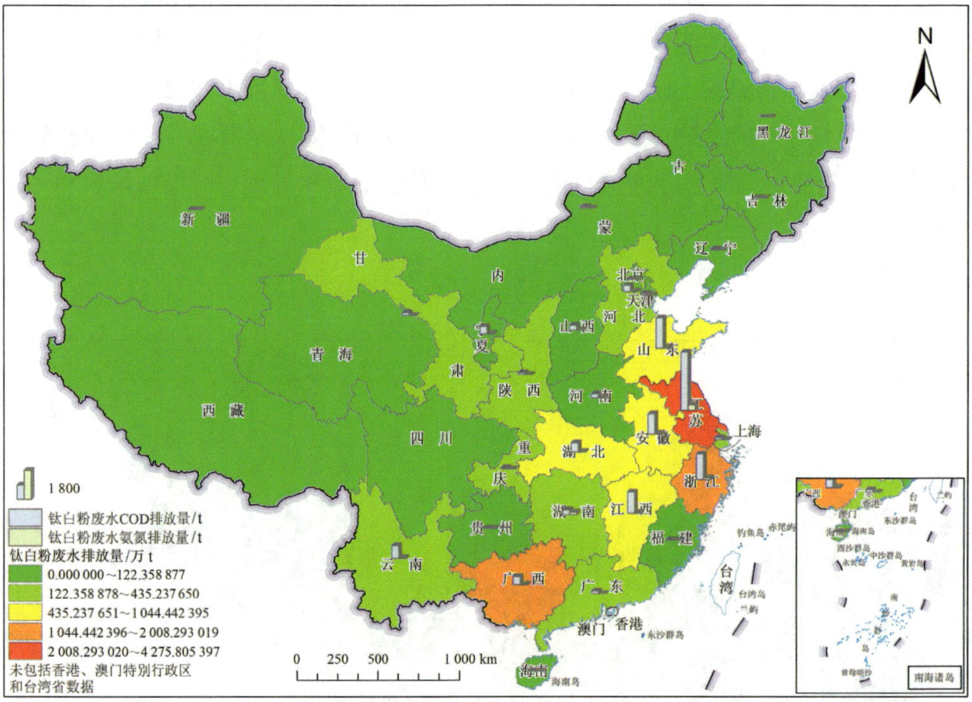

图 4-20 2016 年我国钛白粉行业废水污染物排放量分布

4.4.2.2 焦化行业污泥源解析

2016 年我国焦化行业废水处理量为 18 904.69 万 t、焦化废水排放量为 10 621.39 万 t，焦化废水 COD 产生量为 23.45 万 t、焦化废水 COD 排放量为 1.51 万 t，焦化废水氨氮产生量为 2.07 万 t、焦化废水氨氮排放量为 0.20 万 t，焦化废水污泥产生量为 3.22 万 t、焦化废水污泥处理量为 0.23 万 t，焦化废水污泥丢弃量为 0。

从 2016 年我国各省焦化行业废水处理量来看，河北省最多，为 4 342.90 万 t，其次是山西省，为 3 927.33 万 t；从 2016 年我国各省焦化行业废水污泥排放与处理量来看，焦化废水污泥产生量山西省最多，为 7 309.56 t、处理量为 1 182.80 t，其次是河北省，污泥产生量为 5 433.49 t，北京、上海、浙江、广东、广西、吉林、海南和西藏 8 省（自治区、直辖市）无焦化行业废水处理、污染物排放和污泥排放，见图 4-21。

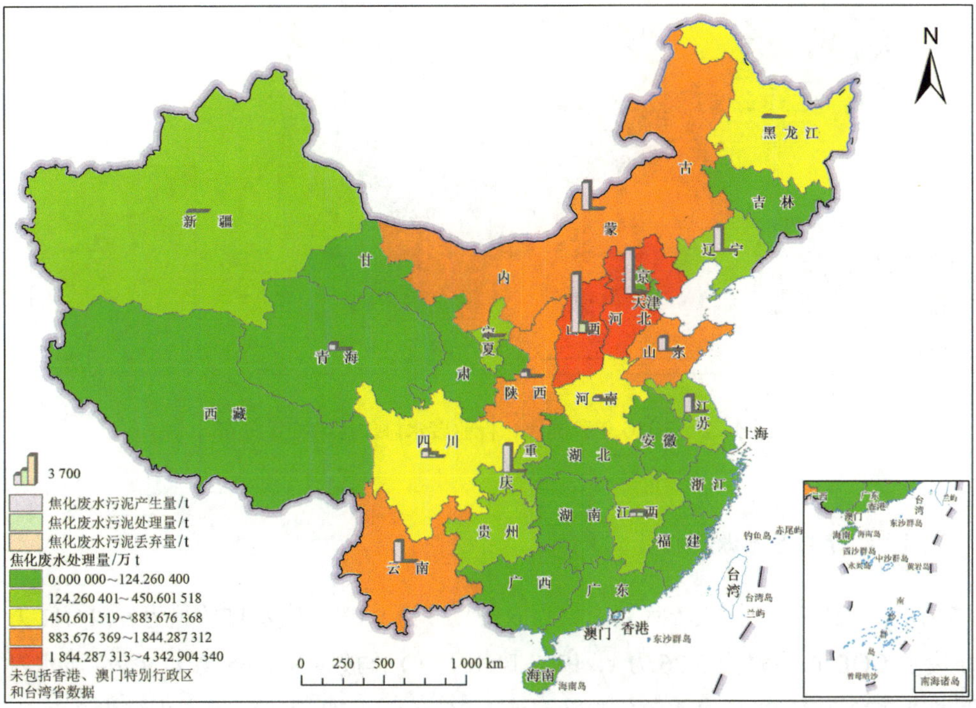

图 4-21　2016 年我国焦化行业废水处理污泥量分布

从 2016 年我国各省焦化行业废水排放来看，山西省最多，为 2 000.49 万 t，其次是河北省，为 1 912.32 万 t；从 2016 年我国各省焦化行业废水主要污染物排放来看，焦化废水 COD 河北省最多，产生量为 64 538.60 t、排放量为 2 972.92 t，其次是山西省，焦化废水 COD 产生量为 50 975.76 t、排放量为 3 427.94 t；焦化废水氨氮山西省最多，产生量为 5 362.57 t、排放量为 450.98 t，其次是河北省，焦化废水氨氮产生量为 4 465.73 t、排放量为 394.50 t，见图 4-22。

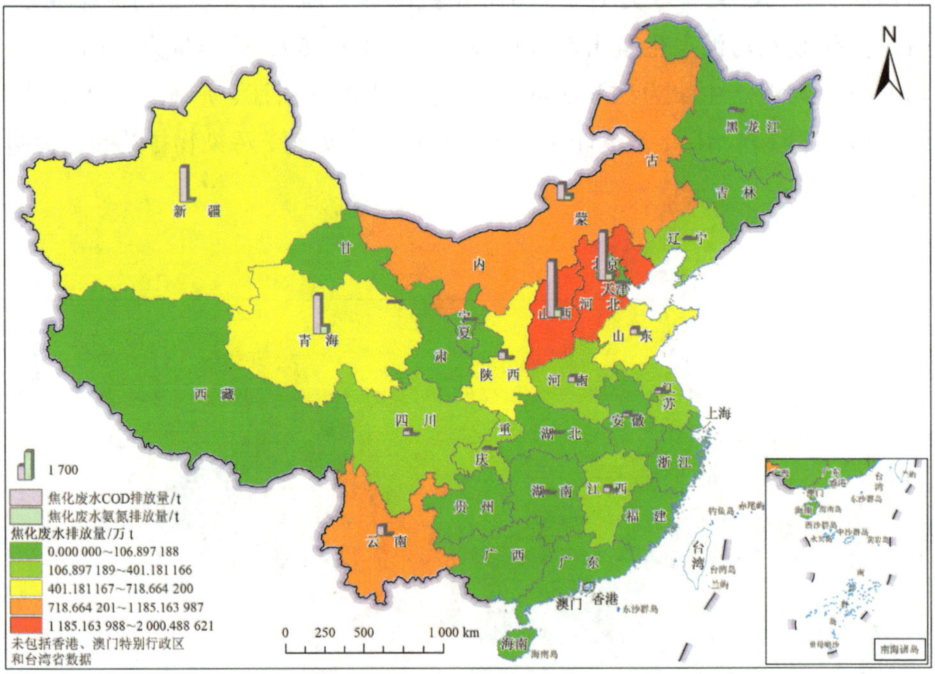

图 4-22 2016 年我国焦化行业废水排放污染物量分布

4.4.2.3 PVC 行业污泥源解析

2016 年我国 PVC 行业废水处理量为 6 571.26 万 t、PVC 废水排放量为 6 516.11 万 t，PVC 废水 COD 产生量为 3.26 万 t、PVC 废水 COD 排放量为 0.65 万 t，PVC 废水氨氮产生量为 0.23 万 t、PVC 废水氨氮排放量为 0.06 万 t，PVC 废水污泥产生量为 3.90 万 t、PVC 废水污泥处理量为 3.40 万 t，PVC 废水污泥丢弃量为 0。

从 2016 年我国各省 PVC 行业废水处理量来看，四川省最多，为 3 339.92 万 t，其次是浙江省，为 785.93 万 t；从 2016 年我国各省 PVC 行业废水污泥排放与处理量来看，PVC 废水污泥产生量四川省最多，为 32 281.67 t、处理量为 32 281.67 t，其次是江苏省，污泥产生量为 3 795.90 t、处理量为 350.00 t，青海省和宁夏回族自治区无 PVC 行业废水处理、污染物排放和污泥排放，见图 4-23。

从 2016 年我国各省 PVC 行业废水排放来看，四川省最多，为 2 946.68 万 t，其次是浙江省，为 760.25 万 t；从 2016 年我国各省 PVC 行业废水主要污染物排放来看，PVC 废水 COD 四川省最多，产生量为 14 849.91 t、排放量为 2 633.42 t，其次是浙江省，PVC 废水 COD 产生量为 5 252.25 t、排放量为 665.79 t；PVC 废水氨氮河北省最多，产生量为 695.24 t、排放量为 21.89 t，其次是浙江省，PVC 废水氨氮产生量为 330.76 t、排放量为 86.58 t，见图 4-24。

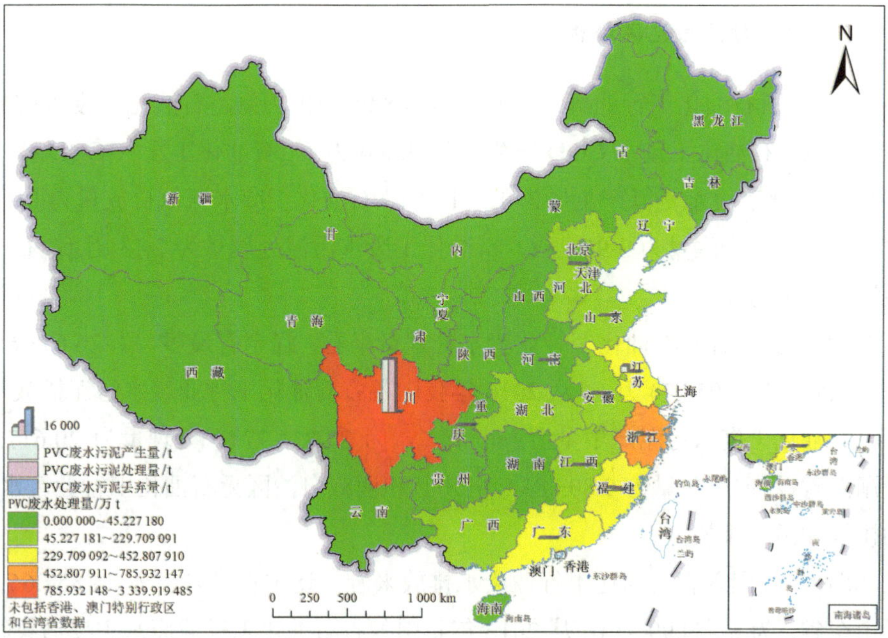

图 4-23　2016 年我国 PVC 行业废水处理污泥量分布

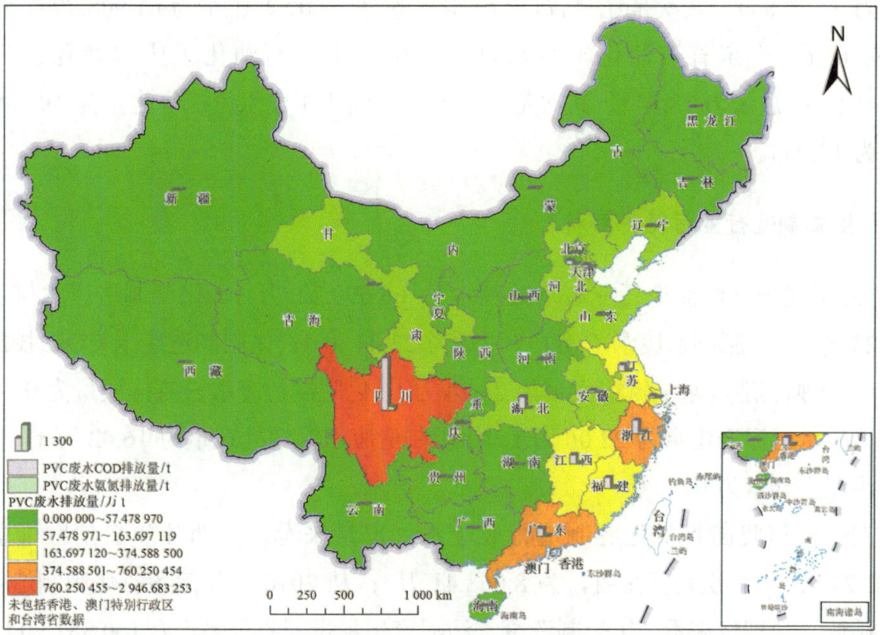

图 4-24　2016 年我国 PVC 行业废水排放污染物量分布

4.4.3 重点化工行业污泥排放与处理现状

4.4.3.1 石油化工行业污泥源解析

2016 年我国石油化工行业废水处理量为 68 054.19 万 t、石油化工废水排放量为 57 020.82 万 t，石油化工废水 COD 产生量为 42.64 万 t、石油化工废水 COD 排放量为 2.52 万 t，石油化工废水氨氮产生量为 12.31 万 t、石油化工废水氨氮排放量为 0.21 万 t，石油化工废水污泥产生量为 3.96 万 t、石油化工废水污泥处理量为 2.13 万 t，石油化工废水污泥丢弃量为 0。

从 2016 年我国各省石油化工行业废水处理量来看，辽宁省最多，为 26 671.65 万 t，其次是山东省，为 7 058.74 万 t；从 2016 年我国各省石油化工行业废水污泥排放与处理量来看，石油化工废水污泥产生量上海市最多，为 22 834.77 t、处理量为 20 617.71 t，其次是湖南省，污泥产生量为 9 803.85 t，贵州省和西藏自治区无石油化工行业废水处理、污染物排放和污泥排放。

从 2016 年我国各省石油化工行业废水排放来看，辽宁省最多，为 24 857.66 万 t，其次是山东省，为 6 559.99 万 t；从 2016 年我国各省石油化工行业废水主要污染物排放来看，山东省石油化工废水 COD 产生最多，石油化工废水 COD 产生量为 81 656.75 t、排放量为 3 520.83 t，其次是辽宁省，石油化工废水 COD 产生量为 61 908.99 t、排放量为 8 393.66 t；广东省石油化工废水氨氮产生最多，石油化工废水氨氮产生量为 35 427.45 t、排放量为 18.54 t，其次是浙江省，石油化工废水氨氮产生量为 19 588.98 t、排放量为 12.03 t。

4.4.3.2 化肥制造行业污泥源解析

2016 年我国化肥制造行业废水处理量为 66 690.22 万 t、化肥制造废水排放量为 34 807.23 万 t，化肥制造废水 COD 产生量为 23.04 万 t、化肥制造废水 COD 排放量为 2.27 万 t，化肥制造废水氨氮产生量为 25.24 万 t、化肥制造废水氨氮排放量为 0.78 万 t，化肥制造废水污泥产生量为 22.06 万 t、化肥制造废水污泥处理量为 16.42 万 t，化肥制造废水污泥丢弃量为 0。

从 2016 年我国各省化肥制造行业废水处理量来看，广西壮族自治区最多，为 9 057.61.24 万 t，其次是云南省，为 8 068.41 万 t；从 2016 年我国各省化肥制造行业废水污泥排放与处理量来看，化肥制造废水污泥产生量贵州省最多，为 140 381.70 t，其次是安徽省，污泥产生量为 29 200.00 t，上海市和西藏自治区无化肥制造行业废水处理、污染物排放和污泥排放。

从 2016 年我国各省化肥制造行业废水排放来看，山东省最多，为 4 159.92 万 t，其次是湖北省，为 3 406.09 万 t；从 2016 年我国各省化肥制造行业废水主要污染物排放来看，内蒙古自治区化肥制造废水 COD 产生最多，化肥制造废水 COD 产生量为 30 764.72 t、排放量为 259.05 t，其次是山东省，化肥制造废水 COD 产生量为 30 354.66 t、排放量为 1 628.44 t；内蒙古自治区化肥制造废水氨氮产生最多，化肥制造废水氨氮产生量为 38 717.87 t、排放量为 73.40 t，其次是山西省，化肥制造废水氨氮产生量为 29 049.33 t、排放量为 507.16 t。

4.4.3.3 农药制造行业污泥源解析

2016 年我国农药制造行业废水处理量为 8 622.36 万 t、农药制造废水排放量为 9 103.30 万 t，农药制造废水 COD 产生量为 12.97 万 t、农药制造废水 COD 排放量为 1.02 万 t，农药制造废水氨氮产生量为 0.69 万 t、农药制造废水氨氮排放量为 0.12 万 t，农药制造废水污泥产生量为 0.24 万 t、农药制造废水污泥处理量为 0.04 万 t，农药制造废水污泥丢弃量为 0。

从 2016 年我国各省农药制造行业废水处理量来看，江苏省最多，为 4 023.08 万 t，其次是安徽省，为 996.17 万 t；从 2016 年我国各省农药制造行业废水污泥排放与处理量来看，农药制造废水污泥产生量浙江省最多，为 2 197.87 t、处理量为 225.86 t，其次是河南省，污泥产生量为 88.71 t、处理量为 88.71 t，新疆、青海、福建、贵州、云南、西藏 6 个省（自治区）无农药制造行业废水处理、污染物排放和污泥排放。

从 2016 年我国各省农药制造行业废水排放来看，江苏省最多，为 3 867.13 万 t，其次是安徽省，为 996.09 万 t；从 2016 年我国各省农药制造行业废水主要污染物排放来看，江苏省农药制造废水 COD 产生量最多，农药制造废水 COD 产生量为 74 006.56 t、排放量为 5 679.55 t，其次是山东省，农药制造废水 COD 产生量为 15 271.57 t、排放量为 305.92 t；江苏省农药制造废水氨氮产生量最多，农药制造废水氨氮产生量为 3 077.13 t、排放量为 477.89 t，其次是湖北省，农药制造废水氨氮产生量为 1 247.69 t、排放量为 530.32 t。

4.4.3.4 无机化工行业污泥源解析

2016 年我国无机化工行业废水处理量为 41 955.01 万 t、无机化工废水排放量为 28 646.56 万 t，无机化工废水 COD 产生量为 955.60 万 t、无机化工废水 COD 排放量为 3.11 万 t，无机化工废水氨氮产生量为 2.05 万 t、无机化工废水氨氮排放量为 0.52 万 t，无机化工废水污泥产生量为 14.23 万 t、无机化工废水污泥处理量为 3.83 万 t，无机化工废水污泥丢弃量为 0。

从 2016 年我国各省无机化工行业废水处理量来看，安徽省最多，为 16 951.37 万 t，其次是山东省，为 4 510.27 万 t；从 2016 年我国各省无机化工行业废水污泥排放与处理量来看，无机化工废水污泥产生量浙江省最多，为 71 862.98 t、处理量为 27 188.44 t，其次是山东省，污泥产生量为 38 366.00 t、处理量为 210.65 t，海南省、北京市和西藏自治区无无机化工行业废水处理、污染物排放和污泥排放。

从 2016 年我国各省无机化工行业废水排放来看，山东省最多，为 7 560.58 万 t，其次是青海省，为 4 881.35 万 t；从 2016 年我国各省无机化工行业废水主要污染物排放来看，四川省无机化工废水 COD 产生最多，无机化工废水 COD 产生量为 9 440 815.00 t、排放量为 2 616.01 t，其次是山东省，无机化工废水 COD 产生量为 37 248.51 t、排放量为 2 297.36 t；江苏省无机化工废水氨氮产生最多，无机化工废水氨氮产生量为 9 801.41 t、排放量为 810.06 t，其次是湖南省，无机化工废水氨氮产生量为 2 730.32 t、排放量为 1 332.01 t。

4.4.3.5 涂料染料行业污泥源解析

2016 年我国涂料染料行业废水处理量为 18 491.36 万 t、涂料染料废水排放量为 17 350.66 万 t，涂料染料废水 COD 产生量为 13.02 万 t、涂料染料废水 COD 排放量为 1.70 万 t，涂料染料废水氨氮产生量为 0.61 万 t、涂料染料废水氨氮排放量为 0.14 万 t，涂料染料废水污泥产生量为 160.20 万 t、涂料染料废水污泥处理量为 10.96 万 t，涂料染料废水污泥丢弃量为 0。

从 2016 年我国各省涂料染料行业废水处理量来看，江苏省最多，为 4 280.56 万 t，其次是四川省，为 3 278.21 万 t；从 2016 年我国各省涂料染料行业废水污泥排放与处理量来看，涂料染料废水污泥产生量安徽省最多，为 786 831.80 t，其次是浙江省，污泥产生量为 281 638.40 t、处理量为 2 296.03 t，青海省和西藏自治区无涂料染料行业废水处理、污染物排放和污泥排放。

从 2016 年我国各省涂料染料行业废水排放来看，江苏省最多，为 4 385.47 万 t，其次是四川省，为 2 854.71 万 t；从 2016 年我国各省涂料染料行业废水主要污染物排放来看，浙江省 COD 产生量最多，涂料染料废水 COD 产生量为 28 137.71 t、排放量为 1 568.75 t，其次是江苏省，涂料染料废水 COD 产生量为 25 423.34 t、排放量为 3 939.64 t；江苏氨氮产生量最多，涂料染料废水氨氮产生量为 1 608.74 t、排放量为 346.92 t，其次是浙江省，涂料染料废水氨氮产生量为 959.79 t、排放量为 117.39 t。

4.4.3.6　化学制药行业污泥源解析

2016 年我国化学制药行业废水处理量为 18 711.48 万 t、化学制药废水排放量为 18 867.80 万 t，化学制药废水 COD 产生量为 37.72 万 t、化学制药废水 COD 排放量为 2.06 万 t，化学制药废水氨氮产生量为 1.62 万 t、化学制药废水氨氮排放量为 0.18 万 t，化学制药废水污泥产生量为 27.39 万 t、化学制药废水污泥处理量为 7.25 万 t，化学制药废水污泥丢弃量为 15.00 t。

从 2016 年我国各省化学制药行业废水处理量来看，山东省最多，为 2 588.96 万 t，其次是浙江省，为 2 490.08 万 t；从 2016 年我国各省化学制药行业废水污泥排放与处理量来看，化学制药废水污泥产生量河南省最多，为 88 807.00 t、处理量为 1 910.00 t，其次是内蒙古自治区，污泥产生量为 56 791.40 t，青海省和西藏自治区无化学制药行业废水处理、污染物排放和污泥排放。

从 2016 年我国各省化学制药行业废水排放来看，山东省最多，为 2 589.17 万 t，其次是浙江省，为 2 368.30 万 t；从 2016 年我国各省化学制药行业废水主要污染物排放来看，四川省 COD 产生量最多，化学制药废水 COD 产生量为 64 484.51 t、排放量为 590.96 t，其次是山东省，化学制药废水 COD 产生量为 54 371.00 t、排放量为 2 060.03 t；河南省氨氮产生量最多，化学制药废水氨氮产生量为 2 397.27 t、排放量为 94.88 t，其次是内蒙古自治区，化学制药废水氨氮产生量为 2 129.40 t、排放量为 76.59 t。

5

炼焦工业废水处理产生污泥污染现状及处理措施

5.1 炼焦工业现状与发展

5.1.1 我国炼焦工业现状与发展

焦化行业是我国的重要支柱产业，是煤炭消费结构中重要的一环。焦炭主要用于高炉炼铁和有色金属的鼓风炉冶炼，起到还原剂、发热剂和料柱骨架作用。同时，还用于铸造、化工、电石和铁合金。

我国是焦炭生产和消费大国，尤其是近年来焦炭产能得到迅猛发展。根据国家统计局和中国炼焦行业协会统计数据，截至 2017 年年底，炼焦行业焦炭总产能 67 000 万 t，其中常规机焦炉产能近 57 000 万 t，半焦产能 8 000 万 t，热回收焦炉产能 2 000 万 t。

国家统计局 2015 年数据显示，我国有焦化厂 602 家。企业类型包括独立焦化厂和钢铁联合企业内的焦化厂，独立焦化企业数量和产能占比分别为 77.8%和 73.3%。全国焦化产能平均规模从 2014 年的 90 万 t 提升到 114 万 t。整体上焦化企业分布呈现广、小、多、散和焦炭产地与用户分布扭曲的特点。

2005—2016 年，我国焦炭产量占世界焦炭产量的比例由 53.3%提高到 69.2%。2017 年，我国生产焦炭 43 142 万 t，同比下降 3.27%，耗煤量约在 57 523 万 t。其中 90%以上为冶金焦，常规机焦炉产量近 4 亿 t，热回收焦炉产量 800 万 t，半焦产量 3 700 万 t。

2016 年我国华北、华东、西北、中南、西南和东北地区焦炭产量占比分别为 36.8%、21.3%、15.4%、12.6%、7.0%和 6.9%。焦炭产量排名前八的省份依次为山西、河北、山东、陕西、河南、内蒙古、江苏、辽宁，其产量占全国焦炭产量的 71.8%。产量增加最多的 8 个省份为陕西、广东、山西、青海、广西、江苏、山东、辽宁。产量增幅最多的省份为广东和青海。我国各省份（不包括台湾地区）焦炭产量分布情况见图 5-1。

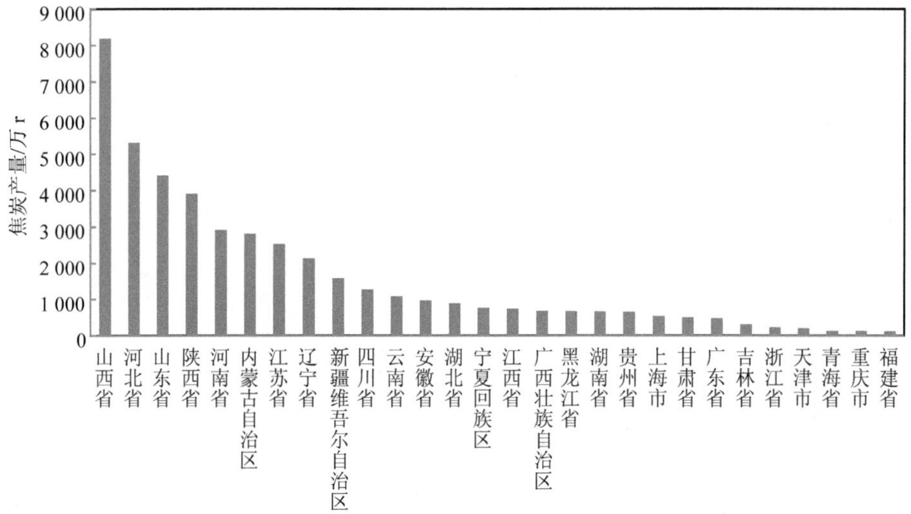

图 5-1　2016 年我国各省份焦炭产量

“十二五”期间，我国焦炭产量快速增长，焦炭生产工艺、技术、装备水平得到较大提高。主要表现在：产业政策不断规范；生产技术经济指标不断改善，部分指标达到或接近国际先进水平；焦炭生产设备大型化、高效化、自动化、信息化、长寿化，生产过程规范化、精细化和清洁化取得了明显成效。

新一代可循环焦化生产流程是以开发研究缩短工艺流程、加快生产节奏、大幅提高生产效率为中心的高效化焦炭生产流程；是以资源高效利用和循环利用为核心，以“减量化、再利用、资源化”为原则，以低消耗、低排放、高效率为特征的清洁生产与循环经济生产流程；是充分发挥新一代焦化生产能源转换功能的高效利用生产流程。在高效化生产流程技术研究方面，将重点突破换热式两段焦炉技术、焦炉上升管余热回收技术、焦炉煤气高效脱硫技术、焦炉烟气控硫控硝技术、焦炉煤气脱硫废液及低品质硫黄制酸技术、焦炉煤气高效利用技术、苯加氢精制技术、煤焦油组分的精细化分离和功能化应用技术及焦炭制造流程信息化与智能化技术等。

工作重点是根据国家焦化产业发展政策，抓住焦化生产流程优化和淘汰落后工艺这两个首要的、基本的关键环节，积极推进各项节能减排技术与装备的完善提升，加大余能回收利用，完善企业能源计量仪表的配备和提高能源管理手段，积极推进合同能源投资政策，加快企业节能降耗力度，建立企业能源、资源调度中心，实现系统节能降耗减排。

5.1.2　国外炼焦工业现状与发展

根据行业协会统计数据，2016 年全球的焦炭产量为 6.49 亿 t，主要集中在亚洲、独联体国家和欧洲，产量占比分别为 81.65%、6.66%和 5.98%。除我国外，全球焦炭产量为 2.00 亿 t，主要分布在亚洲（不含中国）、独联体国家和欧洲，产量占比分别为 12.46%、6.66%和 5.98%。全球焦炭产量分布情况见图 5-2。

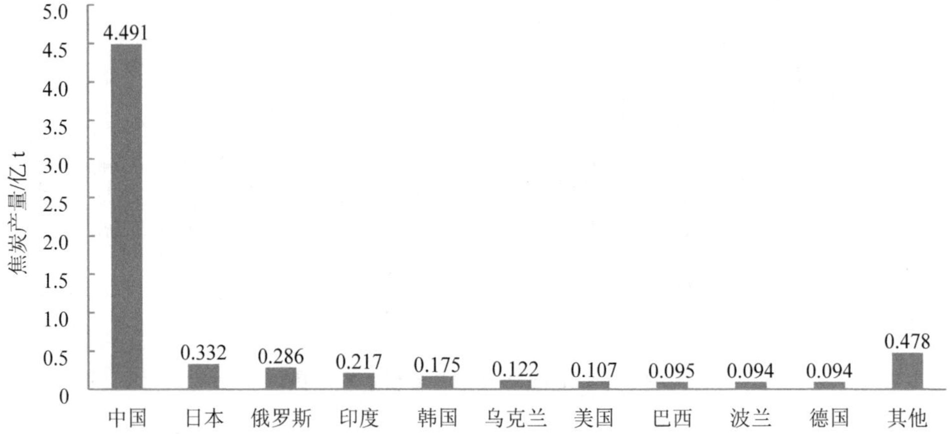

图 5-2 2016 年全球主要国家焦炭产量

5.2 炼焦工业废水处理产生污泥源解析

5.2.1 炼焦工业生产工艺及产污节点分析

焦炉生产所用的设备目前主要有一般焦炉、捣固焦炉、直立式炭化炉。一般焦炉按照规模和尺寸又可分为大型焦炉和普通焦炉两种。捣固焦炉多用于地区煤质不好，弱黏结性或高挥发分煤配比比较多的企业。直立式炭化炉一般用于煤制气或生产特种用途焦。

炼焦生产过程由备煤（粉碎配料）—炼焦（包括装煤、炼焦、出焦、筛焦）—化产（煤气净化及化学产品回收）三部分组成。焦化所用的原料、辅料和燃料包括煤、化学品（洗油、脱硫剂和硫酸）和煤气。

备煤单元主要包括炼焦煤储存、粉碎、筛分、配比等。

炼焦单元主要生产流程如下：煤料从焦炉顶部装入炭化室（顶装焦炉）或捣固成煤饼后从焦炉机侧装入炭化室（捣固焦炉），经高温干馏形成高温红热焦炭，副产荒煤气；熄焦单元：分为湿法熄焦和干法熄焦，其中湿法熄焦为红热焦炭经水喷洒后降温熄焦，干法熄焦为红热焦炭与惰性气体进行热交换后降温熄焦(高温惰性气体可送余热锅炉发电)。

焦处理单元主要包括焦炭筛分、贮存。

煤气净化单元主要由冷凝鼓风系统、脱硫系统、氨回收系统、粗苯回收系统等组成。

各生产企业根据生产实际采用不同的工艺组合。一般来说，焦化工艺工程流程及产污节点如图 5-3 所示。

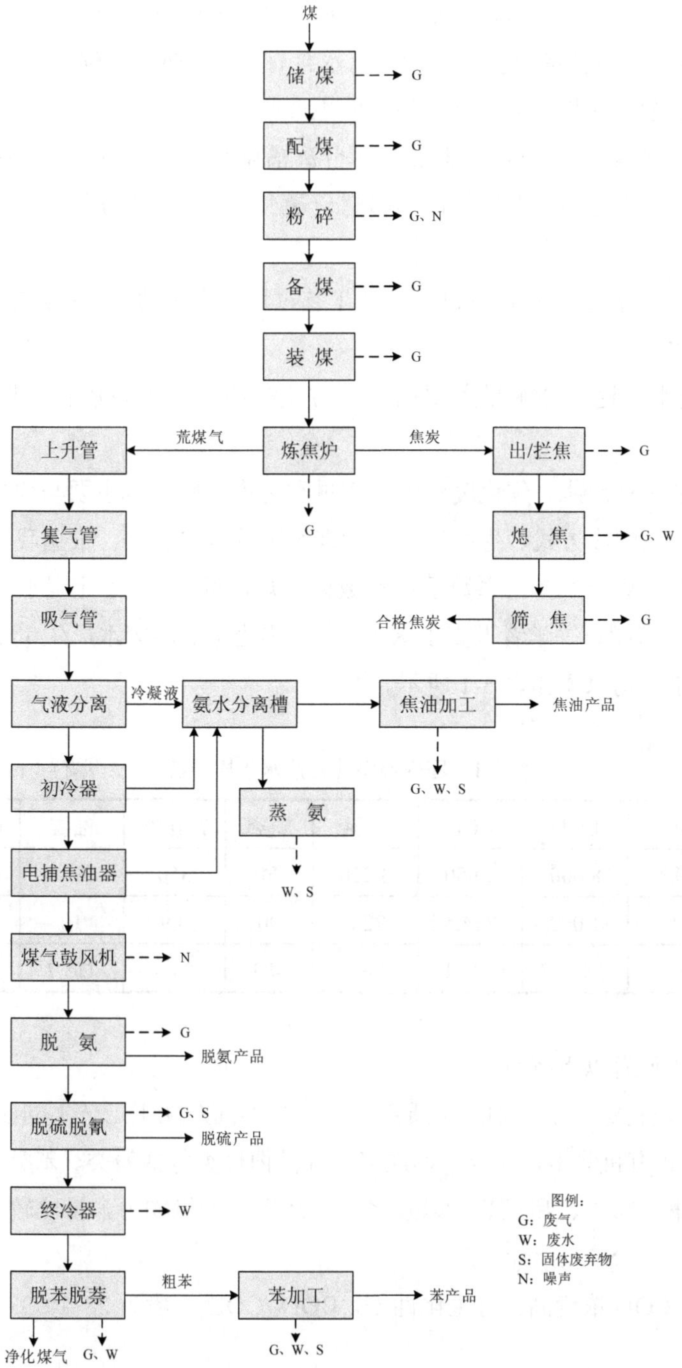

图 5-3　焦化工艺工程流程及产污节点

焦化废水主要来自四个方面：

1）煤高温裂解和荒煤气冷却产生的剩余氨水废液：炼焦煤中的水在炼焦过程中挥发逸出以及煤料受热裂解析出化合水，这些水蒸气随荒煤气一起从焦炉引出，经初冷凝器冷却形成冷凝水，称为剩余氨水。剩余氨水含有高浓度的氨、酚、氰、硫化物及油类，其污染物组成复杂。这是焦化工艺需治理的主要废水之一。

2）煤气净化过程中煤气冷却器和粗苯分离槽排水等产生的废水：这种废水含有一定浓度的酚、氰和硫化物，水量尽管不如剩余氨水量大，但成分复杂，是炼焦工艺中有代表性的废水。

3）煤焦油的分流、苯的精制以及其他工艺过程所产生的废水：此部分废水量较小，但是污染成分比较复杂。

4）熄焦废水：这部分水量主要由熄焦方式来决定，干熄焦和湿熄焦的水量差别较大。

作为典型的工业废水，焦化废水中废水量和污染物的构成主要与原煤种类性质、炼焦工艺、化工产品回收方式、生产规模、管理水平等因素相关。根据我国《第一次全国污染源普查工业污染源产排污系数手册》数据可知，每生产 1 t 焦炭平均约产生 0.45～0.7 t 焦化废水。韦朝海等学者调查了国内 38 家焦化企业的废水产生量及水质，表明我国焦化行业废水平均水质如表 5-1 所示。

表 5-1　国内典型焦化废水水质特征　　单位：mg/L（pH 量纲一）

统计类别	pH	COD	BOD	氨氮	酚类	氰化物	油类	硫化物	SS
最大值	10.3	8 000	2 050	3 250	1 300	350	385.3	215	500
最小值	7	1 000	334.5	72.8	90	4.9	10	17.5	75
平均值	8.2	3 433.7	903.4	549.3	483	34.8	113.7	94.2	199.2

焦化废水水质有以下特点：

1）水量比较稳定，水质则因煤质不同、产品不同及加工工艺不同而异。

2）废水中含有机物多，大分子物质多。有机物种类包括酚类、苯类、有机氮类（吡啶、苯胺、喹啉、咔唑、吲哚等）以及多环芳烃等；无机物中含量比较高的有 NH_3-N、SCN^-、Cl^-、S^{2-}、CN^-、$S_2O_3^{2-}$等。

3）废水中 COD 浓度高，可生化性差，BOD_5/COD 一般为 28%～32%，属较难生化处理废水。

通常认为焦化废水中特征污染物包括酚类、氰化物、氨氮、硫化物等。随着检测手段的提高和对焦化废水的重视程度，现有焦化废水中已经检测到的污染物包括烷基苯酚、喹啉、异喹啉、苯、烷基苯、吡啶、烷基吡啶、苯胺、烷基萘、萘、烷基喹啉、联苯、烷基联苯、菲、蒽、吖啶、吲哚、呋喃、哌嗪、咪唑、长链烷烃、环烷烃、卤代烷烃及醇、酸、重金属等。在已经检出的污染物中，芳香烃、酚类和烃类占到其中的多数。

5.2.2　炼焦工业废水处理产生污泥污染特征

炼焦生产是一个流程长并有多次加工的生产工艺，其间会产生多种固态、半固态及流态的废物，如煤尘、焦油渣、酸焦油、洗油再生器残渣、黑萘、吹苯残渣及残液、焦化废水处理剩余污泥、酚和精制残渣以及脱硫残渣等，其中焦油渣、各类化产残渣及焦化水处理剩余污泥等危险废物是需要重点处置的焦化固体废弃物。在本书中，主要关注焦化废水处理过程中产生的污泥。

由于焦化废水含有苯酚及其衍生物、PAHs、氨氮、氰化物和硫化物等，是一种世界公认难处理的工业废水。因其高毒性对生态环境的危害，国家制定了更为严格的排放标准，即《炼焦化学工业污染物排放标准》（GB 16171—2012），该标准要求直接排放 COD≤80 mg/L，氨氮≤10 mg/L，间接排放 COD≤150 mg/L，氨氮≤25 mg/L。

焦化废水污染物成分复杂，是含有 PAHs、氰化物和氧、硫、氮等杂环化合物的工业废水，如得不到妥善处理会对生态环境造成严重危害。为保护生态环境，焦化废水必须进行无害化处理，

焦化废水水量大，有毒成分浓度高，组分复杂、各种预处理技术可为生物脱氮工艺提供保障和保证，不仅提高其废水处理的可生化性，而且保证生化处理单元的安全和稳定运行。生物处理具有经济、安全、高效和无二次污染等显著优点，使生物处理技术成为处理焦化废水的主要方法。其中活性污泥法（图 5-4）是最主要的生物处理法，它是在鼓风曝气或者机械曝气的条件下，将预处理过的污水利用活性污泥的生物絮凝、吸附等作用，以降解去除污水中的苯酚及其酚类衍生物，然后经过二次沉淀池使污泥与水分离，一部分污泥再回流到曝气池，剩余污泥排出活性污泥系统进入浓缩池。目前我国中小型焦化企业大多使用一级好氧活性污泥法，对焦化废水中酚、氰等物质能够有效去除，但生化出水 COD 和氨氮浓度都远远高于国家二级排放标准。而生物膜法是利用土壤人工强化的方法去除水中有机污染物。生物滤池法、生物接触氧化法和生物转盘法均属于此种方法。

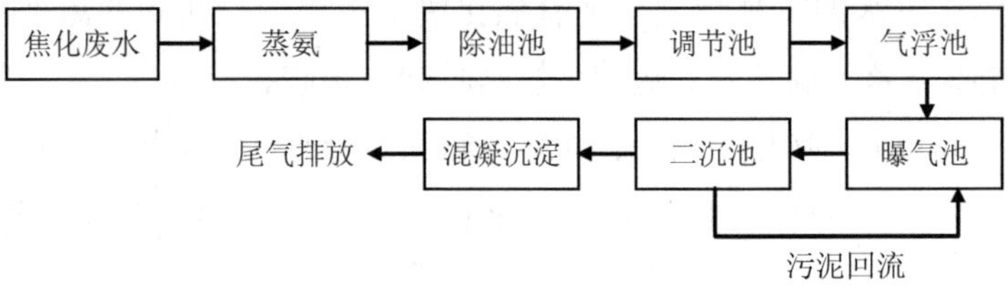

图 5-4　普通活性污泥处理工艺

按常规方法，焦化废水一般先进行预处理，其工艺包括氨水脱酚、蒸氨、脱氰、除油等，然后进行生物二级处理，以生物脱氮工艺为主，主要包括 A/O 工艺、A/A/O 工艺，O/A/O 工艺、A/O/O 工艺及其他变形工艺，最后根据需要采用三级处理及深度处理。主要焦化废水工艺特点如表 5-2 所示。

表 5-2　焦化废水 A/O 工艺特点

工艺	A/O	A/A/O	A/O/O
主要反应	缺氧： （1）$10NO_3^- +2C_6H_5OH= 5N_2+ 12CO_2+4H_2O+4OH^-$ （2）$NO^-+0.33C_6H_5OH=0.166 C_5H_7NO_2+1.167CO_2+0.5OH^- + 0.416N_2+0.167H_2O$ （3）$5C+4NO_3^- +2H_2O=2N_2+ 4OH^-+5CO_2$ 好氧： （1）$C_6H_5OH+7O_2=6CO_2+3H_2O$ （2）$NH_4^++1.5O_2=NO_2^-+2H^++ H_2O$ （3）$NO_2^-+0.5O_2=NO_3^-$ （4）$NH_4^++2O_2=NO_3^-+2H^+ +H_2O$	厌氧： $C_6H_5OH+4H_2O=3.5CH_4+2.5CO_2$ 缺氧： （1）$10NO_3^-+2C_6H_5OH=5N_2 +12CO_2+4H_2O+4OH^-$ （2）$NO_3^-+0.33C_6H_5OH=0.166 C_5H_7NO_2+1.167CO_2+0.5OH^-+ 0.416N_2+0.167H_2O$ （3）$5C+4NO_3^-+2H_2O=2N_2+ 4OH^-+5CO_2$ 好氧： （1）$C_6H_5OH+7O_2=6CO_2+3H_2O$ （2）$NH_4^++1.5O_2=NO_2^-+2H^++ H_2O$ （3）$NO_2^-+0.5O_2=NO_3^-$ （4）$NH_4^++2O_2=NO_3^-+2H^++H_2O$	缺氧： （1）$5C+4NO_3^-+2H_2O= 2N_2+4OH^-+5CO_2$ （2）$NO_2^-+1.08CH_3OH+ 0.24H_2CO_3=0.056C_5H_7NO_2+ 0.47N_2+1.68H_2O+HCO_3^-$ 好氧： （1）$NH_4^++1.5O_2= NO_2^-+2H^++ H_2O$ （2）$C_6H_5OH+7O_2=6CO_2+3H_2O$ 好氧： （1）$C_6H_5OH+7O_2=6CO_2+3H_2O$ （2）$NO_2^-+0.5O_2=NO_3^-$
工艺特点	①流程简单且基建费用低；②利用 A 段中的碳源实现反硝化而无须外加碳源，降低了 O 段的有机负荷；③通过在好氧池之前设置缺氧池来改善污泥的沉降性能，从而控制了污泥膨胀；④前置反硝化过程中产生的碱提供给后续的硝化过程，从而降低了生物脱氮的碱耗	①A^2/O 工艺不但具有 A/O 法流程的一切优点，而且由于在缺氧段前增加了厌氧段，因而提高了该工艺对碳源的氧化分解能力；②由于厌氧段的生物选择性使丝状菌的增长得到控制，因而避免了污泥膨胀	①与 A/O 工艺相比，可节省 40%左右的碳源，在 C/N 比一定的情况下可提高总氮的去除率；②减少 25%左右的需氧量；③降低 20%左右的碱耗；④缩短水力停留时间；⑤减少 50%左右的污泥产生量

我国部分焦化企业废水处理工艺如表 5-3 所示，根据废水处理工艺的不同，主要剩余污泥产生点在生化池。

表 5-3　国内部分焦化企业废水主体处理工艺及污泥去向

<table>
<tr><th colspan="2">焦化企业类型</th><th>焦化废水主体处理工艺</th><th>污泥去向</th></tr>
<tr><td rowspan="4">联合钢铁企业焦化厂</td><td>邯郸市某钢铁企业焦化厂</td><td>A/O/O</td><td>回配炼焦煤</td></tr>
<tr><td>天津天铁</td><td>O/H/O</td><td>回配炼焦煤</td></tr>
<tr><td>包钢焦化</td><td>A/A/O</td><td>回配炼焦煤</td></tr>
<tr><td>山东泰山钢铁焦化</td><td>A/O/A/O</td><td>配煤炼焦煤</td></tr>
<tr><td rowspan="10">独立焦化企业</td><td>河北旭阳</td><td>A/A/O</td><td>回配炼焦煤</td></tr>
<tr><td>河南利源</td><td>A/O</td><td>回配炼焦煤</td></tr>
<tr><td>渤海煤焦化</td><td>硝化反硝化池-生物倍增池</td><td>回配炼焦煤</td></tr>
<tr><td>徐州中泰新能源有限公司</td><td>A/A/O</td><td>回配炼焦煤</td></tr>
<tr><td>唐山宝利源</td><td>A/A/O</td><td>配煤炼焦煤</td></tr>
<tr><td>西山焦化</td><td>AOAO</td><td>配煤炼焦煤</td></tr>
<tr><td>山西亚鑫煤焦化</td><td>A/A/O</td><td>配煤炼焦煤</td></tr>
<tr><td>山东铁雄冶金科技有限公司</td><td>A/O/A/O</td><td>配煤炼焦煤</td></tr>
<tr><td>肥城石横焦化有限公司</td><td>A/O/O</td><td>配煤炼焦煤</td></tr>
<tr><td>中信焦化</td><td>A/A/O</td><td>配煤炼焦煤</td></tr>
</table>

焦化废水处理产生的污泥主要为剩余污泥，剩余污泥产生点与废水处理工艺相关，根据我国主流的焦化废水处理工艺，污泥产生点一般包括缺氧池、厌氧池和好氧池的污泥，对于部分水处理工艺，还包括混凝沉淀污泥。其产生的污泥主要由四部分组成：①具有代谢功能活性的微生物群体；②微生物代谢作用的残留物；③焦化废水处理过程中引入的污染物；④药剂投加引入等。以化学形态分析，生物污泥的组分通常有以下四种形态：颗粒态、生物絮凝态、胶体态及水溶态。其中生物絮凝态物质是污泥的主体，其次为颗粒态物质，两者构成了污泥 90%以上的组分。物化处理单元所产生的污泥其组成成分和性质则主要取决于处理方法和所加药剂的种类。

焦化污泥主要特点是含水率高，灰分较高、颗粒较细，比重较小，呈胶状形态。重庆某焦化厂对焦化剩余污泥组成进行取样分析，具体结果如表 5-4 所示。

表 5-4 重庆某焦化厂焦化污泥组成成分表（干基）

样品	固定碳/%	灰分 A_d/%	挥发 V_{daf}/%
样品 1	8.24	40.88	50.88
样品 2	21.92	49.88	28.20

根据唐海等学者的研究，焦化废水生化处理污泥的热失重过程主要经历三个阶段：①水分的析出阶段：该阶段温度区间为 32～155℃，失重量为 8%～9%；②有机物热解挥发分析出阶段：该阶段为焦化污泥中有机物分解阶段，温度区间为 155～500℃，失重量为 40%～42%，主要产污是焦化污泥有机物中的含碳化合物反应产生的不凝性的气态物；③固定碳燃尽阶段：该温度区间为 500～650℃，这一阶段主要反应为焦化污泥中剩余的有机物的矿物质分解，失重量为 5%～6%，主要产污为焦炭和灰分。焦化污泥的失重主要发生在挥发酚的析出阶段，这一阶段的失重为污泥的 40%～42%。

焦化剩余污泥含水率在 85%～95%。主要污染成分为重金属、酚类、多环芳烃化合物、杂环化合物等难降解有机污染物，这些污染成分来源于原料煤和炼焦过程中间反应，主要污染物通过废水处理过程中污泥吸附、微生物降解、光分解和水解等进行去除，未降解的污染物和部分降解产物通过污泥的吸附积累在污泥上面。不同种类的污染物其物理化学性质和生物降解性质各有差异，因此污泥的吸附累计效益也存在较大差异。比如 Wanghui Zhang 等的研究则表明，PAHs 在污泥上的吸附的吸附比例与其辛醇-水分配系数具有显著相关性，而 PAHs 由于其共轭结构因此均极易吸附到废水处理系统中的污泥上。

以河北某焦化厂焦化废水处理工艺为例，废水处理系统的来水主要为剩余废水（约 70%）、焦油精制废水、煤气水封水、生活污水、轴封冷却水等。废水处理工艺采用“气浮+A/O+混凝沉淀”技术，处理规模约为 100 m^3/h，其中 A/O 产生缺氧污泥以及好氧污泥，混凝沉淀池产生化学污泥。废水处理流程及取样点见图 5-5。

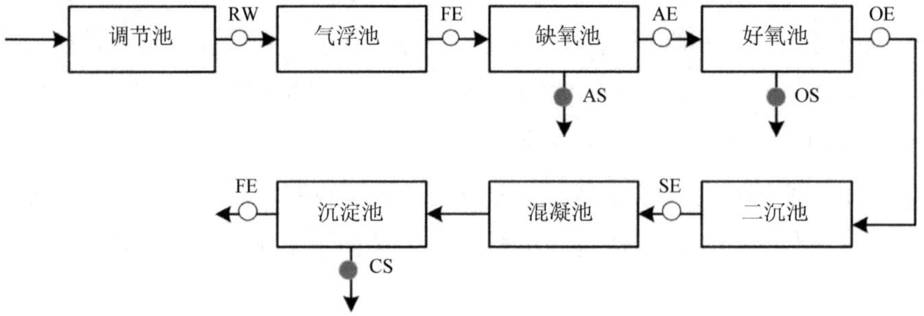

图 5-5 焦化废水处理流程及取样点

水样取自生化废水处理工程中的调节池、缺氧池、好氧池、BAF 池出口。污泥采自各缺氧污泥池、好氧污泥池和沉淀池的底部。样品采集后冷藏保存进行分析。该厂焦化废水中主要污染物成分如表 5-5 所示。

表 5-5　焦化废水处理主要工段出水有机物组成

类别	物质	RW	FE	AE	OE	SE	CE
酚类	苯酚	+	+	+	+	+	+
	2-甲基苯酚	+	+	+	−	−	−
	3-甲基苯酚	+	+	+	+	+	+
	4-甲基苯酚	+	+	+	+	+	+
	2,4-二甲基苯酚	+	+	+	−	−	−
	2,5-二甲基苯酚	+	+	+	−	−	−
	2,3-二甲基苯酚	+	+	+	−	−	−
	3,6-二甲基苯酚	+	+	+	−	−	−
	2,6-二甲基苯酚	+	+	+	−	−	−
	3,4-二甲基苯酚	+	+	+	−	−	−
	1-萘酚	+	+	−	−	−	−
	2-萘酚	+	+	−	−	−	−
	4-甲基-1-萘酚	+	+	−	−	−	−
	7-甲基-1-萘酚	+	+	+	−	−	−
多环芳烃	萘	+	+	−	−	−	−
	2-甲基萘	+	+	−	−	−	−
	2-乙烯基萘	+	+	−	−	−	−
	苊	+	+	+	+	−	−
	二氢苊	+	+	+	+	−	−
	芴	+	+	+	+	+	+
	菲	+	+	+	+	+	+
	蒽	+	+	+	+	+	+
	苯并[*a*]蒽	+	+	+	−	−	−
	荧蒽	+	+	+	+	+	+
	苯并[*b*]荧蒽	+	+	+	−	−	−
	苯并[*k*]荧蒽	+	+	+	−	−	−

类别	物质	RW	FE	AE	OE	SE	CE
多环芳烃	芘	+	+	+	+	+	+
	䓛	+	+	+	−	−	−
	苝	+	+	+	+	+	+
	苯并[*a*]芘	+	+	+	+	+	+
	二苯并[*a*,*h*]蒽	+	+	+	−	−	−
吡啶	3-甲基吡啶	+	+	+	−	−	−
	5H-茚[1,2-*b*]吡啶	+	+	+	−	−	−
	5H-1-吡啶	+	+	+	−	−	−
喹啉	异喹啉	+	+	+	−	−	−
	喹啉	+	+	+	−	−	−
	7-甲基喹啉	+	+	−	−	−	−
	5-甲基喹啉	+	+	−	−	−	−
	1-甲基异喹啉	+	+	−	−	−	−
	3-甲基喹啉	+	+	−	−	−	−
	1-苯基-异喹啉	+	+	−	−	−	−
	苯并[*f*]喹啉	+	+	−	−	−	−
	1,2,3,4-四氢喹啉	+	−	−	−	−	−
吲哚	吲哚	+	+	+	+	+	+
	3-甲基-1H 吲哚	+	+	−	−	−	−
	1-甲基-1H 吲哚	+	+	−	−	−	−
吲唑	1H-吲唑	+	−	−	−	−	−
吲嗪	5-甲基吲嗪	+	+	−	−	−	−
	7-甲基吲嗪	+	+	−	−	−	−
咔唑	咔唑	+	+	+	−	−	−
吖啶	吖啶	+	+	+	−	−	−
萘啶	1,5-萘啶	+	+	+	−	−	−
	2-甲基-1,8-萘啶	+	+	−	−	−	−
	4-胺基-1,5-萘啶	−	−	+	−	−	−
氮杂芴	2-氮杂芴	+	+	+	−	−	−
苯系物	1-异氰-3-甲基苯	+	−	−	−	−	−
醇类	2-甲基-8-喹啉醇	+	+	−	−	−	−

类别	物质	RW	FE	AE	OE	SE	CE
酮类	9（10H）-吖啶酮	+	+	−	−	−	−
	1-甲基-4-氮杂芴酮	+	+	−	−	−	−
	2-甲基-2-苯并呋喃酮	+	+	−	−	−	−
胺	苯胺	+	+	+	+	−	−
	2-甲基苯胺	+	−	−	−	−	−
呋喃	苯并呋喃	+	−	−	−	−	−
	2-甲基苯并呋喃	−	−	+	−	−	−
硫单质	S8	+	+	+	−	−	−
硫醇	1,3-苯二硫醇	+	−	−	−	−	−

在该厂的焦化废水中，共检出 18 类、67 种有机物，随着废水处理的进行，可检出的物质种类逐渐减少，但在最终出水中依然能检测到酚类、多环芳烃以及吲哚类物质。

在焦化废水处理过程产生的污泥中，共分析了缺氧池、好氧池和沉淀池三种污泥。结果如表 5-6 所示。共检出 62 种不同类型的有机污染物，吸附在污泥上的物质主要为多环芳烃化合物，此外还有部分酚类以及含氮有机物。受废水中污染物浓度的影响，缺氧段、好氧段、混凝段的污泥中有机物种类依次下降。吸附到污泥上的 PAHs 共有 38 种，环数为 2～7 不等，其中 3～6 环的多环芳烃共有 30 种，均具有较强的致癌作用，且不易被生物降解。吸附到污泥上的含氮化合物也多为稠环含氮杂环化合物，即多环芳烃苯环上的碳原子被氮原子取代形成的喹啉、吲哚类化合物，多数含有 3 个以上苯环，属于难降解类化合物。

表 5-6　某焦化企业废水处理主要污泥产生单元污泥有机物组成

类别	物质	AS	OS	CS
酚类	苯酚	+	+	+
	3-甲基苯酚	+	+	−
	2-甲基苯酚	+	+	−
	2,3-二甲基苯酚	+	−	−
	2,5-二甲基苯酚	+	−	−
	2,4-二甲基苯酚	+	−	−
多环芳烃	萘	+	+	−
	2-甲基萘	+	+	−

类别	物质	AS	OS	CS
多环芳烃	二甲基萘	3①	3	2
	联苯	+	+	−
	苊	+	+	−
	苊烯	+	+	−
	芴	+	+	+
	菲	+	+	+
	甲基菲	4	4	2
	二甲基菲	3	3	−
	蒽	+	+	+
	荧蒽	+	+	+
	芘	+	+	+
	甲基芘	3	3	1
	二甲基芘	1	1	1
	11H-苯并荧蒽	+	+	+
	7H-苯并荧蒽	−	−	+
	䓛	+	+	+
	苯并[*a*]蒽	+	+	+
	苯并[*a*]芘	+	+	+
	苯并[*e*]醋菲烯	−	−	+
	苝	+	+	+
	苯并[*e*]芘	+	+	+
	苯并[*k*]荧蒽	+	+	+
	8H-茚并[2,1-*b*]菲	+	+	+
	茚并[1,2,3-*cd*]芘	+	+	+
	并五苯	+	+	+
	茜	+	+	+
	二苯并[*def.mno*]䓛	−	−	+
	苯并[*g*,*h*,*i*]苝	+	+	+
	二苯并[*fg.op*]并四苯	+	+	+
	1.2,4.5-二苯并芘	+	+	+
	二苯并[*a*,*e*]醋蒽烯	+	+	+

类别	物质	AS	OS	CS
多环芳烃	1.2,5.6-六苯并苯	+	+	+
	1,2-二氢六苯并苯	+	+	+
	玉红省	+	+	+
含氧化合物	二苯并呋喃	+	+	−
含氮化合物	吲哚	+	+	+
	咔唑	+	+	+
	9-（4-氨基苯基）吖啶	−	+	−
	1-苯基-1,10-蒽醌	−	+	−
	1-苯氧基二氮杂萘	−	+	−
	萘并[2,1-*f*]喹啉	−	−	+
	1-甲基咔唑	+	+	−
	9-甲基-9H-咔唑	+	+	−
	2-苯基-喹啉	+	+	−
	1-甲基-1H-苯并[*g*]吲哚	+	+	−
	1-胺基-9-荧蒽酮	+	+	−
	11H-苯并[H]咔唑	+	+	−
	2,3,7-三苯基吲哚	+	−	−
	2,3-二苯基-喹喔啉	+	−	−
	1-萘甲腈	+	+	−
含硫化合物	苯并[*b*]萘并[1,2-*d*]噻吩	−	−	+

注：①表示检出的该物质的同分异构体种类。

由此可知，焦化废水处理产生的污泥中，吸附富集了大量的污染物，有机污染物的主要成分包括酚类、多环芳烃、含氧化合物、含氮化合物和含硫杂环化合物等种类。根据不同化学成分的生物毒性和环境风险，比较受关注的包括苯系物、苯胺类物质、多环芳烃、酚类和重金属等。

（1）焦化污泥 PAHs 含量分布及污染特征

PAHs 是一类由稠合芳环，不含有取代基或杂原子组成的有毒有害化学物，这类物质总是以混合的形式存在，广泛分布于不同性质的水环境介质中，如生活污水、工业废水和雨水中，在处理的过程中 PAHs 会大量存在于初沉、活性、消化、脱水和外排污泥中，对生物活性有负效应，因高毒、致突和致癌使该类物质成为最危险的有机化学物之一。PAHs 类物质分子量在 178～300，按照理化性质主要可分为两大类：①中低分子量 PAHs（LMW-PAHs），为 2～4 环类 PAHs，主要包括萘、芴、蒽、菲、芘和䓛等，其主要特点是沸点和毒性相对较低，但具有致癌性；②高分子量 PAHs（HMW-PAHs），主要为 5～7 环类 PAHs，特点是难挥发，沸点较高，且毒性大，并具有强致癌性和制突变性，如苯并[*a*]芘、荧蒽等。目前最受关注的 16 种优先控制 PAHs 的理化性质及生物毒性见表 5-7。

表 5-7　16 种优先控制 PAHs 理化性质及生物毒性

类别	名称	环数	分子式	分子量	熔点/℃	沸点/℃	水溶解度（25℃）/（mg/L）	辛醇-水分配系数 $\log K_{ow}$	毒理影响
LMW-PAHs	萘	2	$C_{10}H_8$	128.17	80.2	217.9	31.0	3.46	致癌
	苊烯	3	$C_{12}H_{10}$	152.20	96.0	279.0	3.93	4.06	致癌
	苊	3	$C_{12}H_8$	154.21	93.0	275.0	—	4.20	影响器官
	芴	3	$C_{13}H_{10}$	166.22	117.0	295.0	0.19	4.42	致癌
	菲	3	$C_{14}H_{10}$	178.23	101.0	340.0	0.60	4.87	致癌
	蒽	3	$C_{14}H_{10}$	178.23	218.0	342.0	1.29	5.03	致癌
MMW-PAHs	荧蒽	4	$C_{16}H_{10}$	202.26	111.0	384.0	0.26	5.55	毒理影响
	芘	4	$C_{16}H_{10}$	202.26	151.2	404.0	0.135	5.60	致癌
	苯并[*a*]蒽	4	$C_{18}H_{12}$	228.29	160.0	437.6	0.009 4	6.41	毒理影响
	䓛	4	$C_{18}H_{12}$	228.29	258.2	448.0	0.001 89	6.67	致癌
HMW-PAHs	苯并[*b*]荧蒽	5	$C_{20}H_{12}$	252.32	168.0	393.0	0.001 35	6.71	致癌
	苯并[*k*]荧蒽	5	$C_{20}H_{12}$	252.32	217.0	480.0	0.000 76	6.76	致癌
	苯并[*a*]芘	5	$C_{20}H_{12}$	252.32	177.0	496.0	0.001 6	6.91	强致癌
	茚苯[1,2,3-*c*,*d*]芘	6	$C_{22}H_{12}$	276.34	162.5	536.0	0.062	7.63	致癌
	二苯并[*a*,*h*]蒽	5	$C_{22}H_{14}$	278.35	266.0	524.0	0.000 5	3.46	致癌
	苯并[*g*,*h*,*i*]苝	6	$C_{22}H_{12}$	276.34	277.0	550.0	0.000 26	4.06	致癌

PAHs 因与固体颗粒有很强的亲和性，在废水处理过程中 PAHs 很容易被吸附在固体颗粒表面，根据研究，焦化废水生化处理过程中 PAHs 的迁移转化主要是依赖生物反应器中生物污泥-微生物群落的吸附降解耦合作用来去除，在生物反应器中多环芳烃迁移转化的可能途径主要是生物污泥的吸附，其次是缓慢的生物降解，多环芳烃的水溶解

度随着分子量的增大而降低，水相迁移能力也随之变差，多环芳烃会更容易被悬浮物和沉积物吸附。

本节选取某焦化厂污泥的 PAHs 分布与污染特征进行分析，该厂焦化废水处理工艺如图 5-6 所示，该工艺为辽宁某焦化厂实际废水处理工艺，已稳定运行多年。

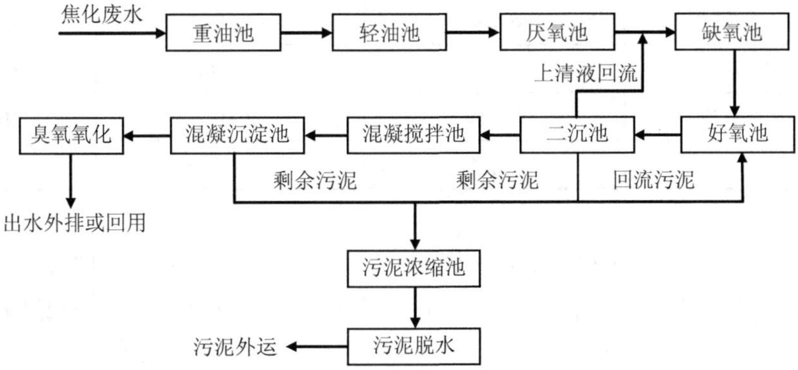

图 5-6　焦化废水处理工艺

污泥样品采自各生物反应池，即厌氧池、缺氧池和好氧池。厌氧池和缺氧池均为生物膜污泥，而好氧单元为活性污泥，污泥浓度为 3～7 g/L，污泥停留时间大概为 15 d。取样后将湿污泥装入预处理干净的容器中带回实验室进行 PAHs 的定量分析，污泥样品保存条件为−20℃。不经冷冻处理的新鲜活性污泥用于后续的吸附试验。该焦化厂各工段废水处理产生污泥 PAHs 分布如表 5-8 所示。

表 5-8　污泥中的 PAHs 浓度　单位：μg/g

多环芳烃种类	厌氧污泥	缺氧污泥	好氧污泥
萘	55.160	48.774	28.741
苊	85.956	126.834	29.636
苊烯	142.166	160.512	68.501
芴	97.708 3	102.536	30.043
菲	297.027	164.631	65.304
蒽	159.221	108.600	20.817
荧蒽	188.995	55.625	41.291
芘	223.315	79.089	20.329
苯并[*a*]蒽	187.367	78.278	27.447
䓛	293.487	142.680	55.026

多环芳烃种类	厌氧污泥	缺氧污泥	好氧污泥
苯并[*b*]荧蒽	52.825	67.297	43.403
苯并[*k*]荧蒽	80.229	36.183	18.951
苯并[*a*]芘	126.719	54.386	50.847
茚苯[1,2,3-*cd*]芘	80.450	44.658 3	31.069
二苯并[*a*, *h*]蒽	37.724	27.120	19.270
苯并[*g*, *h*, *i*]苝	93.284	40.052	30.925
总计	2 201.633	1 337.255	581.600

在该生产工艺中，好氧单元活性污泥的停留时间为 15 天，剩余活性污泥外排是 PAHs 去除的主要途径。由表 5-8 中的数据可知，大量的 PAHs 随外排污泥一起进入环境，有可能造成二次污染，应引起高度重视。

（2）焦化污泥中苯系物含量分布及污染特征

苯系物是苯及其衍生物的总称，比较有代表性的主要包括苯、甲苯、乙苯、二甲苯等。苯系物具有较强的毒性和致癌性，主要苯系物的基本性质及其生态毒性如表 5-9 所示。

表 5-9 代表性苯系物的基本性质及其生态毒性

名称	分子量	分子式	沸点（25℃）	熔点（25℃）	水溶解度（25℃）/（mg/L）	蒸气压（25℃）/（mmHg）	辛醇-水分配系数 $\log K_{ow}$	生物毒性
苯	78.11	C_6H_6	80.1	5.50	1 800	94.8	2.13	一类致癌物
甲苯	92.14	C_7H_8	110.6	−94.9	526	28.4	2.73	三类致癌物
乙苯	106.16	C_8H_{10}	136.1	−94.9	169	9.60	3.15	2B 类致癌物
邻-二甲苯	106.16	C_8H_{10}	144.4	−25.0	178	6.60	3.12	低毒
间-二甲苯	106.16	C_8H_{10}	139.3	−47.4	162	8.29	3.20	低毒
对-二甲苯	106.16	C_8H_{10}	138.3	13.2	198	8.84	3.15	低毒

焦化废水中的苯系物主要来源于炼焦煤在焦炉内的热化学转化过程反应，在废水处理过程中，由于其自身呈现疏水性，容易被吸附富集到污泥上。国内刁春鹏等针对焦化废水不同的处理工艺（分别为 A/O/O 工艺和 A/O/H/O 工艺），测定了不同工段污泥中苯系物的含量。结果如表 5-10 和表 5-11 所示。

表 5-10　某焦化厂 A/O/O 工艺各工段污泥相苯系物　单位：mg/kg

污泥产生阶段	苯	甲苯	乙苯	邻、对-二甲苯	间-二甲苯
前混凝	32.9	15.6	4.85	5.17	4.22
厌氧	81.9	40.6	10.6	11.5	9.17
好氧 1	64.9	35.6	10.7	9.47	7.08
好氧 2	60.4	18.5	4.42	4.36	3.13
生物滤池	22.8	5.45	1.87	1.74	1.51
混凝沉淀	3.75	<1.5	<1.5	<1.5	<1.5
外排	16.3	3.88	1.96	2.23	<1.5

表 5-11　某焦化厂 A/O/H/O 工艺各工段污泥相苯系物　单位：mg/kg

污泥产生阶段	苯	甲苯	乙苯	邻、对-二甲苯	间-二甲苯
厌氧	128	70.1	18.9	24.8	12.9
好氧 1	124	64.1	13.9	16.3	7.72
水解	85.3	48.2	9.76	12.2	6.26
好氧 2	75.6	11.4	5.57	6.07	2.81
混凝沉淀	26.8	5.32	2.19	1.69	<1.5
外排	52.7	10.8	5.27	11.7	3.05

（3）焦化污泥中重金属含量分布及污染特征

焦化废水中重金属主要来源于原煤中含有的重金属，如汞、铜、锌等，重金属元素以单质、矿物、螯合物等赋存方式存在于煤中。当原料煤在焦炉中发生热解反应时，各种重金属元素经过复杂的物理化学作用，分布在煤热解产物中，其中部分重金属随着工艺流程进入焦化废水中，在废水处理过程中部分重金属通过细菌吸收、细菌和矿物颗粒表面吸附，以及同一些无机盐（如磷酸盐、硫酸盐等）共沉淀等多种途径，被转移到污泥中。

重金属的生物化学活性、毒性以及迁移性在很大程度上取决于其存在的形态。不同形态的重金属会表现出不同的生物毒性和环境行为，其对环境的影响也有着很大的区别。欧共体标准物质局（European Community Bureau of Reference，BCR）于 1987 年建立了一套标准的重金属元素形态分析操作方法，形成了 BCR 三步提取法。此后，经过许多研究者的修正和完善，逐步形成了修正后的 BCR 四步提取法。经过修正的 BCR 提取法将沉积相中的重金属划分为四种形态：酸溶态、可还原态、可氧化态和残渣态。BCR

提取法所提取的化学金属四种形态特点与生物迁移性特点如表 5-12 所示。

表 5-12 沉积相中重金属存在形态及特点

存在形式	赋存形态	特点
酸溶态	主要指通过弱极性键作用被吸附在黏土、腐殖质、铁锰氧化物等沉积物上的重金属和与沉积物中的碳酸盐上形成的共沉淀结合态或其自身就是碳酸盐沉淀的重金属	易溶于水中或酸性条件中，具有较大的潜在危害性
可还原态	又称铁锰氧化物结合态，指重金属被比表面积较大的铁锰氧化物包覆形成氢氧化物沉淀的结合形态	当 pH 和氧化还原电位较低时，重金属容易释放出来
可氧化态	主要指重金属通过与沉积相中动植物残体、腐殖质等有机质络合、螯合而形成的，重金属为配位中心，有机质活性集团以配价键结合而形成的形态	可使用氧化剂对有机质进行破坏，使重金属得到释放
残渣态	主要指被封存在硅酸盐、原生及次生矿物的晶格中的重金属形态	极为稳定，很难在环境中释放出来

污泥中重金属的种类、形态以及含量与其环境行为和造成的环境危害和潜在风险息息相关。贺晶莹等对于某焦化厂外排污泥的重金属种类、赋存形态以及赋存量进行了分析测定，结果如表 5-13 所示。

表 5-13 某焦化厂外排污泥中重金属不同形态的赋存量（干基） 单位：mg/kg

元素	酸溶态	可还原态	可氧化态	残渣态	总和
Cd	0.42	1.44	0.4	6.18	8.44
Hg	0.29	1.07	1.05	4.49	6.9
Pb	0	2.02	8.09	45.54	55.65
Cr	0.5	0.24	21.89	53.59	76.22
As	0.02	0.02	0.1	21.38	21.52
Ni	15.72	17.32	43.57	4.76	81.37
Zn	40.87	52.77	80.42	407.86	581.92
Cu	0	0	30.35	102.04	132.39
Mn	93.48	218.52	4.01	466.28	782.29

（4）焦化污泥中酚类含量分布及污染特征

酚类是焦化废水的特征污染物之一，也是所占比重较大的有机污染物。美国国家环境保护局公布的 129 项优先污染物中包含了 11 种酚类物质。酚类物质属于弱酸性的极性、疏水、可离子化的有机污染物。水体中的酚类化合物在水处理过程中可能被微生物降解、吸附剂吸附转移到污泥相中。

国内贺晶莹等对某焦化厂 A/O/H/O 工艺处理流程产生的各阶段污泥和外排污泥中酚类的种类和含量进行了测定，结果如表 5-14 所示。

表 5-14　某焦化厂外排污泥中的酚类种类及含量（干基）　单位：mg/kg

酚类	A1 污泥	O1 污泥	H 污泥	O2 污泥	混凝污泥	外排污泥
苯酚	77.8	43.57	46.50	26.93	7.20	18.74
4-硝基酚	17.85	5.68	7.56	0.99	—	0.96
2-氯酚	64.25	41.55	54.79	23.27	5.73	36.74
2,4-二硝基酚	8.90	6.06	6.03	2.70	0.21	1.83
2-硝基酚	7.89	11.74	6.94	4.24	1.25	2.64
2,4-二甲基酚	17.90	14.60	13.26	8.77	3.54	5.60
4-氯-3-甲基酚	186.83	125.26	102.37	76.39	18.75	31.59
2,4-二氯酚	43.08	34.46	21.96	21.51	7.39	19.59
4,6-二硝基邻甲酚	16.64	8.58	8.29	3.55	0.70	2.96
2,4,6-三氯酚	102.58	65.37	72.25	51.01	23.57	34.04

由表 5-14 可知，该焦化厂外排污泥相中所占比例最高的酚类分别为 2-氯酚、2,4,6-三氯酚和 4-氯-3-甲基酚，所占比例达到 66.18%。

（5）焦化污泥中苯胺类含量分布及污染特征

苯胺类物质是焦化废水中典型极性有机污染物，苯胺类污染物普遍具有较强的致癌、致突变的作用。部分苯胺类化合物包括苯胺、二硝基苯胺、对硝基苯胺、2,6-二氯硝基苯胺已经被生态环境部列入优先控制污染物黑名单。

焦化废水中的苯胺类污染物在处理过程中经微生物生物降解、活性污泥颗粒吸附转移到污泥相中。国内有学者对焦化废水处理各工段产生的各阶段污泥和外排污泥中苯胺类物质的种类和含量进行了测定，结果如表 5-15 所示。

表 5-15　某焦化厂 A/O/O 工艺各工段污泥相苯胺物　单位：mg/kg

苯胺种类	前混凝	厌氧 A	好氧 O1	好氧 O2	生物滤池	混凝沉淀	外排污泥
苯胺	237	122	3.53	0.688	0.629	0.553	11.7
2-氯苯胺	0.677	＜0.5	＜0.1	＜0.1	＜0.1	＜0.1	＜0.5
4-溴苯胺	119	8.67	0.677	＜0.1	＜0.1	＜0.1	6.73
2-硝基苯胺	1.89	0.859	＜0.1	＜0.1	＜0.1	＜0.1	＜0.5

苯胺种类	前混凝	厌氧 A	好氧 O1	好氧 O2	生物滤池	混凝沉淀	外排污泥
3-硝基苯胺	0.912	<0.5	<0.1	<0.1	<0.1	<0.1	<0.5
4-氯-2-2 硝基苯胺	0.522	<0.5	<0.1	<0.1	<0.1	<0.1	<0.5
2,6-二氯-4-硝基苯胺	1.02	0.577	<0.1	<0.1	<0.1	<0.1	<0.5
2-氯-4,6-二硝基苯胺	4.74	11.9	4.58	4.27	0.588	<0.5	3.19

由表 5-15 可知，污泥相中多种苯胺类污染物含量较低，甚至低于检出限。这与苯胺类污染物的降解特征比较相关，由于焦化废水中极性污染物去除途径主要为生物降解，所以大部分苯胺类污染物可以通过生物降解作用除去，在污泥相中积累较少。

5.2.3 炼焦工业废水产生污泥总体现状

根据统计，我国炼焦工业 2014 年废水处理量为 25 438.55 万 t、焦化废水排放量为 19 783.19 万 t，焦化废水污泥产生量为 3.68 万 t。

废水处理污泥量通常占污水量的 0.3%～0.5%（体积比）或者为污水处理量的 1%～2%（质量比），如果废水处理工艺流程加上深度处理，污泥量会相应增加。焦化废水处理污泥的产生量与进水水质与出水水质、污水处理工艺及污泥处理工艺等因素息息相关。国内部分焦化企业剩余污泥产生情况如表 5-16 所示。

表 5-16 国内部分焦化企业污泥的产生量情况

企业	焦炭产量	处理量	主体处理工艺	污泥产生量	污泥含水率
陕西 A 企业	60 万 t/a	1 200 t/d	A^2O+混凝沉淀	5 t/d	80%
安徽 A 企业	440 万 t/a	2 400 t/d	A^2O^2+混凝沉淀	7～8 t/d	75%～80%
安徽某钢铁 B 焦化企业	260 万 t/a	2 880 t/d	A^2O+混凝沉淀	9 t/d	80%
安徽某钢铁 C 焦化企业	200 万 t/a	1 920 t/d	A^2O+混凝沉淀	7 t/d	90%
安徽某 D 焦化企业	130 万 t/a	3 120 t/d	A^2O	8 t/d	85%
山东某 A 焦化企业	130 万 t/a	1 440 t/d	A/O/O+芬顿处理	7～8 t/d	70%
山西某焦化企业	184 万 t/a	1 440 t/d	A^2O^2+混凝沉淀	8 t/d	80%
河南某 A 企业	316 万 t/a	4 800 t/d	AO+混凝沉淀	10 t/d	80%
河南某 B 企业	45 万 t/a	2 400 t/d	O/A/O	2 t/d	85%

5.3 炼焦工业污泥处理处置及资源化现状

焦化污泥处理的目的与其他化工污泥基本相似，主要在于：①污泥减量化：降低含水率，使其变流态为固态，便于输送和处置，同时减少污泥数量；②污泥稳定化：稳定污泥中的有机物，使其不易腐化，避免对环境和生态造成二次污染；③污泥资源化：回收和利用污泥中有用的成分。目前，我国炼焦污泥的处理处置主要包括污泥的浓缩、污泥的机械脱水和污泥的最终处置。

5.3.1 炼焦工业废水产生污泥的处理现状

污泥浓缩（thickening）的目的主要是降低焦化污泥的含水率，减少污泥体积，以利于后续处理和利用。由于焦化废水处理过程中产生的污泥含水率很高，所以污泥的体积比较大，对污泥的处理、利用和运输造成困难。污泥浓缩就是通过污泥增稠来降低污泥的含水率和减小污泥的体积，从而降低后续处理费用。污泥浓缩常用的方法有重力浓缩法、气浮浓缩法和离心浓缩法三种。

焦化废水处理产生的污泥经过浓缩处理后，含水率仍可高达 98%，体积较大，难以消纳处置，必须经过脱水处理，提高泥饼的含固率，以便运输及减少污泥处置的占地面积。因此焦化剩余污泥在处理过程中需要经过污泥脱水这一环节。焦化污泥的机械脱水一般包括污泥的预处理和机械脱水。

目前焦化企业主要采取化学调理法进行污泥的预处理。化学调理法是指在污泥中加入混凝剂、絮凝剂等化学药剂，使污泥颗粒絮凝，比阻降低。污泥调质所用的药剂主要分为两大类：一类是无机混凝剂，包括铁盐、铝盐两类金属盐类混凝剂以及集合氯化铝（PAC）等无机高分子混凝剂；一类是有机絮凝剂，主要是聚丙烯酰胺（PAM）等有机高分子物质。另外还包括助凝剂（石灰、硅藻土），主要作用是调节污泥的 pH，或者提供形成较大絮体的骨料，从而增强混凝剂的混凝作用。化学调理法能有效帮助污泥改善性质，但是在一定程度上会增加污泥量，因此焦化厂在调制药剂时，不仅会考虑到污泥脱水机的种类以及选型，还会采用多种药剂复配成复合药剂进行污泥调质。

污泥经过调质预处理后，必须经过脱水（dehydrate）处理，提高泥饼的含固率，以便后续处理。机械脱水是污泥脱水的主要方向，按脱水原理可分为压滤脱水、离心脱水和真空过滤脱水。目前国内大部分焦化企业采用压滤脱水和离心脱水的方式，使用比较广泛的包括带式压滤机、板框压滤机、离心脱水机和叠螺压滤机。

经过脱水处理后，视污泥和沉渣的性质和脱水设备的效能，污泥含水率可降 50%～

80%，呈半固态或固态。污泥经过脱水后，可经过污泥干化或者直接最终处置。

5.3.2 炼焦工业废水产生污泥的最终处置

一般污泥处理处置的方式包括投海、填埋、堆肥、农业利用、焚烧和干燥等。但是由于炼焦工业废水处理污泥含有多种有机污染和重金属，虽然现在已经不被列入危险固体废物，但还是存在一定的环境风险，按照一般的处理方式容易产生二次污染。目前在我国，炼焦工业剩余污泥的最终处置方式一般为安全填埋或掺煤炼焦。焦化污泥的综合利用，比如利用焦化污泥制备分子筛、生物吸附剂尚处在实验室探索阶段，没有大规模应用。

（1）炼焦工业污泥填埋技术

炼焦行业酚氰生产过程中的废水处理污泥曾被纳入《国家危险废物名录》（2008 年版），废物类别代码为“HW39”，废物类别编号为“252-012-39”。在最新的《国家危险废物名录》（2016 年版）中，明确表明“炼焦及煤焦油加工利用过程中产生废水处理污泥”（废物编码为“251-010-11”）为危险废物，但是不包括“废水生化处理污泥”。因此目前原则上，炼焦行业废水处理生化污泥可按照一般工业固体废物的填埋要求进行处理。目前炼焦污泥一般经过机械脱水后进行填埋，另外也有少量企业将污泥脱水后喷入煤场做煤场覆盖剂。

（2）炼焦工业污泥掺煤燃烧技术

目前炼焦企业对炼焦工业污泥的普遍处理方法是将焦化污泥干燥成泥饼，把含水率降到最低，把泥饼和煤混合送到焦炉焚烧配煤进行燃烧。

焦化废水生物处理过程中产生的各种污泥的通常处理处置方式为，经污泥浓缩进一步脱水后送熄焦系统的粉焦沉淀池的沉淀段，将泥截留在粉焦中；对于采用干熄焦或粉焦回收进行再炼焦的企业，浓缩后的污泥需经过机械压滤脱水后形成泥饼掺入炼焦煤中。

5.4 小结

炼焦工业废水处理产生污泥是由有机残片、微生物群体、无机颗粒、胶体等组成的极其复杂的非均质体。主要污染成分包括重金属、酚类、多环芳烃化合物、杂环化合物等难降解有机污染物，具有一定的环境风险。

目前一般来讲，炼焦废水处理产生的污泥包括生化处理过程中产生的剩余活性污泥、絮凝沉淀过程中产生的絮凝化学污泥，一般含水率为 99%～99.6%，两种污泥共同在污泥浓缩池里经过污泥浓缩后，含水率一般可降至 97%～98%。污泥经过浓缩后，上层液体回流，将下层污泥送往污泥脱水阶段，机械脱水污泥含水率一般可降至 55%～85%。

焦化污泥本身含有机物，如蛋白质、脂肪和多糖，具有一定的热值，又有一定的黏结性能，可以作为黏结剂。经过干燥后，挥发分含量比较高，可达 50%～60%，灰分含量较低，为 10%～40%，固定碳含量可达 10%～20%，某焦化厂干燥污泥元素分析表如表 5-17 所示。

表 5-17　某焦化厂干燥污泥元素分析表

元素	C	H	N	O	S	其他
含量/%	44.27	5.64	9.46	29.13	2.92	8.58

干燥后的污泥热值远高于一般的城市污水处理污泥，但是污泥含水率的增加对于热值的下降影响十分明显，某厂焦化污泥干基高位热值可达 19.40 MJ/kg，因此大多数焦化厂对焦化污泥的处理处置一般为污泥经过浓缩后，输送至污泥脱水间，污泥经过脱水后形成固态泥渣或泥饼，最终送至焦化厂配煤车间参与配煤，经过炼焦生产过程，高温干馏可加热到 1 000℃，由微生物等有机质构成的泥饼与焦炭一起被烧掉，在合适的掺煤比例下，对焦炭的性能没有太大影响。

目前，我国焦化污泥的主要处置方式是安全填埋和掺煤焚烧，也有一些学者对焦化污泥的综合利用提供了新思路，比如将焦化污泥质子化制备生物吸附剂，或采用热等离子体热解气化回收热解气，但是都仅仅处于实验室阶段，离工业化推广还有很大的距离。

“十二五”时期开始，我国的焦化行业实现了飞跃式的发展，现已成为我国国民经济的重要组成行业。与此同时，焦化行业的污染问题引起了广泛的重视，一系列焦化行业污染防治的政策、法规以及技术规范相继出台，如《焦化行业准入条件》《炼焦化学工业污染物排放标准》（GB 16171—2012）和《焦化废水治理工程技术规范》（HJ 2022—2012）等。我国在焦化废水治理方面，经过多年艰苦不懈的科技攻关和实用技术转化，基本解决了焦化废水治理的技术难题，但是焦化污泥的污染控制目前尚未有明确的产业政策、技术规范等进行引导和技术支持。当然，焦化污泥作为含有有毒有机物和重金属化工污泥的典型代表，其污染源解析、风险评估以及处理处置方法建议或可给相近性质的污泥污染控制提供些许参考。

6

PVC 工业废水处理产生污泥污染现状及处理措施

6.1 PVC 工业现状

聚氯乙烯（Polyvinyl Chloride，PVC）是五大通用塑料之一，生产原料全部来自石油，广泛应用于工业、农业、化学建材、国防等重要领域。2014 年我国 PVC 产量在国内五大通用塑料中产量排在首位，消费量居第三位。截至 2014 年年底，我国 PVC 生产企业 93 家，总产量 1 628 万 t，占世界最总产量的 43%。

PVC 的生产工艺历经电石法、乙烯法、联合法、乙烯氧氯化法。长期以来，我国 PVC 行业的主要有电石法与乙烯氧氯化法两种。其中电石法 PVC 是以乙炔、氯化氢为原料，在已浸渍 10%～12%的氯化汞触煤的作用下，合成氯乙烯，乙炔来自电石反应制得；乙烯氧氯化法是以乙烯、氯气和氧气为原料，在 $FeCl_3$ 和 $FeCl_2$ 等催化剂的作用下，合成 VCM，聚合得到 PVC，乙烯来自石油烃热裂解。电石法主要原料以煤炭、电石为基础，乙烯氧氯化法则以石油为主。

从国内企业的生产现状来看，电石法 PVC 占主导地位，但因基础原料涉及石灰、焦炭、原盐等多个工业，这些行业又是污染严重的行业，因此，PVC 的发展必然带动产业上下游的发展，对环境的影响也随之波动。

6.1.1 电石法工艺介绍及发展前景

PVC 生产主要分为两个系统：离子膜烧碱系统和 PVC 系统。

烧碱采用先进的离子膜法生产，主要工艺包括盐水精制、电解、淡盐水脱氯、氯氢处理、氯化氢合成及盐酸工序。PVC 采用电石湿法乙炔生产工艺，主要包括乙炔、氯乙烯、聚合、包装等工序。电石法工艺流程如图 6-1 所示。

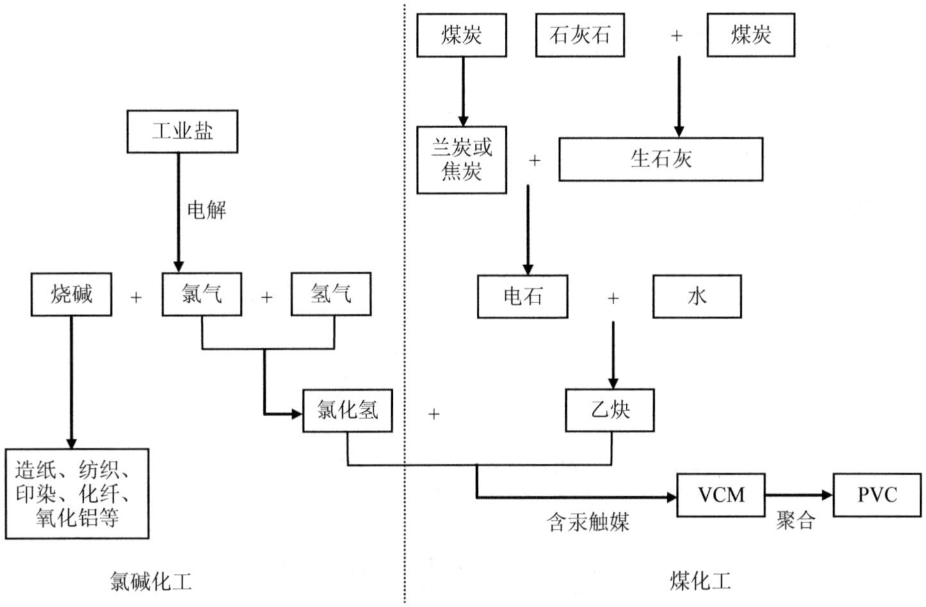

图 6-1　电石法工艺流程

电石法是最早工业化生产氯乙烯的方法，工艺流程简单，但由于电石生产能耗大、成本高、污染严重，因而处于逐步淘汰阶段。随着石油化工技术的发展，用乙烯做原料生产 PVC 的工艺，因能耗少、环境污染轻、成本低、更适合规模化生产而取得长足发展。另外，电石法 PVC 在生产过程中存在一些安全隐患，如乙炔生产、氯乙烯生产过程中存在的易燃易爆物，乙炔清净用次氯酸钠和浓硫酸的危害及氯化氢中含游离氯的爆炸等。

电石法 PVC 行业作为我国汞消费大户，汞消费量占全国的 60%以上，已经成为我国汞污染治理的重点。电石法 PVC 行业消耗汞的形式是氯化汞，目前废汞触媒及含汞废活性炭的回收工艺落后，汞回收率较低，只有 65%左右，传统的回收方式汞回收能力弱，污染严重，易发生不可预测的汞污染事件，载体活性炭不能重新利用，到处堆放，且因为规模小，无登记，发生污染事件后难以查出污染源所在，因此给环境管理带来了很大困难。

在目前汞资源短缺的严峻形势下，降低汞资源的消耗、加大汞资源的循环利用、减少汞资源浪费将是大势所趋，在这样的形势下，新型回收工艺无疑可以大大减少汞资源的浪费，因此，新型回收工艺的应用可以减轻我国因汞资源短缺而给电石法 PVC 行业带来的压力，对实现该行业的汞资源循环利用至关重要。

6.1.2 乙烯法工艺及发展前景

乙烯氧氯化法制 PVC 是一条石油化工路线，以化工轻油、轻柴油等为主要原料，裂解制得乙烯，乙烯经直接氯化/氧氯化反应生成二氯乙烷，二氯乙烷热解裂解制氯乙烯，聚合得到 PVC。反应原理如下：

$$\text{化工轻油、轻柴油} \longrightarrow CH_2=CH_2\downarrow$$

$$CH_2=CH_2+Cl_2 \longrightarrow CH_2Cl\text{-}CH_2Cl$$

$$CH_2=CH_2+2HCl+\frac{1}{2}O_2 \longrightarrow CH_2Cl\text{-}CH_2Cl+H_2O$$

$$CH_2Cl\text{-}CH_2Cl \longrightarrow CH_2{=}CHCl+HCl$$

$$nCH_2=CHCl \longrightarrow [CH_2\text{-}CHCl]$$

乙烯氧氯化生产装置主要由乙烯直接氯化、乙烯氧氯化、二氯乙烷精制（又称 EDC 精制）、二氯乙烷裂解（EDC 裂解）、氯乙烯精制（又称 VCM 精制）等单元组成。

1）乙烯直接氯化。直接氯化分为低温氯化及高温氯化，在低温氯化反应器中通入 EDC 和 $FeCl_3$ 催化剂，在 55℃下通入乙烯和氯气进行低温氯化生产 EDC。产生的粗 EDC 去高温氯化反应器，在 120℃下通入乙烯和氯气进行高温氯化生产 EDC。

2）乙烯氧氯化。在内装载在氧化铝粉上的 $CuCl_2$ 催化剂的反应器中通入乙烯、氧和氯化氢进行氧氯化反应，生成 EDC 和水。反应器内装盘管，通水除热并产生蒸汽。氯化氢来自 EDC 裂解单元。

3）EDC 精制。氧氯化生产的粗湿 EDC 先经酸碱洗去 Fe 离子及副产物后，EDC 去轻组分塔除去水分和轻组分物质，含有氯化烯烃的水去蒸汽汽提塔回收氧化烯烃后进入废水中和系统，低沸物出界区。轻组分塔脱水后的 EDC 与氯化反应生成的 EDC 一起进入高沸塔脱除高组分物质。精制后 EDC 去裂解单元，塔底高沸物出界区。

4）EDC 裂解和 VCM 精制。精 EDC 经过预热气化后进入裂解炉进行裂解生成 VCM 和 HCl。裂解产物经急冷后入 HCl 塔回收 HCl 送氧氯化装置，再经 VCM 塔回收未裂解的 EDC 送循环 EDC 塔，经循环 EDC 塔脱除重组分后进入裂解炉进行裂解。蒸出的 VCM 再到 VCM 汽提塔除去微量 HCl 后即得 VCM 产品，其主要生产工艺流程及污染物产生环节见图 6-2。

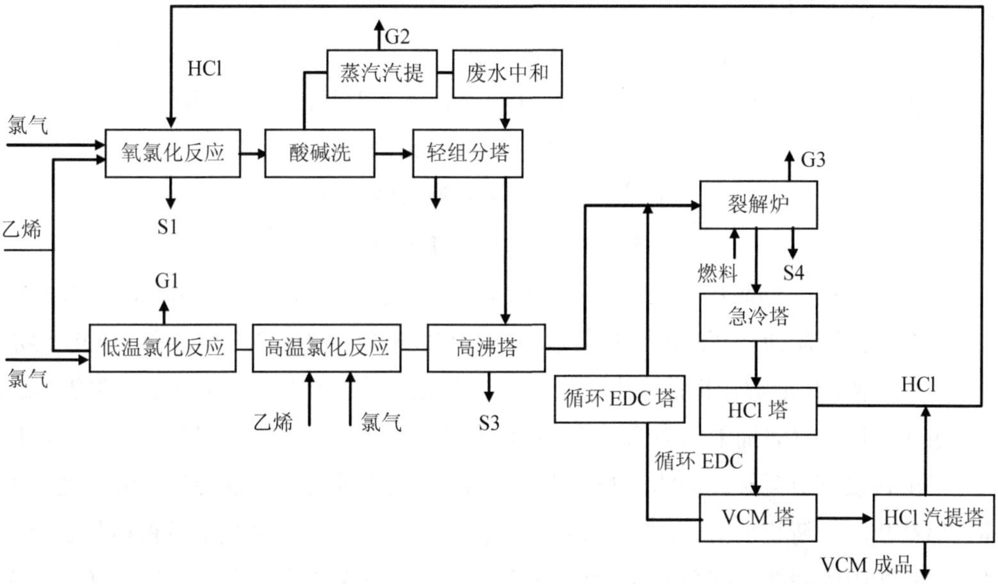

图 6-2　乙烯法氯乙烯生产工艺流程及污染物产生环节

乙烯氧氯化法氯乙烯生产具有原料清洁、能源节约、环境友好等特点，随着资源压力及环境约束力日趋严重，必然会被越来越多的氯碱企业作为改扩建的选择，这就要求我们在生产过程中加强污染控制，同时积极探索资源利用及污染防治新技术，切实推进聚氯乙烯行业的健康发展。

6.2　PVC 生产工艺产污分析

氯乙烯是用于生产 PVC 的单体，目前在电石法 PVC 生产过程中，氯乙烯合成工序均使用氯化汞触媒。氯化汞在高温下易升华的特点导致氯化汞触媒在一定周期内会失效，同时在生产过程中会产生废汞触媒、含汞废活性炭、含汞废水、含汞废酸和含汞废碱。

6.2.1　电石法生产工艺产污分析

（1）离子膜烧碱系统工艺流程及主要产污分析

离子膜法生产烧碱工艺过程包括盐水精制工序、电解工序、氯氢处理工序、蒸发固碱工序、氯气液化工序、氯化氢合成及盐酸工序。离子膜法生产烧碱工艺以固盐为原料，采用自然循环复极式离子膜电解技术生产高纯度烧碱，同时副产氯气和氢气。

1）盐水精制工序。

本工序包括精制盐的溶解、一次盐水精制、盐泥压滤等。采用热水化盐，分别用碳酸钠和氢氧化钠除去粗盐水中的Ca^{2+}、Mg^{2+}等杂质。主要化学反应方程式为

$$Ca^{2+}+CO_3^{2-}\longrightarrow CaCO_3\downarrow$$

$$Mg^{2+}+2OH^-\longrightarrow Mg(OH)_2\downarrow$$

$$SO_4^{2-}+Ba^{2+}\longrightarrow BaSO_4\downarrow$$

原盐从原盐贮场经皮带机传入溶盐桶，由配水槽送来的溶盐水用蒸汽间接加热到60～65℃，由溶盐桶上部溢流至粗盐水溜槽，将配制好的Na_2CO_3溶液和NaOH溶液加入粗盐水溜槽，使溶解在粗盐水中的Ca^{2+}、Mg^{2+}生成不溶于水的氢氧化镁、碳酸钙沉淀，然后粗盐水进入澄清桶中除去钙、镁等沉淀杂质，粗盐水再溢流至精制反应桶，然后由反应桶出料泵打至凝聚反应槽，与凝聚剂 TXY（聚丙烯酸钠）混合后至澄清桶，澄清桶上部精盐水去精盐水槽，之后由泵打入过滤器过滤后，再由精盐水泵将精盐水受槽和精盐水贮槽中的精盐水打至凯膜过滤，合格精盐水送过滤精盐水储槽，用泵送到二次盐精制工序。进入二次盐水工序的一次盐水中的固体悬浮物含量≤10 ppm（质量分数）。

过滤器所排含悬浮物盐水、澄清桶下部盐泥排至盐泥受槽，同时向盐泥受槽加$BaCl_2$溶液去除盐水中的部分硫酸根离子，其滤液去配水槽，盐泥经盐泥压滤机压滤，采用高位仓斗临时储存，滤饼送开发区一般工业固体废物贮存场，过滤盐水回用。

2）电解工序。

本工段包括二次盐水精制、离子膜电解、淡盐水脱氯三个工序。

①二次盐水精制。

盐水的离子交换采用离子交换树脂塔（内装有阳离子交换螯合树脂），通常为三塔模式，正常时三塔串联操作，再生时两塔串联操作，用盐酸和烧碱再生。即过滤后的盐水进入过滤盐储槽，用泵送入三台离子交换树脂塔，通过离子交换，使盐水中所含微量钙离子、镁离子等多价阳离子含量≤20 ppb（适量分数），从螯合树脂塔流出的二次精制盐水流入二次精制盐水贮槽，由精盐水泵送往电解工序。

三塔串联操作，再生时两塔串联操作，用盐酸和烧碱再生，再生后的酸碱送中和池处理。

离子交换树脂塔每塔每 24 h 进行一次运转和再生过程的自动切换操作，用自产盐酸和烧碱再生。从氯化氢合成及高纯盐酸工序送来的盐酸由盐酸计量槽计量，用纯水经过盐酸喷射器自动配制成浓度为 4%～5%的盐酸溶液送入离子交换树脂塔再生用。离子交换树脂塔再生时产生的酸性及碱性废液排至再生废液池，调解 pH 后送化盐工段。废螯合树脂送危废中心处置。

②电解。

采用自然循环复极式离子膜电解技术电解原理如下：

在电解槽阳极室，盐水进行电解生成氯气。反应式为

$$2Cl^- - 2e^- \longrightarrow Cl_2\uparrow$$

在电解槽阴极室，水进行电解生成氢气。反应式为

$$H_2O + e^- \longrightarrow OH^- + \frac{1}{2}H_2\uparrow$$

Na^+由阳极室迁移进入阴极室，与 OH^-结合生成浓度为 32%的液碱。反应式为

$$Na^+ + OH^- \longrightarrow NaOH$$

二次精盐水泵送来的二次精盐水，通过盐水加热器加热后，由自力式调节阀调到一定的压力后，经过流量计送入各电解槽阳极室电解，二次精制后的盐水用泵经盐水加热器加热后由电解槽的阳极液进料总管分别送入电解槽各单元槽的阳极室中，精盐水在阳极室电解，产生氯气和淡盐水，淡盐水和氯气从各单元槽的阳极液出口软管以及阳极液排出管进入阳极液分离器，在阳极液分离器内氯气与淡盐水分离，氯气经氯气总管送到氯气处理工序；淡盐水从阳极液分离器流到淡盐水受槽之后由淡盐水泵送到脱氯塔脱氯。

电解槽电路接通后，Na^+在电场作用下，从阳极室经离子膜向阴极室迁移，与阴极室内不断补充进来的纯水电解生成的 OH^-给合成氢氧化钠，在阴极室产生氢气和氢氧化钠溶液。在阴极室产生的氢气和氢氧化钠溶液进入阴极液分离器中进行分离，氢气经氢气总管后送氢气处理工序，32wt%烧碱溶液流入阴极液环槽，一部分作为半成品，计量后送到碱液蒸发工序，另一部分与经过计量的纯水混合循环回到电解槽阴极室。

在阳极，为中和从阴极室返迁过来少量 OH^-，需向阳极室内加入适量盐酸；在阴极，为保持碱液浓度，在阴极液入口管处添加纯水，纯水添加量由纯水流量仪进行调节。

③淡盐水脱氯。

电解来的淡盐水和氯气洗涤水送到脱氯塔（塔顶用真空泵抽真空），淡盐水从脱氯塔上部加入，由脱氯真空泵将淡盐水中的游离氯抽出，氯气经冷却、分离后，回收至湿氯气总管。脱氯后淡盐水中微量游离氯用 Na_2SO_3 法除去，不含游离氯的淡盐水送回化盐工段化盐。反应方程式如下：

$$ClO^- + SO_3^{2-} \longrightarrow SO_4^{2-} + Cl^-$$

3）碱液浓缩蒸发。

①蒸发单元。

采用二效逆流降膜蒸发工艺。自电解工序来浓度 32wt%碱液经中间槽进入一效降膜蒸发器，浓缩成浓度为 39wt%的碱液，39wt%的碱液进入二效降膜蒸发器被蒸发至浓度

为 48wt%的碱液后进入浓缩制片单元。

蒸发单元采用蒸汽作为热源，一次蒸汽冷凝液送脱盐水站回用，二次蒸汽冷凝液返回化盐系统。

②浓缩制片单元。

采用二效降膜浓缩工艺。将蒸发单元的 48wt%的碱液用泵送入降膜蒸发器蒸发至浓度为 62wt%的碱液后泵入降膜浓缩器得到 99wt%的熔融碱。制出的 99wt%熔融碱液自流进入片碱机，经冷却形成片碱。片碱经包装机装袋、称重后由皮带机送至缝袋，然后送往固碱库储存。

降膜浓缩器采用熔盐作为热载体，在系统中循环使用，而降膜浓缩器中产生的二次蒸汽又作为降膜蒸发器的热源，热利用率高。降膜蒸发器产生的冷凝液送去一次盐水工段化盐。熔盐的加热使用天然气做燃料，产生熔盐炉尾气经 40 m 高烟囱排空。

4）氯氢处理。

①氯气处理。

由电解生成的氯气经干燥塔 98%的硫酸干燥处理后加压至 2 kgf/cm^2（合 0.2 MPa）后一部分送液氯装置生产液氯，一部分送盐酸/氯化氢装置生产氯化氢和盐酸。

此工序采用二段冷却、二段干燥的处理工艺，即从电解工序来的湿氯气先经氯气洗涤塔用氯水洗涤冷却后，进入氯气冷却器（钛管冷却器）以冷冻水进行冷却，使氯气温度降到 12～15℃，进入水雾分离器分离出冷凝水后，氯气进入一段填料干燥塔与硫酸逆流接触进行第一步脱水，从填料塔出来的氯气再送到二段泡罩干燥塔与 98wt%的浓硫酸进行逆流接触进一步脱水，从泡罩塔出来后的氯气经酸雾捕沫器后，其氯中含水量低于 50wtppm，经氯气压缩机加压后（压力为 0.15 MPaG）经氯气分配台用管道一部分送液氯装置生产液氯，一部分送盐酸/氯化氢装置生产盐酸和氯化氢。此过程中产生氯气洗涤废水送淡盐水脱氯工段进行脱氯处理后送化盐工序。

二段泡罩干燥塔使用的 98wt%硫酸由汽车槽车卸入浓硫酸贮槽，经浓硫酸泵送入浓硫酸高位槽，自流进入泡罩干燥塔，出口酸浓度为 93wt%，部分循环使用，另一部分用泵打入填料干燥塔循环使用，当酸浓度降到 78wt%～75wt%时，不能使用成为废硫酸，作为副产品外售。

②氢气处理。

自电解工序来的高温湿氢气进入氢气洗涤塔，水在塔内喷洒，与自下而上的湿热氢气逆流接触直接洗涤降温冷却至 45℃左右，除去湿氢气中的大部分水蒸气、盐碱和其他固体杂质后氢气再经列管换热器用冷冻水进一步冷却降温、除水后送往氯化氢合成及盐酸工序。氢气洗涤废水调节 pH 后回用于化盐工序。

③事故氯气处理。

选择液碱循环冷却、两级吸收废氯气、制成次氯酸钠溶液的处理工艺。由电解、氯气处理、液氯及包装、氯化氢合成及盐酸等工序来的事故泄压氯气和电解开停车产生的低浓度氯气进入废氯气吸收塔，在吸收塔内用循环槽来的碱液吸收，吸收反应后的尾气再进入尾气塔进一步用碱液吸收，使排出达标尾气经 30 m 高排气筒排放，同时将吸收液制成 NaClO 溶液送乙炔净化工序。

5）氯气液化及包装。

选用四氟乙烷（HFC-134a）制冷、低温低压制液氯、液氯加压泵包装的液氯生产工艺。

由氯气处理工序来的干氯气经分配台，一部分送盐酸/氯化氢装置生产盐和氯化氢，剩余氯气经氯气缓冲罐进入氯气液化器，在液化器内，氯气与−30～−35℃的冷冻盐水进行热交换，使大部分氯冷凝为液氯，出来的气液混合物经液氯气液分离器分离，液氯进入液氯计量槽，尾气去氯化氢合成及盐酸工序。

6）氯化氢合成及盐酸工序。

氯气液化及包装工序来的氯气（来源于氯气分配台和氯气液化后尾气）经氯气缓冲罐和氯气管道阻火器进入二合一石墨合成炉；氢气经氢气缓冲罐和氢气管道阻火器也送入二合一石墨合成炉，在炉内进行燃烧，生成氯化氢气体部分送 PVC 装置，剩余经降膜吸收后生产盐酸。反应式如下：

$$Cl_2 + H_2 = 2HCl$$

当二合一炉开停车产生不合格的氯化氢或 PVC 装置出现事故时，氯化氢将送降膜吸收器和尾气吸收塔来生产盐酸。尾气吸收塔采用循环液吸收来自降膜吸收器的贫气，尾气塔内未被吸收的残余气体，被水力喷射器抽出，微量氯化氢被纯水吸收，不凝气经 30 m 高排气筒放空。喷射器下水集中到循环水槽，然后用泵加压，大部分供水力喷射泵循环，小部分用于尾气塔吸收补充水，定期向循环水槽补充部分纯水。酸性水自尾气吸收塔进入降膜吸收器，与氯化氢气逆流接触吸收成为盐酸。

以企业烧碱年产量为 30 万 t 的企业为例，离子膜烧碱装置的污染源包括废气污染、废水污染、固体废弃物污染，详见表 6-1～表 6-3。

表 6-1　某企业离子膜烧碱装置废气污染源

污染源名称	排气量/（m^3/h）	主要污染因子	产生量/ mg/m^3	产生量/ kg/h	方式/去向	处理工艺
固碱加热炉	26 400	SO_2	0.57	0.015	连续/大气	天然气作为清洁燃料
		NO_x	213	5.63		
		烟尘	15	0.4		
氯气尾气吸收塔	3 500	Cl_2	—	5.1	间断/大气	二级碱液吸收
盐酸吸收尾气	850	HCl	—	3.75	连续/大气	二级吸收

表 6-2 某企业某厂离子膜烧碱装置废水污染源

污染源名称	污染物		排放方式	处理工艺
	因子	浓度		
盐泥压滤水	Cl^-	≥20 000	间歇	处理后送回化盐
	SS	100		
螯合树脂塔再生废水	pH	7～10①	间歇	中和后送回化盐系统
	Cl^-	106 847		
	SS	70		
固碱蒸发工艺冷凝液	NaOH	20	间歇	送回化盐系统
氢气洗涤废水	pH	8～10①	连续	送回化盐系统

注：①pH 量纲一。

表 6-3 某企业离子膜烧碱装置固体废弃物污染源

固废名称	产生量/（t/a）	组成特征/（wt%）	固废性质	排放方式	储存方式	去向
盐泥滤饼	72 000	NaCl：7.3 SS：23 $BaSO_4$：16 $CaCO_3$：6.0 $Mg(OH)_2$：4 H_2O：43	一般固废	间断	临时堆场	去开发区一般固体废物贮存场处置
废螯合树脂	4.8	苯乙烯/二乙烯苯共聚物	危险废物	间断	桶装库存	送危废中心处理
废离子膜	1.6	全氟磺酸树脂/全氟羧酸树脂等	危险废物	间断	捆装库存	厂家回收
干燥废硫酸	9 750	H_2SO_4：75	危险废物	间断	罐装	外售

（2）PVC 系统工艺流程及主要产污分析

电石乙炔法生产聚氯乙烯的工艺过程包括乙炔工序、氯乙烯工序（VCM）、聚合工序、干燥包装工序，其工艺及产污环节分析如下：

1）乙炔工序。

电石在乙炔发生器内与水反应生成乙炔气，乙炔气再经冷却、压缩、清净、中和等过程得到合格的乙炔气供氯乙烯合成使用。采用干法乙炔装置、次氯酸钠清净工艺。

电石经粗破机和细破机破碎成 50～80 mm 的块料，块料经过粉料破碎机，将其破碎成 5 mm 以下的粉料，经过斗式提升机提升到滚筒筛进行筛分，筛分合格的电石，加入充氮的电石粉料仓，不合格的电石则返回到粉料破碎机再次粉碎。电石粉料经过计量螺旋加料机计量后加入发生器内。电石破碎、筛分、储运系统产生的含尘废气、电石加料斗置换气经布袋除尘器除尘后排入大气，除尘器收集下来的粉尘由除尘器下部排出回收至原料仓。

同时将从乙炔气清净系统及冷却洗涤塔回收的废次钠液按一定比例喷入发生器，发生器内电石与水迅速水解，生成粗乙炔气和电石渣。

其主反应方程式为

$$CaC_2 + 2H_2O = Ca(OH)_2\downarrow + C_2H_2\uparrow$$

副反应方程式为

$$CaO + H_2O = Ca(OH)_2\downarrow + C_2H_2\uparrow$$
$$CaS + 2H_2O = Ca(OH)_2\downarrow + H_2S\uparrow$$
$$Ca_3P_2 + 6H_2O = 3Ca(OH)_2\downarrow + 2PH_3\uparrow$$

电石分解后的干电石渣从发生器底部的螺旋输送机不断排出，经过刮板输送机送入粉料仓，用来制造水泥。

从发生器顶部逸出的粗乙炔气经冷却洗涤塔冷却后进入正水封、安全水封，冷却洗涤后的乙炔气一路进气柜储存、当系统压力偏低时返回系统保压，一路经乙炔水环压缩机加压后进入乙炔气清净系统。

经乙炔压缩机升压后的乙炔气，依次进入第一清净塔、第二清净塔，在清净塔内与次氯酸钠液接触，以除去硫、磷等杂质。次氯酸钠来自次氯酸钠配制槽（由乙炔气洗涤水与烧碱车间来的浓次钠液配制而成），先经次氯酸钠泵打入第二清净塔顶部，从第二清净塔底部流出，然后用清净泵打入第一清净塔顶部，第一清净塔底流出的次氯酸钠液，全部被清净泵送到冷却洗涤塔的顶部作为冷却喷淋液后，大部分直接进入发生器参与反应，少量剩余经中和后去自备电厂冲灰。其反应方程式为

$$4NaClO + H_2S = H_2SO_4 + 4NaCl$$

$$4NaClO + PH_3 = H_2PO_4 + 4NaCl$$

从第二清净塔顶出来的带有酸性物质的乙炔气进入中和塔，用氢氧化钠溶液（氢氧化钠溶液用水与来自烧碱的 32%碱液配制而成）洗涤，中和清净时产生的酸性物质，乙炔气经除沫后送至乙炔冷却器，经 0℃水间接冷却至 5～10℃的乙炔气进入旋风分离器分离出其中的冷凝水后，送至氯乙烯装置。中和酸性气体的碱液送自备电厂冲灰。乙炔

冷却器的排水及旋风分离器分离的冷凝水回到中和塔。中和反应方程式主要为

$$2NaOH + H_2SO_4 = Na_2SO_4 + 2H_2O$$

$$3NaOH + H_3PO_4 = Na_3PO_4 + 3H_2O$$

$$2NaOH + SiO_2 = Na_2SiO_3 + H_2O$$

$$3NaOH + H_3AsO_4 = Na_3AsO_4 + 3H_2O$$

2）氯乙烯工序。

乙炔法氯乙烯生产采用乙炔和氯化氢固定床气相催化合成技术，乙炔和氯化氢经混合冷冻脱水，再经以活性炭为载体、氯化汞为触媒的列管转化器反应生成粗氯乙烯，粗氯乙烯再经除汞、洗涤除氯化氢、压缩、冷凝液化、精馏、冷凝获得高纯氯乙烯，供聚合工序生产聚氯乙烯树脂。

来自乙炔工序的精制乙炔气经阻火器和来自烧碱装置氯化氢合成工序送来的氯化氢气体以 1∶（1.05～1.1）的比例进入混合器中均匀混合，自顶部进入石墨冷却器，此间用−35℃盐水换热使混合气体冷却，混合气体中一部分水形成高浓度盐酸流下，另一部分形成酸雾夹带于气体中进入酸雾捕集器，经浸氟硅油玻璃棉捕集分离进入预热器将气体加热，预热器采用转化器反应热热水自然循环换热，送入并联的前台转化器。气体由转化器上封头进入，经过装有吸附氯化汞的活性炭触媒后部分转化为氯乙烯，气体由下封头出来进入后台转化器，经过装有吸附氯化汞的活性炭触媒后大部分乙炔转化为氯乙烯气体，反应放出的热量由管间的热水带走。混合器、石墨冷却器、酸雾捕集器排出的酸性废水为高浓度盐酸，可作为副产品外售。其主反应方程式为

$$C_2H_2 + HCl \xrightarrow{HgCl_2} CH_2=CHCl + 124.6\ kJ/mol$$

副反应方程式为

$$C_2H_2 + 2HCl = C_2H_4Cl_2$$

$$C_2H_2 + H_2O = CH_3CHO$$

$$C_3H_4 + HCl = C_3H_5Cl$$

反应后的粗氯乙烯气体进入除汞器用活性炭吸附，除汞废活性炭返回制造厂，脱汞后粗氯乙烯气体再冷却到 40℃后进入组合吸收塔，温度较高含氯化氢的氯乙烯混合气，进入组合吸收塔下部，由下而上先后流过填料段和塔板段，分别用 31%浓盐酸、19.5%稀盐酸和清水吸收气流中的 HCl，99.5%以上的氯化氢被除去，脱除氯化氢的氯乙烯气体从塔顶排出，组合塔产生的酸洗废水全部送解析系统处理后回用于本系统作为氯化氢吸收剂。碱液采用汞处理厂处理的废水和外补的新鲜水进行配制，洗掉气体中所夹带的微量氯化氢，产生废碱液送含汞废水处理系统处理达标后送废水蒸发系统蒸发处理。碱

洗后的氯乙烯进入压缩机进行提压，使压力达到 0.6 MPa，压缩后的气体经机后冷却器冷却后进入全凝器，用−35℃盐水冷凝，得到液态粗氯乙烯。

液态粗氯乙烯经汽水分离器后进入低沸塔以脱除低沸点杂质，低沸塔中的乙炔气体和少量的氯乙烯气体由塔顶经调节阀返回到机前系统，液态粗氯乙烯减压后进入高沸塔将氯乙烯蒸出，蒸出的精氯乙烯通过塔顶冷凝器后小部分作为塔顶回流，大部分精氯乙烯进入成品冷凝器，用 0℃水冷凝后送到单体贮槽内，再经 VCM 输送泵送到聚合工序。高沸塔底排出的含氯乙烯物料在残塔回收，氯乙烯气体返回到机前系统，排出的高沸物二氯乙烷装罐可出售。

废碱液经中和后产生的含汞废碱水和本装置区收集的设备、地面冲洗水，与废触媒抽洗水一起送至本工序的除汞系统处理，处理后的废水作为本装置配制碱液水，除汞产生的含汞滤渣可回收处理。为了不造成碱液系统中盐的累积，需抽出一部分脱汞废盐水去含汞废水处理系统处理达标后去电厂冲灰。

3）聚合工序。

聚合工序一般采用悬浮聚合工艺技术生产聚氯乙烯。生产过程包括 VCM 和无离子水准备、化学品溶液的配制、涂壁液的配制和废水汽提、聚合、VCM 回收、浆料汽提、干燥与包装等单元。

氯乙烯悬浮聚合反应属自由基型链锁聚合反应，即在聚合釜内加入一定量的氯乙烯，在引发剂、悬浮剂及其他助剂作用下，借助强力搅拌，在一定的温度和压力下进行聚合反应。

由 VCM 装置来的新鲜 VCM 贮存在新鲜 VCM 贮槽中，由 VCM 装置回收工序回收的 VCM 贮存在回收 VCM 贮槽中。新鲜 VCM 和回收 VCM 经计量后，按规定的比例，用泵打入聚合釜内。

由脱盐水站来的冷脱盐水贮存在冷脱盐水贮槽中，此冷脱盐水用于聚合加料、轴封注水、管路冲洗和聚合反应过程注水等。部分冷脱盐水用蒸汽加热后，贮存在热脱盐水贮槽中，用于聚合加料。冷、热脱盐水，根据聚合反应初始温度的要求，按一定的比例用泵打入聚合釜内，使得聚合釜内物料全部加完的混合温度接近反应温度，以省去聚合初期的升温阶段。

装置内所有的工艺废水，如 VCM 回收系统产生废水、冲釜废水全部收集到废水贮槽中，然后泵入废水汽提塔进行汽提，用蒸汽将其中所含的 VCM 进行脱除。汽提出来的 VCM，经冷凝器冷凝气液分离除去水分后，送至 VCM 回收工序进行回收。废水汽提塔底排水排至离心母液处理系统处理。

聚合所用的各种化学品、脱盐水和 VCM 根据配方所要求的品种和数量，按照事先规定的程序自动加入聚合釜内，当引发剂自动加入后，聚合反应立即开始，通过自动调节冷却水量，维持反应温度，聚合反应是按照规定的反应曲线进行的，当达到聚合终点时，自动加入终止剂，以终止聚合反应，然后将浆料排至浆料槽，未反应的 VCM 在浆料槽内进行回收，以缩短聚合周期。

从聚合釜、出料槽排出的未参加聚合反应的 VCM 和汽提装置及废水汽提装置来的 VCM，通过压缩机系统将 VCM 压缩，然后在冷凝器中用 30℃以下的冷却水以及 0℃的冷冻水将 VCM 冷凝成液体并贮存在冷凝液槽中，供聚合使用。由浆料槽来的浆料，用泵经与出塔浆料换热后从汽提塔顶部打入汽提塔内，蒸汽从塔的底部进入汽提塔，浆料在塔内逆向流动，浆料中的 VCM 被汽提出来。从塔顶出来的气体，经冷凝器冷凝除去水分后，被送至 VCM 回收工序进行回收，从塔底部出来的浆料与进塔浆料在螺旋板式换热器换热后，进入混料槽，然后用泵送至干燥工序。

汽提后浆料中的 VCM 含量从 10 000 ppm 降至 10 ppm 以下，用泵送入离心机离心分离后，离心母液排至离心母液处理系统处理，含水约 25%的湿树脂，经螺旋输送机直接进入气流干燥塔，与用蒸汽加热后的热空气接触除去表面水后，被送入旋风干燥器进一步干燥，干燥器尾气经两级旋风分离回收 PVC 粉末后经 30 m 高排气筒排空。干燥好的成品树脂经旋转阀加入振动筛除去大颗粒与地面散落的粉料一起外售，合格品经磁性分离器除去金属杂质后，用气力输送系统送入成品包装料斗然后进行包装。最终成品 PVC 树脂含水≤0.3%。

以某年产 30 万 t PVC 的企业为例，PVC 装置的污染源包括废气污染、废水污染和固体废物污染。详见表 6-4～表 6-6。

表 6-4　某企业 PVC 装置废气污染源明细

装置名称	污染源名称	排气量/（m^3/h）	因子	产生量/		方式/去向	处理工艺
				mg/m^3	kg/h		
乙炔	电石破碎机	63 998	粉尘	≤35 800	2 290.5	连续/大气	布袋除尘
	电石加料斗置换气	680	粉尘	≤30 000	20.1	间断/大气	布袋除尘
VCM	吸附尾气	1 725	VCM	8%～60%①	735	连续/大气	变压吸附
			乙炔	5%～30%①	80		
PVC	干燥尾气	62 000	VCM	—	—	连续/大气	二级旋风除尘
			粉尘	＜2 000	124		
	包装尾气	6 000	粉尘	≤20 000	120.0	连续/大气	布袋收尘

注：①单位为体积分数。

表 6-5　某企业 PVC 装置废水污染源明细

装置名称	污染源名称	污染物		排放方式	治理措施
		因子	mg/L		
乙炔	清净系统次氯酸钠废水	NaCl	3 777.95	间断	部分去乙炔气冷却塔作为冷却洗涤用水，部分中和处理后去自备电厂冲灰
		余氯	＜0.02%		
		pH	12①		
	中和塔碱性废水	pH	14①	间断	中和处理后去自备电厂冲灰
		Na_2SO_4	26 418.81		
		Na_2PO_4	13 844.49		
VCM	混合脱水过程产生的酸性废水	HCl	31%②	连续	作为副产品外售
	含汞酸洗废水	HCl	20%②	连续	经深度解析装置解吸处理后全部用于 VCM 酸洗用水，不外排
		Hg	0.16		
		VCM	749.1		
	含汞碱性废水及地面冲洗水	NaCl	12.6②	间断	经处理达标后用于电厂冲灰
		CVM	20		
		Hg	0.3		
	废触媒含汞抽洗水	COD	300	间断	经处理达标后用于电厂冲灰
		SS	25		
		Hg	180		
PVC	汽提废水	VCM	45	连续	送至凯膜处理系统处理后回用于本工程
		COD	1 200		
		BOD_5	200		
		SS	822		
	离心干燥母液	COD	300	连续	离心处理后 60%回用于聚合系统，40%排至循环冷却水系统作为补充水
		BOD_5	60		
		SS	150		
		VCM	3		

注：①pH 量纲一；

②单位为质量分数。

表 6-6 PVC 装置固体废弃物污染源明细

装置名称	固废名称	产生量/（t/a）	组成特征/wt%	固废性质	排放方式	临时储存	去向
乙炔	电石灰	55 385	CaC_2：80.6； CaO：10； $CaCO_3$：9.4	一般固废	间断	仓储	返回电石粉仓作为原料使用
	电石渣	530 007	$Ca(OH)_2$：86； H_2O：8； $Mg(OH)_2$：0.2； 硅铁：3.03； 未反应电石：0.47	一般固废	连续	仓储	进水泥厂制水泥
VCM	转化废催化剂	300	活性炭； $HgCl_2$：4.8	危险废物	间断	袋装入库	送外厂处理
	处汞废活性炭	333	活性炭； $HgCl_2$：5.77	危险废物	间断	袋装入库	送外厂处理
	高沸塔残液	2 388	二氯乙烷	危险废物	间断	罐装	外售
	含汞废渣	52.5	Hg：0.1～2； H_2O：40； 硅藻土	危险废物	间断	桶装入库	送外厂处理
	废吸附剂	72/10a	硅胶； Al_2O_3； 微量 VCM	危险废物	间断	袋装入库	返回生产厂家
PVC	生化污泥	30	生化污泥	危险废物	间断	临时堆放场地做防尘防渗处理（按危废要求）	送危废中心处理
	肥料	352	PVC 树脂	一般固废	间断	袋装入库	外售

6.2.2　乙烯法生产工艺产污分析

（1）废水产生情况分析

乙烯氧氯化废水主要包括氧氯化过程中的中和废水及焚烧炉洗涤废水。

乙烯氧氯化中和废水产生量约为 0.15 m^3/t VCM，其主要污染物浓度分别为 COD：1 500～3 000 mg/L（平均 2 000 mg/L）、BOD：300～1 000 mg/L（平均 650 mg/L）。其中的 COD 主要来自氧氯化反应过程中生成的甲酸酯和乙二醇等副产物。同时含有少量 VCM 及 EDC，VCM 含量≤2 mg/L，EDC 含量＜1 mg/L。

焚烧炉洗涤废水产生量约为 0.14 m^3/t VCM，主要是对焚烧炉尾气进行洗涤中和产生的废水。由于焚烧炉主要处理 VCM 生产过程中产生的含氯有机废气和废液，焚烧炉尾气中含有部分未吸收的氯化氢及氯气，利用 5%的氢氧化钠溶液进行洗涤吸收，该部分洗涤废水主要含有部分悬浮物，同时含有较高的盐分，其含量为悬浮物 200 mg/L，含盐 5%。

乙烯氧氯化中和废水及焚烧炉洗涤废水均输送至污水处理站进行生化处理，达标后方可排放。根据废水水质及同行业运行经验，废水处理选用水解酸化+生物接触氧化+臭氧深度处理工艺进行处理。

水解酸化反应主要是在厌氧环境下利用大量水解产酸菌作用，将不溶性有机物水解为溶性物质，将大分子、难以生物降解的物质转化为易于生物降解的物质，提高废水的可生物降解性，使得后续的好氧处理所需的停留时间缩短，能耗降低。生物接触氧化主要是利用生物膜吸附废水中的有机物，在有氧的条件下，有机物由微生物氧化分解，废水得到净化。反应池中装填有特殊的填料，微生物附着在填料上，形成生物膜，进行生物截留，提高了反应效率。因排放标准要求越来越严，为提高生化效率，在生化池内设置回流泵进行回流，通过回流对反应器中的水进行混合和搅拌，极大地提高了传质效果，使反应器中的生化反应效率得到了很大的提高。难以生化处理的有机物及生化过程中产生的可溶性微生物产物经过臭氧氧化池，利用臭氧的高氧化性对其进行充分分解，去除水中的残余难降解有机污染物，最后经沉淀过滤后废水达标排放或综合利用。

（2）废气产生情况

废气主要为裂解炉烟气、直接氯化反应尾气、氧氯化精制尾气及焚烧炉烟气。EDC 裂解燃料主要为氢气及天然气：氢气主要利用电解产生的氢气，纯度大于 99%，为清洁能源，其燃烧污染物产生量很小；天然气燃烧烟气含少量二氧化硫、氮氧化物及烟尘。裂解炉烟气可直接烟囱排放。直接氯化反应尾气及氧氯化精制尾气产生量约为 20 m^3/t

VCM，主要含未反应的乙烯及部分 VCM、EDC、HCl，该部分尾气全部通过管道送至焚烧炉进行焚烧处理。焚烧炉主要对乙烯氧氯化产生的有机废气及废液进行焚烧处理，来自 VCM 的有机废气及废液经缓冲后进入燃烧室进行燃烧，燃烧温度控制在 1 200～1 300℃，燃烧炉处理的高温烟气含有大量的热能，首先通过废热锅炉回收热能，烟气在废热锅炉回收热能后进入急冷塔进行急冷，急冷塔出来的烟气进入降膜吸收器，在降膜吸收器中，烟气与循环吸收稀盐酸液相向而行，循环吸收后，符合浓度要求的副产酸连续排出作为成品输出，从降膜吸收器出来的烟气进入碱洗系统进行洗涤，洗涤后的烟气达标排放。

（3）固体废弃物

固体废弃物主要包括乙烯氧氯化废催化剂、EDC 精制过程产生的低沸组分、高沸组分、EDC 裂解炉产生的裂解焦油等。其中，废催化剂及裂解焦油均按国家危险废物处置管理制度进行转移处置，低沸物及高沸物通过焚烧系统进行处置。

6.3 PVC 工业污泥处理处置现状及风险

氯碱生产过程的污泥主要为离子膜烧碱生产过程中化盐工序产生盐泥废渣和电解工序产生的废离子膜、聚氯乙烯树脂生产过程乙炔发生工序产生的电石渣、氯乙烯精制工序产生的含汞废触煤和脱汞器排放的废活性炭等系列含汞废物。

盐泥经淡盐水洗涤并用板框压滤机压滤后，含水量约为 50%，其主要成分为钙和镁的碳酸盐类，现阶段主要是进行堆放处理，和煤矿煤矸石、电厂粉煤灰类似，属于有待于开发的固体废弃物。

废离子膜及螯合树脂有着专业的处理技术，对于氯碱企业来说，一般直接由提供厂家回收，不必再上专门处理工艺。

电石渣是氯碱生产过程中产生的数量最大的固体废弃物，大量电石渣的堆积不仅污染环境、浪费资源，还存在安全隐患。目前用电石渣制作水泥的技术已经成熟，将电石渣用于水泥生产有良好的环境效益和经济效益。

转化工序产生的含汞废弃物废活性炭、废触媒和废锯末、盐酸脱析沉淀物等，属于国控污染物，一般氯碱企业不会对其进行处理，需要转交给有专业资质的企业进行综合处理，氯碱企业需要严控其转移环节，防止在转移过程中产生汞流失。PVC 精馏工序精馏塔底产生的精馏残液主要成分为二氯乙烷等高沸点物质，经再沸器处理后，其单体在高沸物贮槽中贮存积累到一定数量后，可作为生产黏合剂等有机产品的原材料外销。

6.4　某 PVC 企业实例

本章选择某企业进行调研，该企业采用电石法生产 PVC，电石生产采用国内消化吸收的挪威埃肯大型密闭炉工艺技术和设备。

6.4.1　生产工艺简介

该企业烧碱采用先进的离子膜法生产，工艺包括盐水精制、电解、淡盐水脱氯、氯氢处理、氯化氢及盐酸合成工序。

PVC 采用电石湿法乙炔生产工艺，装置采用川东转移的法国本体法设备。生产工艺包括乙炔、氯乙烯、聚合、包装等工序。由于氯乙烯和聚合工段的工艺不同于新上项目，氯乙烯和聚合工段工艺简述如下：

氯乙烯工艺：由乙炔工段来的含水乙炔经分子筛干燥后和无水氯化氢按 1∶1 比例混合、加热后入主反应器，在 $HgCl_2$ 触媒的催化下生成粗氯乙烯单体，粗氯乙烯冷却后经纤维棉过滤器除去大分子固体颗粒（含汞活性炭），而后粗氯乙烯经压缩机后进轻组分汽提塔，蒸汽间接蒸出轻组分氯化氢和乙炔进循环反应器制氯乙烯，出循环反应器的未反应气经两级冷凝后由碱洗除氯化氢后排空；轻组分汽提塔底物进高沸塔，蒸汽间接蒸出氯乙烯，冷凝后用 Al_2O_3 去氯化氢气体后，清净的氯乙烯单体储入氯乙烯球罐；高沸塔底残液再经汽提回收氯乙烯后重组分（二氯乙烷）以副产品外售。由于现有工程氯乙烯生产无水洗、碱洗、酸洗工序，故无含汞工艺废水产生。

聚合工艺：本体法聚合是法国阿托公司的专利技术，其特点是在聚合过程中不需加水、分散剂，只有单体氯乙烯和引发剂两种基本原料，没有悬浮聚合的溶液配制、离心脱水、汽提干燥等工艺过程和设备。整个聚合反应是在预聚合釜和聚合釜中完成，即为本体法两段聚合工艺。现有工程为 1 台 30 m^3 的预聚合釜和 3 台 50 m^3 的聚合釜。首先在预聚合釜中加入规定量的氯乙烯单体和引发剂，控制一定的搅拌速度和反应温度，当转化率达到 10%左右，停止反应，将反应物倒入聚合釜，再加入等量的氯乙烯单体和引发剂进行反应。反应结束后通蒸汽汽提回收未反应的氯乙烯，回收的氯乙烯单体经压缩、冷凝送氯乙烯储罐，不凝气排空。汽提后的 PVC 树脂用气动输送，经振动筛分级后，筛上物直接入均化仓，筛下物经粉碎、研磨后入均化仓，然后包装外销。

该企业具体工艺流程如图 6-3 所示。

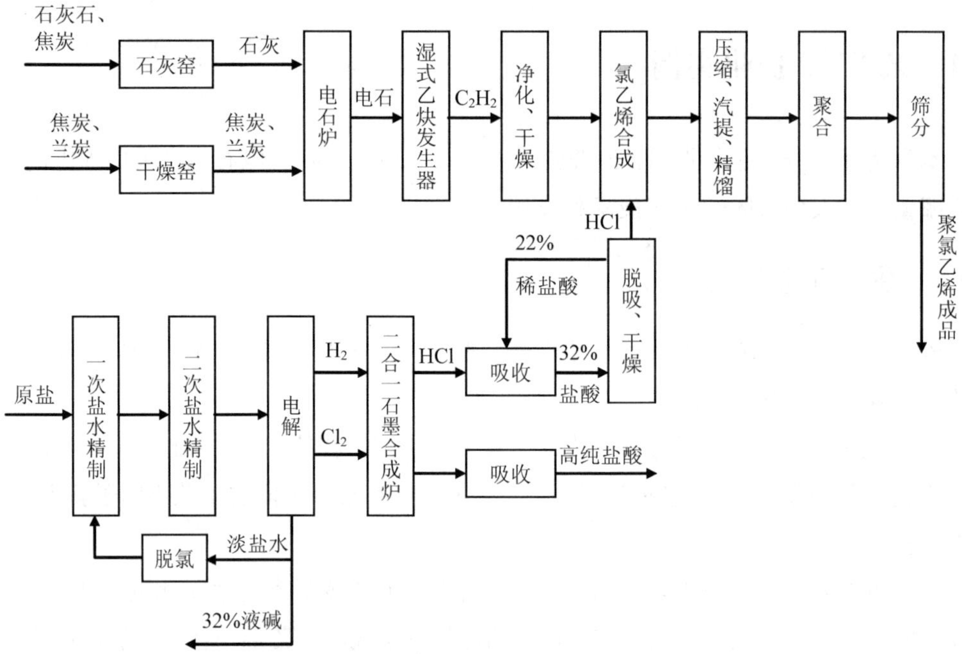

图 6-3 某企业工艺流程

6.4.2 生产过程中产污分析

调研企业生产过程中产生的固体废弃物按其危险程度可分为危险废物和一般固体废弃物，危险废物主要包括废螯合树脂、废催化剂、含汞废活性炭、含汞废渣、废酸和生化污泥等，产生量 12 931.9 t/a；一般固废主要包括电石渣、盐泥等，产生量 657 744 t/a。电石渣作为水泥原料全部综合利用，盐泥送园区一般固废堆场贮存。该企业现有项目固体废弃物产生量 16.250 48×10^4 t/a，包括电石渣、盐泥、废触媒、纤维棉、污水处理站污泥、生活垃圾等，排放总量及处理方式见表 6-7。

表 6-7 某 PVC 企业固体废弃物产生一览

序号	名称	类别	主要成分	产生量/（t/a）	综合利用量/（t/a）	处置方式
1	盐泥	一般固废	$CaCO_3$、$MgCO_3$、NaCl	5 570	0	渣场堆放
2	电石渣	一般固废	$Ca(OH)_2$、H_2O	156 000	0	渣场堆放、外销
3	分子筛	一般固废	含硅、铝等	10	10	厂家回收
4	废触煤	HW29	含汞废物	48.6	48.6	汞催化剂厂回收
5	废活性氧化铝	一般固废	含铝废物	4.2	0	渣场储存

序号	名称	类别	主要成分	产生量/（t/a）	综合利用量/（t/a）	处置方式
6	蒸馏废残液	HW11	蒸馏残渣	300	300	外售
7	纤维棉	HW29	含汞废物	52.5	52.5	厂家回收
8	筛头料及扫地料	一般固废	其他废物	192	192	外售
9	生活污泥	一般固废	一般固废	20	0	城市环卫部门统一处理
10	生活垃圾	一般固废	其他废物	360	0	城市环卫部门统一处理

通过对该企业产生的污泥等废渣进行采样分析，分析结果如表 6-8～表 6-10 所示。

表 6-8　烧碱系统

工段	污泥名称	测试指标	分析结果
化盐	盐泥滤饼	含水量	68.3%
		XRF 全元素	以氧化物计：SiO_2：21.47%；BaO：14.69%；CaO：13.77%；MgO：13.37%；SO_3：10.45%；Na_2O：7.24%；Cl：6.12%；Al_2O_3：5.97%；Fe_2O_3：5.05%；K_2O：1.16%；TiO_2：0.34%；SrO：0.13%；P_2O_5：0.09%；MnO：0.07%；Cr_2O_3：0.05%；PbO：0.02%；ZnO：0.02%；Rb_2O：0.006%；Y_2O_3：0.002%

表 6-9　PVC 系统

工段	污染物名称	测试指标	分析结果
乙炔发生	电石渣与硫酸中和渣	含水量	72.5%
		XRF 全元素	CaO：81.63%；SO_3：12.11%；SiO_2：3.37%；Al_2O_3：1.57%；MgO：0.4%；P_2O_5：0.33%；Fe_2O_3：0.28%；BaO：0.10%；Na_2O：0.07%；Cl：0.05%；TiO_2：1.16%；SrO：0.04%
VCM	废触媒	Hg	24.8 g/kg

表 6-10　废水处理系统

污染物名称	测试指标	分析结果
含汞废水处理污泥	含水量	42.9%
	XRF 全元素	HgO：25.73%；Cl：22.69%；Fe_2O_3：17.72%；CaO：7.14%；SiO_2：6.62%；Co_3O_4：4.81%；Na_2O：3.8%；Al_2O_3：3.2%；SO_3：2.94%；BaO：2.01%；MgO：1.11%；K_2O：0.94%；P_2O_5：0.57%；TiO_2：0.35%；MnO：0.18%；As_2O_3：0.096%；ZnO：0.079%
	Hg	42.6 g/kg

企业渣场主要堆有电石渣和盐泥，电石法 PVC 生产过程中主要废渣是电石渣，电石渣浆主要含固形物为 CaO 和 $Ca(OH)_2$，其产生的粉尘污染大气环境，随意堆放也污染土壤和地下水。原盐电解之前，要对原盐进行精制，去除其中所含其他类型固形物以及 Ca^{2+}、Mg^{2+}等杂质离子。原盐中所含的泥、砂等在化盐过程中通过沉淀或澄清而去除。原盐中的 Ca^{2+}、Mg^{2+}等杂质离子通过投加精制剂 Na_2CO_3、NaOH，生成 $Ca(OH)_2$、$MgCO_3$ 通过澄清去除，$Ca(OH)_2$、$MgCO_3$ 等沉淀组成了盐水精制废渣。

综合利用电石渣用于制水泥，经临时贮仓不落地直接通过汽车运输至水泥厂，不会对环境造成影响。以上两过程产生的盐泥和废渣经过板框压滤脱水后形成含水＜50%的盐泥渣，送当地一般固废堆场进行贮存。

该企业渣场已建成面积 4.57×10^4 m^2，已储存渣量约 12×10^4 t。现渣场已做了防渗漏处理，毛石挡土墙已建成，堆场表面经洒水、碾压已形成以 $CaCO_3$ 为主的硬壳。主要存在的问题：渣场无管理站，新运来的废渣不能做到及时碾压，造成堆场混乱；渣场未设置渗滤液收集系统、排水工程及导流渠，渗滤液可能对地下水造成污染；渣场毛石挡土墙高度和厚度不能满足要求；渣场未实现分类、分区堆存。

6.4.3　生产过程中汞流向分布

（1）涉汞主要流程

涉汞主要工艺流程见图 6-4。来自氯乙烯合成转化挥发的气相汞与氯乙烯进入净化工序，首先是活性炭的气相吸附装置（高效除汞器），因此高效除汞器成为吸附气相汞的一个重要装置。高效除汞器设计气速为普通除汞器的 20%，对粗聚氯乙烯气相中的氯化汞吸附效果达到了 85%，相对于普通除汞器 50%左右的吸附性能提高了 35%。粗聚氯乙烯气体经过高效除汞器后，组合塔下酸汞浓度与普通除汞器相比下降 60%左右。

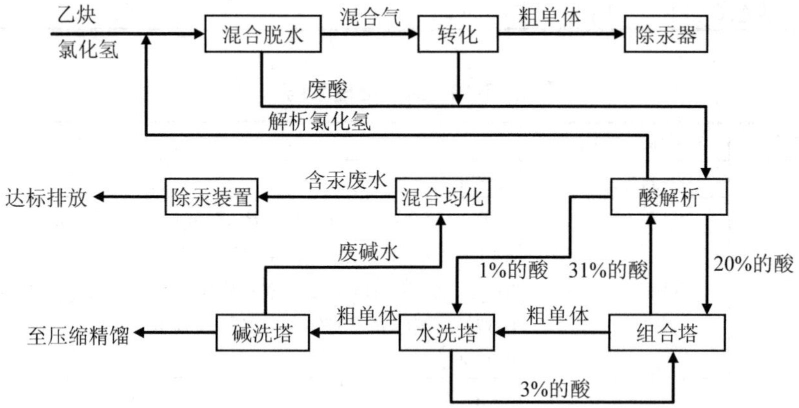

图 6-4　涉汞主要工艺流程

由于工艺中氯化氢过量，所以净化单元主要通过水吸收和碱中和的方法处理过量的氯化氢，这样粗氯乙烯单体中未被高效除汞器吸附的小部分汞在组合塔内被 22%的酸吸收进入 31%的含汞废酸中，主要在 31%的含汞废酸中积聚。31%的含汞废酸经常规解析，生成 22%的酸，22%的酸再送至组合塔使用；深度解析装置将一部分 22%的盐酸解析含氯化氢质量分数 1%以下的酸，送往水碱洗工序作为水洗塔补水使用。

针对涉汞的主要流程见图 6-5，可以得出汞流向分布分为 4 个方面：①废汞触媒；②抽触媒废水；③高效除汞器及转化器中含汞废活性炭；④碱洗塔排水。

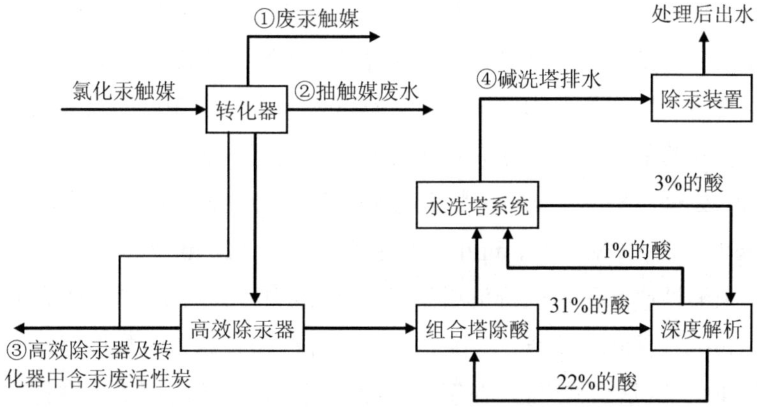

图 6-5 汞流向分布

该企业的汞流向分布如下所述：

1）废汞触媒。

乙炔氢氯化法生产氯乙烯工艺中，以氯化汞为触媒，在固定式反应器中完成化学反应。在使用一定时间后，触媒由于氯化汞的挥发而失去活性，使反应速率下降，导致无法正常生产。工业上，一般采用抽废触媒装填新触媒的方法来维持正常生产。这些废触媒是严格按照国家危废管理规定进行储存和回收的，不会对环境造成汞污染。

2）抽触媒废水。

氯化汞触媒在失去活性后，需要进行触媒的倒换、翻换。采用真空负压装置将抽出转化器列管中的氯化汞触媒、真空负压装置产生的抽触媒废水送往除汞工序进行处理。

3）高效除汞器及转化器中含汞废活性炭。

在转化器填装完触媒后，均要在其上下封头上覆盖一定数量的活性炭，活性炭会吸附部分挥发气相汞，其他挥发的汞通过高效除汞器内活性炭进行吸附。这些含汞的废活性炭具有固汞的作用，其中的汞具有回收价值，可以全部回收到有资质的厂家进行回收处理。

4）碱洗塔排水。

粗氯乙烯气体在碱洗塔经过碱液，进一步中和残余的氯化氢气体，保证压缩气体中不含氯化氢。碱洗塔运行一段时间后，需要将塔内碱液进行更换。碱洗塔内的碱液更换时，需要将原有碱洗塔内的碱液排放，并将碱洗塔用一次水进行冲洗。碱洗塔排放的废碱水和冲洗水均属于含汞废水，这部分碱洗塔排水是电石法生产氯乙烯工艺产生的含汞废水的主要组成部分，因此在生产中，直接送往除汞工序进行严格的回收处理。

（2）含汞废物的处理

含汞废渣的处理：乙炔法 VCM 生产过程采用以活性炭为载体的氯化汞为催化剂，产生含汞废催化剂约 300 t/a；VCM 生产过程采用活性炭作为吸附剂，吸附合成气中挟带的汞蒸气，废活性炭产生量为 333 t/a；处理含汞废水过程中产生含汞废渣约 52.5 t/a。上述固废皆属含汞的危险废物，送有危废处置资质的公司集中处理。

含汞废水的处理：VCM 合成气水洗过程产生浓度约 20%的酸性废水，其中汞含量在 0.1～0.5 mg/L，含 VCM 749.1 mg/L。废水产生量为 120 m^3/d。

该企业含汞酸性废水采用共沸解析技术和加盐解析技术回收 VCM 和 HCl，实现酸性废水不外排。共沸解析塔釜产生浓度约 20%的稀酸用泵送入稀酸脱吸塔，在稀酸脱吸塔中同时送入 40%的氯化钙溶液，在氯化钙的作用下，盐酸的恒沸点被打破，通过塔釜的加热作用，氯化氢完全脱吸出来（与氯化钙浓度有关，要求浓度在 30%以上），脱吸出来的氯化氢经塔顶冷凝除水后送 VCM 合成使用，塔底得到约 33%的稀氯化钙溶液。33%的氯化钙溶液用泵送入浓缩塔，在浓缩塔中将水（含氯化氢 1.5%）从塔顶分离出来用于二级水洗塔作补充水。塔底得到的氯化钙浓溶液循环用于稀酸脱吸塔。稀盐酸通过加氯化钙溶液深度脱吸后，完全回收酸中的氯化氢气体，副产盐酸。为避免废酸脱吸系统中汞的积累，在稀盐酸循环槽中设计有碳纤维过滤器，将大部分汞吸附，并将循环槽下部含汞富集区的循环酸抽出一部分用于中和碱洗塔排出的废碱液。废碱液经中和后去集中脱汞，脱汞后的含盐废水用于配置碱液循环使用。同时氯化钙溶液使用到一定程度失效后需更换，更换下来的氯化钙溶液含有一定量的汞，混入含汞废水处理系统产生的含汞废渣中送有资质的公司处理。

氯乙烯碱洗废水中主要成分为 NaOH、Na_2CO_3，其次为碱洗过程中所吸收的少量 $HgCl_2$ 和氯乙烯（VCM），$HgCl_2$ 浓度约为 0.3 mg/L。废触媒抽洗水中主要含有 $HgCl_2$，浓度为 0.18g/L。两股废水中 NaOH、Na_2CO_3 通过投加废酸而中和，此部分废水主要成分是 NaCl。

本项目采用硫化钠-氯化铁沉淀法作为车间预处理方法，处理后废水汞含量约为 0.02 mg/L，再送除汞装置进行深度处理——三级活性炭加三级离子交换器，处理后的废水作为本装置配制碱液水。为了不造成碱液系统中盐的累积，需抽出一部分脱汞废盐水（含氯化钠约 12.6%）去含汞水处理系统处理达标后去电厂冲灰。含汞废水处理工艺流程如图 6-6 所示。

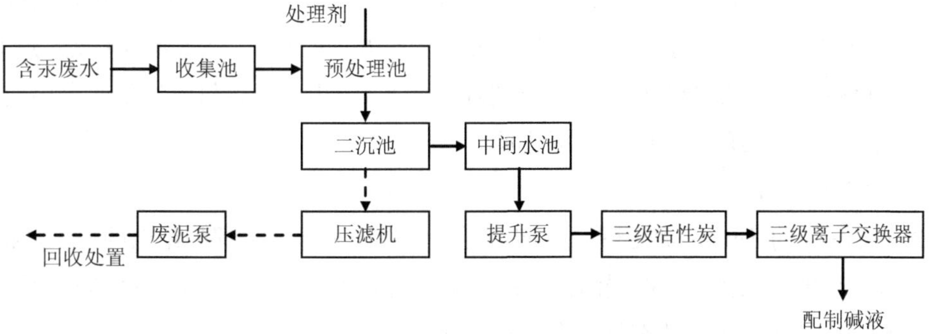

图 6-6 含汞废水处理工艺流程

6.5 小结

近年来，国家针对涉汞等重金属行业的环保政策越来越严，标准越来越高。自 2009 年国务院转发环境保护部等七部门《关于加强重金属污染防治的指导意见》以来，政府部门加大了重金属污染防治的力度，相继制定并发布了一系列的规划、通知、方案等。

2011 年，国务院批复的《重金属污染综合防治“十二五”规划》提出了重金属减排的目标，同时实施总量考核，而且将重金属减排纳入地方政府的考核。为了遏制产业过快增长、淘汰落后产能，国家发展和改革委员会 2011 年新修订了《产业结构调整指导目录（2011 年本）》，发布了《氯碱（烧碱、聚氯乙烯）行业准入条件》；环境保护部 2011 年发布了《关于加强电石法生产聚氯乙烯及相关行业汞污染防治的通知》，工业和信息化部从清洁生产方面也为电石法 PVC 行业提供了技术指导，并对完成清洁生产改造的企业给予财政支持，先后发布了《工业清洁生产推行“十二五”规划》《聚氯乙烯等 17 个重点行业清洁生产技术推行方案》《电石法聚氯乙烯行业汞污染综合防治方案》以及《高风险污染物削减行动计划》等。通过对企业的调研，笔者发现 PVC 行业是典型的涉汞行业，由于汞触媒的使用，行业年用汞量占全国用汞总量的 60%，现提出几点建议。

（1）加快产业结构调整

《氯碱行业“十二五”规划》指出，“十二五”期间，下游需求仍保持一定的增速，以氧化铝为代表的烧碱下游行业和以型材、管材为代表的 PVC 下游产业不断增加的需求，促进了烧碱和 PVC 的发展。

PVC 行业废水处理污泥处理处置应遵循清洁生产和末端治理相结合的原则，加强对有毒有害物质的源头控制，根据污泥最终安全处置要求和污泥特性，选择适宜的污水和污泥处理工艺，实施污泥处理处置全过程管理。鼓励能源、资源的循环利用，实现节能减排降低成本。推行氯碱行业清洁生产方案，“十二五”末期，实现烧碱和聚氯乙烯 COD 排放总量降低 15%、烧碱单位产品综合能耗降低 7%、电石法聚氯乙烯生产全部使用低汞催化剂，全行业实现“三废”达标排放。

（2）控制污染源

PVC 行业废水处理污泥处理处置应遵循清洁生产和末端治理相结合的原则，加强对有毒有害物质的源头控制，根据污泥最终安全处置要求和污泥特性，选择适宜的污水和污泥处理工艺，实施污泥处理处置全过程管理。

其主要措施可有：①PVC 行业中普通的无机废水和有机废水处理工艺可以参考环境保护标准 HJ 2051—2016 中相关处理工艺；②高效除汞器的使用可以将气相汞的吸附率提高至 85%，能够有效降低含汞废酸中汞的含量；③碱洗塔排水是 PVC 生产过程中含汞废水主要来源。废碱水配碱循环使用，减少碱洗塔含汞废水的排放量，碱洗塔冲洗水除碳酸钠后循环使用均可以有效降低含汞废水的总量；④含汞废水处理系统中汞反应器内宜投加沉淀剂及混凝助剂，减少过量硫与汞生成溶于水的络合物离子而降低处理效果，使废水中的 Hg^{2+} 尽量完全转化为 HgS 颗粒物沉淀；⑤含汞废水处理可以根据汞浓度高低采用化学沉淀、吸附、膜过滤和树脂交换组合工艺。

（3）制定相关政策

电石法制 PVC 行业中汞触媒的使用导致废水处理会产生大量含汞危险废物，因此，要制定汞触媒使用的限制目标：到 2020 年，低汞触媒在 PVC 行业的使用要超过 50%，随着低汞触媒的全面推广使用，再逐渐开发和应用无汞触媒。因此汞污染防治技术政策所涉及的 PVC 行业的内容均应适用于本技术政策。

（4）鼓励发展新技术

鼓励低汞触媒和无汞触媒等新技术、PVC 行业含汞污泥固化/稳定化新技术的研发和推广。

7

钛白粉工业废水处理产生污泥污染现状及处理措施

7.1 钛白粉工业现状

7.1.1 钛白粉工业相关环境政策及法规现状

我国钛白粉行业总体规模自2009年起已超过美国，到2015年，全行业总体规模已达到310万t/a，实际产量为232.4万t，稳居世界第一位。“十二五”期间，钛白粉行业的循环利用、节能减排和氯化法生产都取得了突破性发展。同时响应国家产业结构调整和供给侧改革的号召，行业内产量前两名的企业（佰利联和龙蟒）于2015年6月正式合并，成为我国钛白粉行业划时代的里程碑。受国家钛白粉政策的调控，氯化法钛白粉生产工艺兴起，产能大幅提高，2020年，其国内行业产量占有率可达约10%。围绕钛白粉行业“十三五”规划提出的目标、方向和重点任务，中国钛白粉行业协会加强自律自检，于2016年1月成立专家巡查调研组，对企业执行新《环境保护法》《清洁生产促进法》《钒钛资源综合利用和产业发展“十二五”规划》《钛白粉单品耗能标准》《无机颜料工业污染物排放标准》等的情况加以监督，强化实施了国家和行业各项规章制度。未来钛白粉行业将进一步按照国家政策规范行业发展，强化统筹协调，完善规划实施和评估机制。

7.1.2 我国钛白粉工业现状

我国钛白粉工业生产主要有硫酸法和氯化法两种，使用氯化法的企业共有4家（锦州钛业、云南新立、漯河兴茂和佰利联），其他企业均使用硫酸法。氯化法包括熔盐氯化法和沸腾氯化法，目前熔盐氯化法在锦州钛业已实现连续运行；沸腾氯化法生产线均在试运行阶段，最长连续运行时间仅为100 h；由于沸腾氯化法未能达到稳定运行态，相关数据不具有代表性，未列入考察范围。我国钛白粉行业主要生产工艺如下。

（1）硫酸法

硫酸法是生产钛白粉的传统方法，迄今已有近百年的历史，工艺成熟，设备和操作相对简单。硫酸法钛白粉生产工艺分为五个步骤，分别为原料准备、硫酸氧钛溶液（钛液）的制备、水合 TiO_2 的制备、煅烧和后处理。

硫酸法的传统原料为钛铁矿，其酸解步骤为，首先钛铁矿采用内热式回转窑进行干燥，再进入球磨机研磨，原料通常要磨到 200 目左右。磨细的矿粉与浓硫酸反应，使其中的钛和铁转变为可溶性的硫酸盐，以便和其中不溶性杂质分离。

酸解是硫酸法工艺中最重要的步骤之一，所发生的主要反应可表示如下：

$$FeTiO_3 + 3H_2SO_4 = Ti(SO_4)_2 + FeSO_4 + 3H_2O$$

$$FeTiO_3 + 2H_2SO_4 = TiO(SO_4) + FeSO_4 + 2H_2O$$

$$Fe_2O_3 + 3H_2SO_4 = Fe_2(SO_4)_3 + 3H_2O$$

在酸解之后，在酸解釜中加入还原剂使钛液中的硫酸铁等高价杂质离子还原为硫酸亚铁，这样有利于之后钛和铁等杂质的分离。然后加入絮凝剂除去不溶性杂质和部分硫酸盐铁，再利用冷冻结晶法将硫酸亚铁除净。得到的钛液再经过水解得到偏钛酸，偏钛酸经过水洗和漂白、盐处理、煅烧及粉碎、TiO_2 表面处理等得到钛白粉产品。

硫酸法的特点是流程长、工序多、间歇操作多、钛白粉质量不稳定等。目前，“三废”排放造成的严重环境污染已成为制约硫酸法发展的“瓶颈”，据统计每吨钛白粉产生 4～8 t 20%的废硫酸，40～80 t 2%的酸性废水，0.7～0.8 t 酸性废渣，大量酸性废气，副产 3～4 t 硫酸亚铁，钛综合利用率低于 80%。量大且销路窄的副产品硫酸亚铁和稀硫酸废液，回收成本高，对环境污染非常严重。随着环保法律执法力度的加大，很多使用硫酸法生产钛白粉的工厂不得不改换高成本的原料（如钛渣）、调整工艺、增加末端治理的投入或者被迫关停。

近年来，环保力度不断加大，对于硫酸法钛白生产工艺，为了实现清洁生产，人们做了大量的探索。

在废酸和含酸废水的处理方面，主要有中和法和废酸浓缩法。①中和法，采用碱性物质中和至 pH 为 6～9 时再排放，所用的碱性物质有石灰、石灰石、电石渣、苏打、氢氧化钠等，但是有些碱性物质价格昂贵，不便使用。而石灰类碱性物质会产生大量石膏废渣，废渣的合理处置是关键。经压滤后产生红、白石膏按吨钛白粉计 4～11 t。2015 年全国硫酸法钛白粉产量为 232.4 万 t，石膏产量为 1 000 多万 t。有条件的地区将石膏晒干后，可以送水泥厂当作水泥缓凝剂。②废酸浓缩法，可以蒸发浓缩（有常压、加压和真空等形式）、膜分离浓缩、萃取分离浓缩。

在中国，废酸蒸发浓缩申请专利的有两家公司：三圣石墨设备科技有限公司和成都千砺金科技创新有限公司。两家技术各有特点，以石墨加热器为例，前者采用块孔状的加热器，后者采用列管式的加热管。绝大部分废酸需采用蒸汽浓缩至 50%～60%返回生产系统供配酸使用。也有的企业将废酸中的硫酸亚铁析出后，蒸发浓酸至 50%～60%后用于磷肥生产。

废渣处理方面，主要有绿矾和酸解废渣。酸解废渣主要是酸性不溶钛铁矿和二氧化硅，一般直接填埋或堆存。绿矾具有一些实用价值，可以作为副产品出售。2015 年硫酸亚铁产量为 600 万～900 万 t，硫酸亚铁在我国东部地区有一定的销路，每吨 80 元左右，但我国中西部地区销路欠佳。有工艺提出可以以绿矾掺烧硫铁矿制硫酸，以此可以实现其综合利用。

国内一些大型的钛白粉生产厂家，努力研发新技术，降低能耗，减少污染，如山东东佳集团。在硫酸装置余热回收利用、连续酸解工艺、管式过滤机水洗、真空结晶法结晶绿矾、水洗废酸处理砖窑尾气、用辊压磨代替雷蒙磨粉碎钛白粉、废酸的综合利用生产硫酸铵及净水用聚合硫酸铁等方面取得了突破，创造了多项自主知识产权的技术。

对于天然金红石，由于硫酸法工艺中酸解阶段使用硫酸，而各浓度的硫酸均难以溶解天然金红石，因此硫酸法无法处理天然金红石矿。

（2）氯化法

氯化法钛白粉生产工艺较为先进，其规模生产为美国杜邦公司首创。氯化法生产钛白粉可以分为氯化、精馏、氧化三个阶段。它使用氯气分解钛原料，氯化钛化合物生成 $TiCl_4$，$TiCl_4$ 经过提纯之后在高温下进行氧化，生成 TiO_2 和 Cl_2（Cl_2 进行循环使用），生成的 TiO_2 再经过分选、表面处理等工序可得到钛白粉产品。

氯化法原料主要是高品位的金红石型二氧化钛（杜邦技术是唯一使用钛铁矿为原料的氯化法技术），其氯化反应如下：

$$TiO_2 + 2Cl_2 = TiCl_4 + O_2$$

此反应为吸热反应，在工业生产中使用碳作为还原剂（主要是干燥的石油焦和冶金焦）与原料一起进入氯化炉，碳还原剂提供热量，并可除去产生的氧气，反应方程式如下：

$$TiO_2 + 2Cl_2 + 2C = TiCl_4 + 2CO$$

在氧化过程中，$TiCl_4$ 在空气或氧气中进行氧化反应，生成纯 TiO_2 和 Cl_2，反应如下：

$$TiCl_4 + O_2 = TiO_2 + 2Cl_2$$

产生的 Cl_2 回收利用，TiO_2 经过表面处理，干燥、粉碎后得到钛白粉。

氯化法生产工艺的特点是流程短、单条生产线产能大、自动化水平高、污染排放相对较少和产品质量高。

目前高端钛白粉市场上的大多数产品由氯化法生产。在国内低档锐钛型钛白粉产品（主要由硫酸法生产）产能过剩，而高档金红石型塑料级和高光泽级产品则是空白，高端钛白粉长期依赖进口。

氯化法生产技术先进，即使同样以钛铁矿为生产工艺起点开始计算，相对于传统的硫酸法，它的能耗仍然较低，污染较少，生态效率高。

尽管氯化法钛白粉生产中存在的“三废”污染，经过有效处理和回收后可以达到国家排放标准，但是氯化法对原料的要求非常苛刻，这就造成了原料成本很高。氯化法生产钛白粉过程中产生的中间产物大多都有一定毒性或者腐蚀性，如 Cl_2、$TiCl_4$ 等氯化物，而排放的高毒性氯化物废渣和含放射性元素钍和铍的化合物则更难处理，需要深井填埋，少量金属氢氧化物滤饼则在渣场填埋，都有很大的环境污染隐患。例如，杜邦公司在美国的氯化法钛白粉厂面临附近环保组织和居民针对其排放二噁英的起诉，因此氯化法钛白粉生产工艺中排放物的处理，也是必须解决的重大问题。再者，我国钛铁矿中钙、镁含量为 CaO 1.6%～3%、MgO 6%～9%，这样高的钙、镁含量使其难以用作氯化法生产钛白粉的原料。此外，氯化法的技术至今仍被跨国公司垄断，它对自动化水平要求高，需要特殊材质的设备，投资费用也很大，这些问题都导致氯化法钛白粉生产技术在我国还未能大范围推广。但是鉴于硫酸法高污染、高能耗的现状不易缓解，相对清洁而能耗较低的氯化法在一定程度上取代硫酸法是大势所趋。

硫酸法钛白粉生产过程中不可避免地会产生大量酸性废水（含～2%硫酸）。这一类废水平均浓度不高，但污染物波动很大，酸从每升几毫克到每升几十克，经常还伴有重金属，是废水治理工作中难度最大的地方。目前一般采用加入石灰（或电石渣）来中和酸性废水，产生以二水石膏为主要成分的酸性工业污泥，被称为钛石膏（又称红石膏、黄石膏）。我国钛石膏产量为 4～11 $t/tTiO_2$，年排放量已达到 700 多万 t，数量庞大，保守估计占化工污泥产生量的 25%～30%。由于石膏含水量高（＞50%）、脱水难、黏度大、杂质多（Fe、Al、Mg、Ti 以及少量 V、Cr、As 等重金属），一般呈弱酸性，根据原料不同有时会含有少量重金属离子和放射性物质（铀、钍）。目前，钛石膏大多采用原始的渣场露天堆存方式，不仅占用大量土地、消耗巨额维护费用，还造成潜在的环境污染威胁。

氯化法是钛白粉生产的另一工业化方法，广泛用于欧美国家。由于氯化法原料品位高、工艺流程短、“三废”远小于硫酸法，此法得到了政府的大力推动。氯化法钛白粉生产过程产生少量酸性含氯废水，经过还原尾气的洗涤废水后，用石灰法中和处理，产生以二水氯化钙为主的酸性工业污泥，简称白泥。目前除云南新立有色金属有限公司用焚烧法制成少量氯化钙产品外售外，大量含钛污泥露天堆存，污泥中大量含氯和微量重金属，其难降解特性和毒性对环境存在潜在危害。

鉴于此，钛白粉行业产生的酸性废水和含钛污泥的生态环境安全风险问题必须得到高度重视和关注。

7.2　钛白粉工业废水处理产生污泥源解析

硫酸法钛白粉生产工艺开发较早，虽然有工序多、流程长、原料消耗多、“三废”排放量较大、处理成本高等缺点，但是由于其工艺成熟，设备简单，对原料要求较低，原料来源充沛，建厂投资较低，且经过近百年的工艺完善，其产品质量可以与氯化法产品媲美，还能生产出氯化法难以制备的锐钛型钛白粉，所以至今仍有较强的生命力。除美国外，其他所有能生产钛白粉的国家大多以硫酸法为主。

硫酸法钛白粉生产的钛原料有钛铁矿和酸溶性钛渣两种，我国主要以钛铁矿为原料，国外40%以酸溶性钛渣为原料，其余仍以钛铁矿为主。根据硫酸法生产实际情况，将硫酸法主流程分解成钛液制备工段（包括钛矿粉碎、酸解、浸取和还原）、钛液净化工段（包括残渣沉降、硫酸亚铁结晶与分离、控制过滤、钛液浓缩）、偏钛酸制备及净化工段（包括晶种制备、钛液水解、偏钛酸过滤、水洗、漂白与盐处理）、偏钛酸煅烧工段、钛白粉后处理工段（包括前粉碎、湿磨、分级、包膜、水洗、干燥、超微粉碎、包装）和废物净化工段（包括废水、废渣）六部分。

7.2.1　钛液制备工段生产工艺及产污节点分析

（1）钛液制备工段生产工艺

硫酸法钛白粉生产的原材料主要是钛铁矿和硫酸，钛液制备工段就是使两者反应生成黑钛液，其主要工序包括钛矿粉碎、酸解、浸取和还原等。钛液制备工段工艺流程和产污节点如图7-1所示。

1）粉碎。

商品钛铁矿一般为经过选矿后的砂矿，粒度较大，比表面积较小。为了在酸解过程中钛铁矿和硫酸的反应尽可能的完全，提高酸解率，就必须要减小钛铁矿粒度，增加与硫酸的接触面积，因此在酸解之前先要对钛铁矿进行粉碎。

目前我国钛矿粉碎有两种工艺路线：雷蒙磨粉碎和风扫磨粉碎。雷蒙磨又称为摆轮式研磨机或悬辊式研磨机，它可以磨出细度很低的钛铁矿，通筛率可高达99%。雷蒙磨粉碎大都配置在万吨以下的生产线上，这些生产线的酸解锅都不大。风扫磨属于球磨机的一种，它生产能力大，占地面积小，相对节能经济，但其噪声较大。风扫磨粉碎适用于万吨级以上的生产线，这些生产线都配置大型酸解锅。

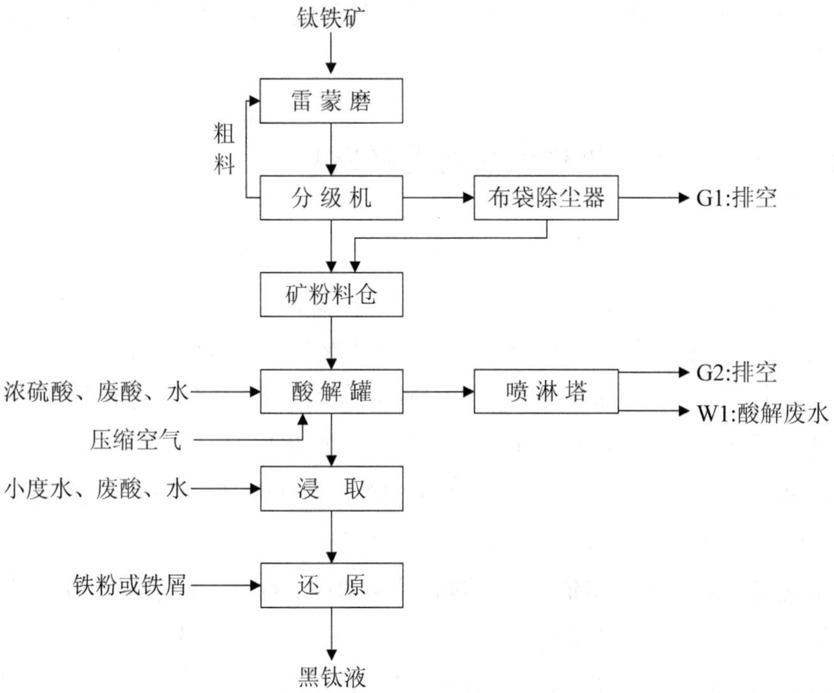

图 7-1 钛液制备工段工艺流程和产污节点

2）酸解。

钛铁矿中的二氧化钛有很多杂质，根据其性质分为可溶性和不溶性。酸解就是将可溶性的杂质分解并形成硫酸盐类，并将其溶解于水中形成悬浮液，以便于借助重力沉降和过滤的方式除掉不溶性杂质。钛铁矿的酸分解有两相法、液相法、固相法、加压法和连续法等多种方法，目前硫酸法钛白粉厂多采用固相间歇法和固相连续法进行酸解。

固相间歇法酸解的操作过程大致为：在酸解罐锥底通入压缩空气强烈的搅拌下，按矿酸比将一定浓度的硫酸加入酸解罐，计量加入钛铁矿，使矿粉与硫酸充分混合，再加入定量的引发液（水或废酸），继续搅拌，硫酸稀释放热引发酸解反应，若稀释放热不足以引发主反应，则需用外加蒸汽加热。当罐内反应物温度升高到 80～120℃时，应立即停止蒸汽加热，一般加完稀释废酸水后 10～20 min 即发生剧烈反应。由于反应是放热反应，反应物的温度会急剧上升，在数分钟内达到最高温度（约 250℃）。在这一阶段内，反应非常剧烈，酸解罐会出现可以察觉到的震动感，同时排出大量的 SO_2、SO_3 和水汽，反应经过黏稠阶段而逐渐凝固成多孔的蜂窝状固相物。主反应结束后，停止鼓入压缩空气，让其熟化一段时间，使其继续反应，有利于反应得更完全，以提高酸解率。

固相连续法酸解的操作过程大致为：钛铁矿和硫酸充分混合后，以一定的速率泵入双螺旋反应器，加入稀释水或稀酸引发反应，反应物料一般在 5 min 左右就固化形成粉末状物料，在螺旋搅拌器的搅拌下，反应物料缓慢熟化，直到达到反应器的两端，然后进入溶解槽进行溶解。在反应器中固相物料逐渐熟化，并被搅笼推出反应器后，分别进第一、第二溶解槽浸出，经还原、沉降和过滤等工序，生成稀钛液。此方法酸解率高（大于 96%）、耗酸量低、自动化程度高、装备占地面积小、尾气排放量小、废酸回用量大。

3）浸取还原。

熟化时间过后，即通入压缩空气进行助冷，当冷却到 90～120℃，从罐顶（大型酸解罐从锅底）一次性加入废酸、淡钛液和自来水，这样浸取液自上而下地浸入硫酸盐固相物，使钛的硫酸盐及铁、锰、钒、铬、铜等杂质的硫酸盐转入溶液中，此外混在浸取液中的还有铝、硅等的溶胶以及未分解的钛铁矿、脉石等不溶物，随后加入铁屑（或铁粉）进行还原，使钛液中铁等杂质的高价可溶性硫酸盐还原成相应的低价硫酸盐，为钛与铁等杂质分离创造条件，还原应以三价钛含量达到合格的范围（约 1 g/L）为准。

国外有采用将少量废酸加入洗渣水和洗硫酸亚铁晶体的淡钛液中，然后将其从酸解锅的底部加入。这样，容易将固相物空隙中的空气排出，而且酸水在上升的过程中，酸度逐渐提高，当酸水充满固相物时，开始用压缩空气搅拌，这时固相物上部的温度可达 80℃，但不会产生早期水解现象。原因是温度高的浸取液酸度较高，随着水的继续加入，温度很快降到 70℃以下。

（2）钛液制备各环节及产污节点分析

钛液制备工段主要产污节点及排污特征如表 7-1 所示。

表 7-1 钛液制备工段产污节点及排污特征

污染物类型	污染源	源型	主要污染物	处理方式
废气	粉尘	点源	含少量钛铁矿粉尘	直排
	酸解尾气	点源	含少量 H_2SO_4、SO_2、SO_3 及不凝性气体等	直排
废水	酸解废水	点源	$TiOSO_4$、硫酸盐类（Fe、Al、Mg、Mn、V 等）、H_2SO_4	净化工段

7.2.2 钛液净化工段生产工艺及产污节点分析

（1）钛液净化工段生产工艺

酸解制得的钛液属于极其复杂的悬浊体系，其中大致有三类杂质：第一类是可溶性的盐类杂质（铁、钒、铬、锰、铌、锡、铜、镁、钠、钾、稀土等元素的硫酸盐及磷酸盐）；第二类是未分解的钛铁矿和没参与反应的金红石、脉石、泥浆及碳、铅、钙等的化合物组成的不溶性悬浮残渣；第三类是硅、铝等元素形成的胶体杂质以及早期水解所产生的微量二氧化钛溶胶。如果不除去这些杂质，在钛液水解的时候它们就会一起进入产品里，严重影响产品质量。钛液净化工段就是为了去除这些杂质，主要包括残渣沉降、硫酸亚铁结晶与分离、控制过滤、钛液浓缩等工序。钛液净化工段工艺流程和产污节点如图 7-2 所示。

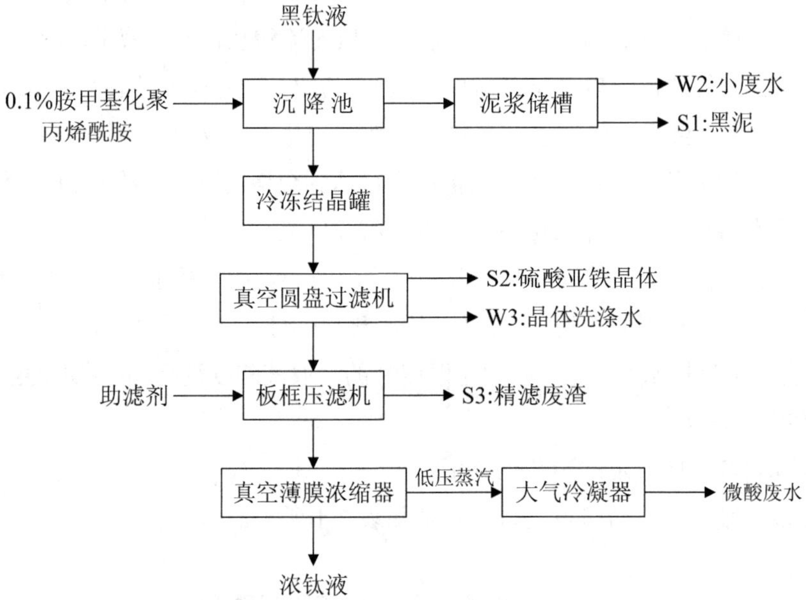

图 7-2 钛液净化工段工艺流程和产污节点

1）残渣沉降。

由于浸取还原后的钛液黏度大、酸性强、胶体杂质多，很难用过滤的方法一次完成净化操作，因此工业生产中常先采用沉降的方法，借助重力作用除去钛液中的不溶性杂质和胶体颗粒，将钛液进行初步净化。

沉降的方法有间歇法和连续法两大类，我国的硫酸法钛白粉厂大都采用间歇法，即将酸解浸取好的钛液从酸解罐一次性地放入沉降池，在压缩空气的搅拌下，加入一定量的 0.1%胺甲基化聚丙烯酰胺，待其分散均匀后，静置沉降 2～3 h，经检查达到工艺要求后，通过可以上下移动的虹吸管吸取上清液泵送到下一工序，下层残渣加水搅匀后，用泵打入板框压滤机压滤，滤液为淡钛液，供下一酸解锅浸取固相物使用，残渣进行洗涤处理回收。对于一些较大的沉降池，用压缩空气进行搅拌不容易操作，一般将絮凝剂泵入放料管道内，经静态混合器与钛液进行充分混合（不常用）。有些工厂在钛液放料管道上没有安装静态混合器，而是将絮凝剂的加入位置靠近酸解罐放料泵的出口，等于延长了絮凝剂加入后管道的长度，也可以达到同样的混合效果。

2）硫酸亚铁结晶与分离。

经过沉降除去绝大部分不溶性残渣的钛液中，含有大量的可溶性铁盐——硫酸亚铁。钛液净化的第二步是通过结晶的方法，把钛液中的可溶性铁盐以七水硫酸亚铁的形式结晶出来。

我国钛白粉厂一般采用机械冷冻结晶法和真空结晶法，机械冷冻结晶是利用低温冷冻液，通过冷冻盘管与钛液进行热交换，使钛液迅速冷却。具体操作为：先向冷冻结晶槽注入钛液，为了节约能源，应尽量使液面将盘管全部淹没，开动搅拌器，向盘管送入由冷冻机制冷得到的氯化钙或氯化钠的低温冷冻盐水。开始时的盐水温度不宜过低，以免在盘管外迅速结晶出一层厚晶体硬壳，影响热交换。随着钛液温度的下降，逐步将盐水温度降低，直至达到所需冷冻的温度。然后将钛液进行离心分离，除去七水硫酸亚铁。

在规模较大的钛白粉生产过程中，常采用真空结晶法除去硫酸亚铁。该法是将澄清后的钛液泵入底部带有搅拌且具有良好密封性能的结晶罐内，用水环式真空泵对结晶罐内抽真空，导致钛液温度下降。待钛液开始出现固体晶核时，开启蒸汽喷射器，进一步增强对结晶罐内抽真空，同时加大冷却水流量，将二次蒸汽和喷射蒸汽冷却为冷凝水，不凝气体由真空泵排出，一般需 2 h 即可达到所要求的结晶温度（15～20℃）。然后慢慢关闭蒸汽喷射器，将水环泵阀门调至放空位置，使结晶罐内恢复常压状态。将悬浮液从结晶罐底部阀门排出，经离心机或圆盘真空过滤机分离，除去七水硫酸亚铁。

分离后的硫酸亚铁表面和空隙中含有少量钛液，应该用水冲洗加以回收。为了尽量减少七水硫酸亚铁的重新溶解又要将晶体尽量冲洗干净，可以把冲洗分两次进行，第一次冲洗就用上批晶体第二次冲洗过的水，其洗液可在不影响钛液指标的情况下，并入过滤的钛液内，或用于酸解固相物的浸取；第二次冲洗用自来水，其洗液保留用于下批晶体的第一次冲洗。

3）控制过滤。

控制过滤又称为精细过滤，是为了最后除去钛液中少量细分散的杂质和胶体杂质。过滤这种细分散的杂质和胶体杂质，除选用密度较高的耐酸过滤介质外，还要采用过滤助剂（如硅藻土、木炭粉、稻壳灰等）。控制过滤一般采用板框压滤机进行加压过滤，即先把助滤剂用淡废酸或水调成悬浮状，通压缩空气搅拌均匀，然后用泵打入上好滤布的板框压滤机内，进行循环过滤，在压力的作用下使助滤剂在滤布上形成一层均匀的助滤层，到循环液澄清为止。然后泵入待过滤的钛液进行循环过滤，直至滤液达到要求后，立即停止循环，进行正常的连续压滤作业。得到澄清度合格的钛液，送入合格钛液贮槽，以备浓缩之用，这种钛液固体物含量应＜0.06 g/L。

4）钛液浓缩。

过滤后的钛液浓度一般在130～165 g/L（要小）之间，浓度较低，如果直接用来水解，水解所得到的偏钛酸的颗粒不匀，粒度分布范围宽，平均粒径偏大，导致产品质量较差。因此在钛液水解前需要对其进行浓缩，提高钛液中二氧化钛的浓度和总离子浓度，确保对水解过程的控制和对产品质量的提高。此外，为了避免早期水解，钛液的浓缩必须在真空下进行低温蒸发浓缩。

我国硫酸法钛白粉厂大都采用连续真空浓缩法，其使用的是双效薄膜浓缩器，工艺流程为：钛液经流量计从薄膜浓缩器底部的加料室进入钛管蒸发器，在此受管外的蒸汽加热，蒸发出来的水汽以很高的速度在管内上升，钛液则被这个高速气流拉成薄膜，在极短的时间内上升至蒸发器顶部涌出，在分离器进行汽液分离，浓钛液经溢流管进入钛液水封池，蒸汽则进入混合冷凝器中，与冷却水混合冷凝后，通过气压管排到水封池流出系统外，其中的不冷凝性气体，从冷凝器顶部排出，经汽液分离装置进入真空缓冲罐，最后经真空泵排入大气。

（2）钛液净化各环节及产污节点分析

钛液净化工段主要产污节点及排污特征如表7-2所示。

表7-2　钛液净化工段产污节点及排污特征

污染物类型	污染物	源型	类型	主要污染物	处理方式
废水	淡钛液	点源	生产产污	$TiOSO_4$、硫酸盐类（Fe、Al、Mg、Mn、V等）	用于酸解工段浸取
	晶体一洗水	点源	生产产污	$TiO_2 \cdot H_2O$、Fe、Al、Mg、Mn、V、H_2SO_4等	并入钛液或浸取用
	晶体二洗水	点源	生产产污	$TiO_2 \cdot H_2O$、Fe、H_2SO_4等	用于下批晶体一洗
	设备洗涤水	点源	清洗废水	—	净化工段

污染物类型	污染物	源型	类型	主要污染物	处理方式
废渣	黑泥	点源	生产产污	不溶性残渣（未分解的钛铁矿、金红石、脉石、泥沙及碳、铅、钙等的化合物）和部分可溶性钛（$TiOSO_4$）	中和后堆放
	硫酸亚铁晶体	点源	生产产污	七水硫酸亚铁晶体	外售
	精滤废渣	点源	生产产污	少量细分散的杂质和胶体杂质（包括硅、铝等的胶体杂质及微量二氧化钛溶胶）	堆放

7.2.3　偏钛酸制备工段生产工艺及产污节点分析

（1）偏钛酸制备工段生产工艺

偏钛酸的制备一般包括钛液的水解和水合二氧化钛的净化两部分，分为晶种制备、钛液水解、偏钛酸水洗、漂白及盐处理四道工序。偏钛酸制备工段工艺流程和产污节点如图 7-3 所示。

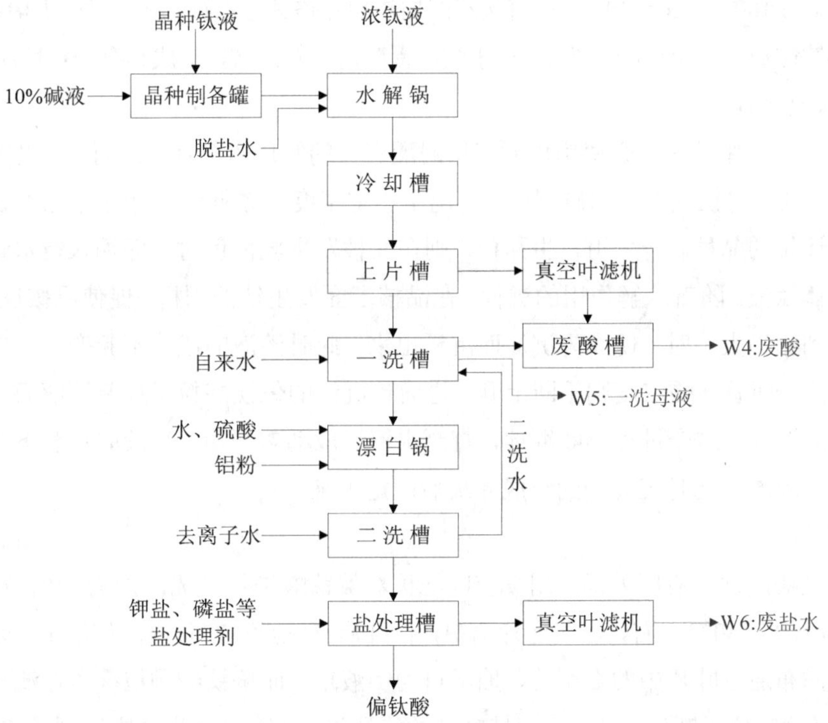

图 7-3　偏钛酸制备工段工艺流程和产污节点

1）晶种制备。

晶种的数量与组成决定了水解沉淀物的组成，也决定了最后产品的性质，因此，形成良好的结晶中心是非常重要的。而实际生产中靠钛液自然形成的晶核进行水解，是得不到性能优异的产品的，所以水解前需要把有效晶种预先引入钛液。已经工业化的晶种有两类：一类是外加晶种；另一类是自生晶种。两种方法所得到的产品质量没有任何明显差异，两者都不具备明显优于对方的优点。

外加晶种分为加压晶种和常压晶种，目前我国普遍采用常压晶种（又称为快速晶种），即将一定量的浓缩后的钛液，加入敞口晶种锅中，在搅拌下不断加入浓度为 10%的碱液进行中和，中和速度和搅拌速度可先快后慢，以不析出氢氧化亚铁沉淀为准（也有先加碱液再用钛液中和碱液的，其先沉淀的氢氧化亚铁会被加入钛液中的酸溶解掉）。中和温度在 45℃以下，接近终点时，分析其组成，若有效酸为 14～16 g/L，TiO_2浓度为 50～55 g/L，即可在 10 min 内升温至 60℃，保温 30 min，然后骤冷至 40℃以下，即可停止搅拌，备用。

自生晶种即先在常压水解锅中加入一定量的温度为 90～100℃的水，然后在搅拌下把预热到 90～100℃的含 2%晶种的一定量的浓缩钛液在 20 min 内加入水解锅，控制钛液和沸水的体积比为 100∶（20～30）。用直接蒸汽加热到沸腾进行水解，开始时由于稀释而生成沉淀，但在继续注入热浓缩钛液时，由于酸度提高而重新溶解，形成具有一定性质的晶核。

2）钛液水解。

常压水解操作是在钢壳搪铅再衬两层耐酸瓷板的常压水解锅中进行的。若采用外加晶种水解，则先将钛液加入水解锅中，升温至一定温度（常和晶种的酸溶温度相一致），然后加入计量的晶种。若采用自生晶种，则在晶种发生乳白色时立即加入待水解的经过预热的主体钛液。随着水解作用的进行，在晶核表面发生钛的固析，促使晶核逐渐长大，当晶核达到相当大小时，便成为沉淀而沉析出来，此时溶液的成分不断变化，TiO_2的含量不断下降，而游离酸浓度则不断上升。进而使沉淀的偏钛酸粒子局部溶解而又重新析出新组成的沉淀。这个过程不断继续，直至水解形成动态平衡，溶液中只剩下极少数的钛及较浓的硫酸，此时沉淀物的组成才最后固定下来。

3）水洗。

我国硫酸法钛白粉厂大都采用真空叶滤机对偏钛酸进行水洗，水解产物在冷却槽中经盘管水冷却至 40℃左右，送入上片槽中，待开启真空后，在负压的作用下，浆料中的滤液穿过滤布通过叶片中的真空管，抽至自动倒液罐，而偏钛酸颗粒截留在滤布上形成滤饼。在吸片时要不断添加浆料，保持叶片始终浸没在浆料中，当滤饼达到一定厚度后，在保持真空的情况下，将整组叶片吊起，稍许抽干后放入一次水洗槽中水洗 1～2 h，期间不断添加清水，并由保持叶片完全浸入水中的状态下，进行连续洗涤操作。前期的母液称为浓废酸，回收到酸解工序使用；一次水洗的母液流到沉淀槽，以便回收悬浮在稀硫酸中的偏钛酸。

4）漂白。

漂白是利用还原剂将水洗过程中产生的 Fe^{3+}及其他金属杂质和其氢氧化物沉淀等在酸性条件下进行还原和溶解，重新生成 Fe^{2+}和金属离子状态，使其能溶于水中，从而能在二次水洗的过程中除去。常用的漂白方法包括铝粉漂白和三价钛漂白。

铝粉漂白即在带有搅拌的夹套加热的搪瓷反应锅中，加入水洗合格的偏钛酸和水，搅拌并调整浆液浓度在 180～220 g/L（若生产金红石型钛白粉时，为了促进晶型转化，并使产品有更好的性能，此时加入 2.5%～5.0%的煅烧晶种）。然后加入一定量的工业硫酸，使浆液的硫酸浓度在 65～80 g/L，通蒸汽加热至 70～75℃，使氢氧化高铁溶解在硫酸中，生成硫酸高铁溶液，同时使一部分偏钛酸溶解生成硫酸氧钛溶液。然后分次加入计量好的调成浆状的铝粉，继续加热，使温度在 80～90℃下保温 1.5～2 h，使硫酸高铁全部被还原成硫酸亚铁，硫酸钛被还原成三价钛而使浆料呈淡紫色，最后将物料冷却后进入到二次水洗，二次水洗与一次水洗步骤相同，但要用去离子水（最好是 40～60℃并含有 0.1%～2.0%的酸）洗涤。

三价钛漂白即在带有搅拌的夹套加热的搪瓷反应锅中加入水洗合格的偏钛酸和水，搅拌并调整浆液浓度在含 TiO_2 300 g/L 左右（若制金红石型钛白粉，此时应加入煅烧晶种），然后加入一定量的工业硫酸，使浆料的硫酸浓度在 40～50 g/L，通蒸汽加热至 50～55℃，使氢氧化高铁溶解为硫酸高铁溶液。按 TiO_2 计加入 0.4%～1.0%的三价钛溶液作还原剂，继续搅拌，继续加热，使温度在 50～55℃下保温 1 h，让硫酸高铁全部还原成硫酸亚铁。然后冷却至 40℃以下，即可水洗，二次水洗与一次水洗步骤相同，但要用去离子水（最好是 40～60℃并含有 0.1%～2.0%的酸）洗涤。在使用三价钛溶液时，必须滤去其中的固体杂质，以确保漂白的质量。同时三价钛离子容易在空气中被氧化，因此漂白时，浆料的温度不宜过高，保温期间的搅拌不宜过快。

5）盐处理。

经过水洗、漂白后的偏钛酸直接煅烧，得到的产品颗粒往往很硬，色相及其他颜料性能很差，因此在煅烧前应加入少量化学添加剂对其进行改性处理，以降低煅烧温度并保证产品的晶型。生产锐钛型钛白粉常使用的盐处理剂有钾盐和磷盐及铵盐等，其目的是提高产品性能，稳定锐钛晶型，抑制形成金红石晶态。生产金红石型钛白粉时常用的促进剂有锌、镁、锑、锡、锂等元素的氧化物和盐类以及二氧化钛溶胶，常用的晶型稳定剂有钾盐、铝盐、磷盐、铵盐和锑盐等。

盐处理一般是在装有搅拌机的圆筒锥底形塑料质或铁质衬软塑的盐处理槽内进行。将漂洗合格的偏钛酸送入盐处理槽，开动搅拌机将偏钛酸搅拌均匀，将浆料中 TiO_2 浓度调整到250～300 g/L，然后根据浆料体积及浓度计算出所需的盐处理剂量。能配成溶液的盐类，一定要配成一定浓度的溶液后才能使用，不能配成溶液的盐处理剂，要用水调成浆状后加入。如需用两种或两种以上盐处理剂，按预定的先后程序（锐钛型：钾盐、磷盐；金红石型：锌盐、镁盐、钾盐、磷盐）加入，一般是先加一种添加剂待充分搅拌后（约 1 h），再加入第二种。然后用真空叶滤机或真空转鼓过滤机抽干后用挤压泵送至偏钛酸储槽。

（2）偏钛酸制备工段各环节及产污节点

偏钛酸制备工段主要产污节点及排污特征如表7-3所示。

表 7-3 偏钛酸制备工段产污节点及排污特征

污染物类型	污染源	源型	类型
废酸/废水	上片槽废酸	点源	生产产污
	一洗废酸	点源	生产产污
	一洗废水	点源	生产产污
	二洗废水	点源	生产产污
	废盐水	点源	生产产污

7.2.4 偏钛酸煅烧工段生产工艺及产污节点分析

（1）偏钛酸煅烧工段生产工艺

盐处理后的浆液用真空叶滤机进行机械脱水，去除其中的大部分游离水后，就可以送入内燃式回转窑进行煅烧。窑内采用逆流加热，燃料多采用煤气、天然气、液化气、柴油等，与助燃空气由较低的窑头端加入，而偏钛酸则从较高的窑尾端加入。随着回转窑的旋转，偏钛酸被带到一定高度后，由于自身的转动而不断地升起和落下。由于窑体是倾斜的，物料每升起再降落一次，便向窑头方向前进一定的距离。偏钛酸就这样从窑尾被送到窑头，同时在温度逐渐升高的过程中完成脱水（200～500℃）、脱硫（500～650℃）、晶型转化和粒子生长（锐钛型 650～920℃，金红石型 750～950℃）等一系列物理化学变化，而形成一定晶型的钛白粉产品。钛白粉经窑头下料口落入冷却转鼓进行冷却，然后通过斗式提升机送至贮粉斗，以备粉碎之用。偏钛酸煅烧工段工艺流程如图 7-4 所示。

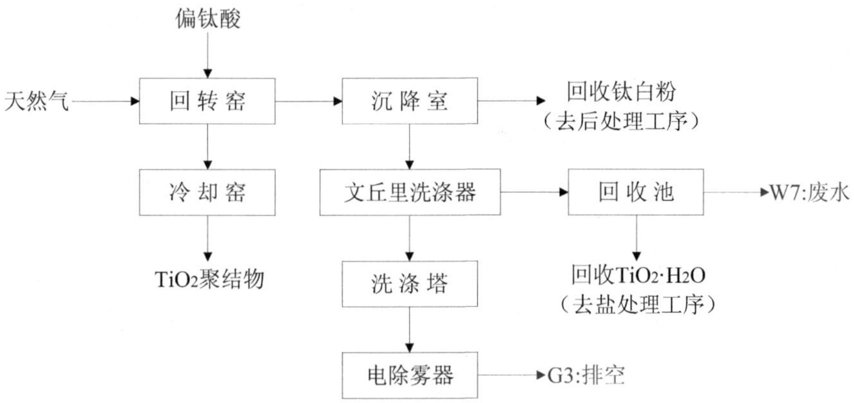

图 7-4　偏钛酸煅烧工段生产流程和产污节点

（2）偏钛酸煅烧工段各环节及产污节点

偏钛酸煅烧工段主要产污节点及排污特征如表7-4所示。

表 7-4　偏钛酸煅烧工段产污节点及排污特征

污染物类型	污染源	源型	类型	污染物源强	主要污染物	处理方式
废气	煅烧尾气	点源	生产产污	15 000 $m^3/t\ TiO_2$	TiO_2 粉尘、SO_2、SO_3 及酸雾等	直排
废水	尾气喷淋水	点源	生产产污	0.05 $t/t\ TiO_2$	TiO_2、H_2SO_4 等 $_2$	净化处理

7.2.5　钛白粉后处理工段生产工艺及产污节点分析

（1）钛白粉后处理工段生产工艺

经煅烧后的钛白粉粒子聚集，表面性能较差，需对其进行后处理，提高表面性能。后处理一般包括前粉碎、湿磨（砂磨离心分级机砂磨过程是否有废水产生）、分级、包膜、水洗、干燥、超微粉碎、包装等工序。后处理工段工艺流程和产污节点如图 7-5 所示。

1）前粉碎。

经煅烧并冷却的钛白粉大都是粒子的聚结物，需进行粉碎才能使粒度达到标准。粉碎钛白粉的方法分为干式粉碎和湿式粉碎。煅烧后的二氧化钛粉碎通常称为干磨或前粉碎（表面处理后的粉碎称为后粉碎）。雷蒙磨是国内钛白粉行业常使用的前粉碎设备，自冷却窑来的煅烧物直接送入雷蒙磨的机体内，并在研磨轮与环形衬垫间通过，已被粉碎的物料被空气流带出，在上部离析器中分离出粗颗粒返回研磨区重新研磨，成品细度可由调节吹入空气量的大小来控制。磨细的钛白粉随气流进入旋风分离器内，分离出的钛白粉自下部星形下料器卸出，送入下一工序，空气通过鼓风机重新返回雷磨机底部构成闭路循环。

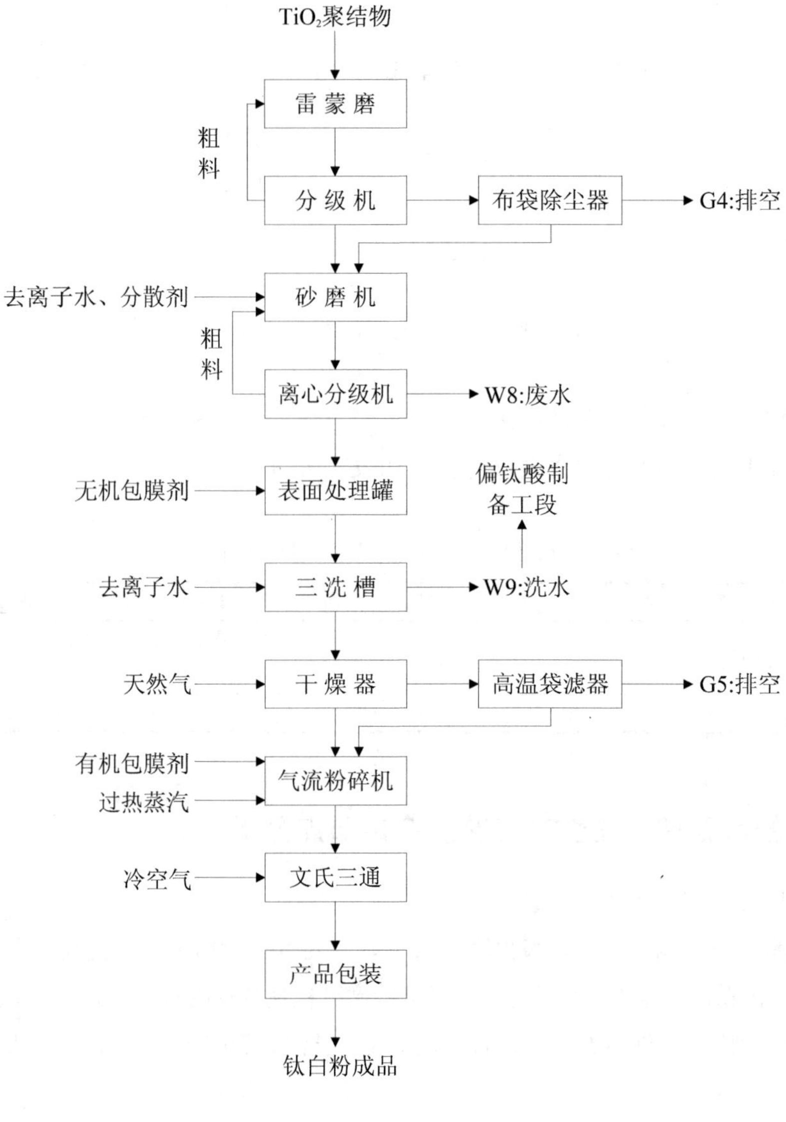

图 7-5 后处理工段工艺流程和产污节点

2）湿磨。

湿磨时要使二氧化钛浆液保持分散状态，湿磨的效果才好，同时二氧化钛进行表面处理包膜时也必须在良好的分散状态下进行。未包膜的二氧化钛在水中最佳分散状态时的 pH 为 8～11，因此可用碱或硅酸钠先把 pH 调整到工艺规定值后再湿磨。将干磨过的粉料由螺旋计量器加到制浆罐中，加入去离子水分散均匀，固相浓度为 25%～30%，同时加入分散剂，调整到最佳分散状态。然后将欲分散研磨的料浆经计量泵从砂磨机底部的底阀打入筒体内。电动机带动主轴上的旋转盘、平衡器旋转，使筒体内的沙子和浆料强烈搅动。在相互间摩擦、研磨、剪切作用下达到分散和粉碎的目的。沙子和料浆被旋转盘带动并甩向筒体内壁。在两个旋转盘之间，形成一个滚动的环，它能产生极好的分散效果。料浆研磨后被连续打进的浆料逐渐顶入顶筛，细浆料从筛孔溢出汇集在溜槽流入收液罐。

3）分级。

经湿磨后的二氧化钛，为了进一步获得一定粒径分布的二氧化钛分散体，需要对它进行分级。在钛白粉行业的表面处理中皆采用湿法分级，现多采用卧式螺旋卸料沉降式离心机，其工作原理为：悬浮液沿进料管进入全速旋转的螺旋输送器的空心轴内，经出料口流入转鼓内，由于离心力的作用，悬浮液中的粗粒子沉降于转鼓的内壁上，并逐步充满转鼓与螺旋输送器之间的缝隙，由于螺旋的转速稍低于转鼓的转速，粗颗粒被螺旋推向转鼓小端的卸料口排出，然后再进入砂磨机湿磨从而形成一个闭路循环系统。滤液（细颗粒）则位于转鼓的中央部分，沿螺旋输送器形成的螺旋通道流向转鼓的大端，经溢流挡板排出。

4）包膜。

钛白粉的包膜属于后处理工序的核心部分。包膜又称为表面处理，其目的就是提高钛白粉，特别是金红石型钛白粉的应用性能指标，使其在不同的应用场合都具有优异的使用效果。按照处理剂类型的不同，表面处理可以分为无机包膜和有机包膜，二氧化钛的表面处理一般先进行无机包膜，然后根据产品的使用方向再进行有机包膜。

无机表面处理剂中使用最多的是硅和铝的水合氧化物，如硫酸铝、偏铝酸钠、硅酸钠等；在一些专用型和高耐候性的产品中，还需要使用硫酸锆、硫酸氧钛、硫酸锌及锑、锡等的氧化物来包膜。因为硅包膜和铝包膜都有其局限性，因此同时进行硅铝包膜是目前较为通行的做法。在进行硅铝包膜的产品中，一般硅与铝的比例 SiO_2：Al_2O_3=1：(2～4)，其操作过程一般如下：①先将进行过良好分散的浆液升温，控制温度在 55～85℃，然后按照规定的速度加入计量的硅酸钠溶液，加完以后搅拌 30～60 min；②加入经过精确计量的硫酸铝溶液，控制好加入时间不能过快，加完以后搅拌 30～60 min；③加入经过精确计量的偏铝酸钠溶液，控制好加入时间，加完后搅拌 30～60 min；④用盐酸或 NaOH 调整 pH 在 7～8 之间。

可用于有机包膜的有机处理剂种类很多，包括胺类、含活性亚甲基的化合物、脂肪酸碱金属盐、多元醇以及某些有机酸盐、有机硅化合物和表面活性剂。其中用的最多的是三乙醇胺、季戊四醇、三羟甲基丙烷和二异丙醇胺。这些有机表面处理剂常常在无机包膜并洗净后再与处理剂一起打浆，或在浆料干燥时加入。由于这些表面活性剂往往也是一种优良的粉碎助剂，因此常常在进入气流粉碎机之前加入，此时由于钛白颗粒的强烈运动和碰撞，它能均匀地分布在钛白颗粒表面。

5）水洗。

经包膜处理的钛白粉浆液，常带有不少水溶性盐，这些水溶性盐有的是在煅烧前引入的盐处理剂，有的是浆液水选的分散剂，有的则是包膜反应的生成物。如不除去，会影响产品涂料性能，特别是研磨分散性、漆料的贮存稳定性和漆膜的耐水性、耐候性。由于这些盐类都能溶于水，因此可以通过水洗的办法来除去，水洗时的水质要求很高，要采用去离子水。过滤洗涤的设备及操作，和水解后偏钛酸的过滤洗涤相同，可以采用真空叶滤机和真空转鼓过滤机。

6）干燥。

洗涤滤干的钛白粉滤饼含水量在50%左右，需要脱水干燥到含水量<1.0%才能进行粉碎。在干燥时温度不能超过200℃，通常控制在120～150℃，只能脱去表面水，不能脱去结晶水或结合水，这样可以保持包膜物中的水合氧化物的结构。目前，钛白粉表面处理后滤饼的干燥设备比较成熟的有：带式干燥机（压滤机）、喷雾干燥器（真空转鼓过滤机）以及旋转闪蒸干燥器（压滤机）。物料经后两种干燥设备干燥后，不需要再进行后粉碎。

带式干燥机是把滤饼通过挤条机落在不锈钢多孔板履带或不锈钢丝网带上，在传动装置作用下缓缓通过干燥器，经蒸汽间接加热后的热空气通过鼓风机使热风从下部强制通过物料层，进行自下而上的循环，使物料得到干燥。干燥后的物料在干燥器的另一端落入收料斗，经螺旋、提升机等输送设备送入下一工序。

喷雾干燥一般采用离心式喷雾干燥器，二氧化钛浆料在高速分散盘中被离心分散成细微颗粒，使其在干燥室中与逆流的热空气接触进行干燥，由于物料被分散得极细，蒸发面积很大，物料中的水分在瞬间被蒸发。物料在喷雾干燥器中的干燥时间极短，可避免物料过热，干燥后的物料呈粉末状，但对进料时物料中的湿含量要求较严，操作控制也较复杂。

旋转闪蒸干燥器的工作原理为：滤饼加到加料罐中，旋转破碎后压入螺旋加料机，加入闪蒸干燥机下部；与从加热炉来的热空气充分接触换热，通过旋转粉碎成细粒，使干燥的细料吹起，进入布袋收尘器，收集下来成为成品；未干透、大颗粒的钛白粉又落下来，继续与热空气换热，直到干燥吹出为止。被加热的热空气从干燥器底部进入，使干燥器内呈流化输送状态。经布袋收尘器分离出的干料由底部排出。废气经风机抽出，排走。

7）超微粉碎。

经干燥后的二氧化钛又重新凝聚或絮凝在一起成为粗颗粒，需要将凝聚和絮凝的粗颗粒重新粉碎。目前超微粉碎大都用气流粉碎机来完成，气流粉碎机可以把固体物料粉碎至微米级，而且粒径分布很窄、污染小、粉碎过程中不产生热量，还可以在气流粉碎机内进行简单的化学反应。其工作原理是使高压过热蒸汽以 200～500 m/s 的速度，以切线方向从喷嘴喷入粉碎室，在粉碎室内形成一个高速旋转的切线圆形气流，在该切线圆与粉碎室外圈之间有很多小旋流，使流体呈高度湍流动态，物料在此高速气流中发生高度的粉碎，只需数毫秒的时间颗粒即被粉碎，其中相互碰撞粉碎的占 80%，与粉碎机壁相互摩擦粉碎的占 20%，由于是以自身相互碰撞粉碎为主，所以它的颗粒外形较圆滑、粒径分布较窄，对产品的污染程度也较小。

8）冷却包装。

粉碎后的物料温度是比较高的，一般在 150℃以上，为了避免长时间高温对物料表面包膜产生损伤，需要对物料进行空气冷却，即热物料经过一个文氏管式的三通，风机抽入大量的冷空气与热物料混合，一方面将热物料的热量带走，另一方面将物料带入成品料仓供包装。国内许多工厂均采用内衬塑料薄膜的聚丙烯编织袋，每袋 25 kg 采用人工或气动自动包装。在储运过程中要防潮和避免过多的堆压。

（2）钛白粉后处理工段各环节产污节点及治理方式

钛白粉后处理工段主要产污节点及排污特征如表 7-5 所示。

表 7-5 后处理工段产污节点及排污特征

污染物类型	污染源	源型	类型	主要污染物	处理方式
废气	粉尘	点源	生产产污	TiO_2、粉尘	直排
	干燥粉尘	点源	生产产污	TiO_2、粉尘	直排
废水	废水	点源	生产产污	分散剂、$TiO_2 \cdot H_2O$	处理
	三洗水	点源	生产产污	无机包膜剂、$TiO_2 \cdot H_2O$	用于二洗

硫酸法生产工艺的产污节点为中和池，是酸性废水通过电石和石灰中和产生钛污泥（钛石膏）的地方。由图 7-6 和表 7-6 知混合酸性废水的来源主要分两种情况：①来自酸解尾气喷淋水、部分废酸、偏钛酸一洗水、煅烧废气洗涤水、废盐水和设备洗涤水等；②来自部分废酸和偏钛酸一洗水等。相比之下，第一种情况产生的钛石膏量大，但是处理的废水全面、外排水质量好。

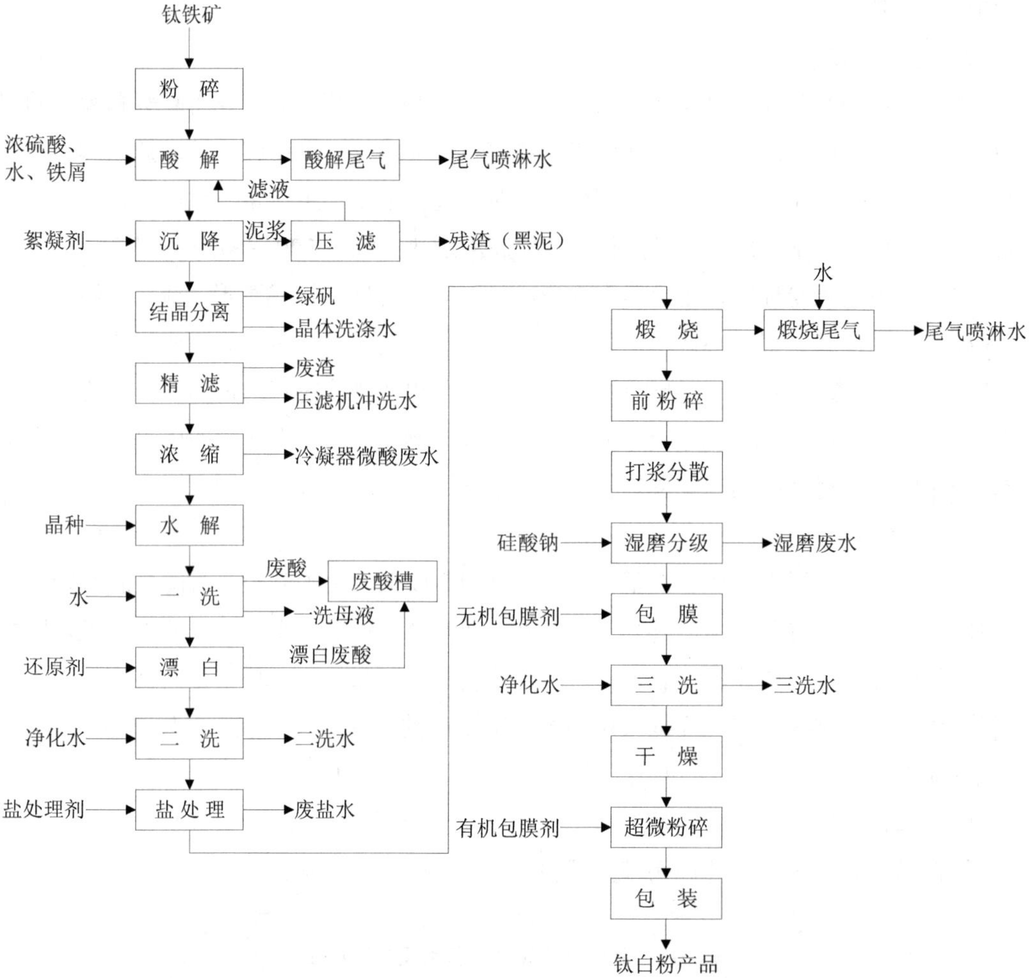

图 7-6　硫酸法钛白粉生产工艺

表 7-6　酸性废水来源及处理方式

废水	废水来源	废水量/（t/t TiO_2）	废水处理方式
废酸	上片槽过滤液	3.2～8	下一酸解罐浸取固相物使用
	一洗前段滤液		部分净化工段中和处理
酸性废水	酸解尾气洗涤水	0.8～17	净化工段中和处理
	煅烧尾气洗涤水	1.8～20	净化工段中和处理
	一洗废液	30～90	净化工段中和处理
	二洗废液		用于一洗
	三洗废液	9.8～14	用于二洗
	设备洗涤水	—	用于晶体一洗
	盐处理废水	—	净化工段中和处理

各企业大都采用中和曝气工艺处理酸性废水，在中和药剂方面，由于石灰价格相对较高，企业一般采用石粉和电石渣进行两步中和处理，仅少量企业用 $Ca(OH)_2$ 为中和剂。中和池发生的反应如下所示：

$$CaO + H_2SO_4 = CaSO_4 \downarrow + H_2O$$

这说明钛石膏的组成与中和剂的组成相关，尤其与废酸回用率和酸性废水各流股的流量和组成密切相关。将相关统计数据列表 7-7，可见各企业酸性废水中总酸质量约为 2 t/t TiO_2，废酸进入中和池比例越高，钛石膏产量越大，为 7～11 t/t TiO_2。反之，2#、5#、8#和 9#企业的废酸进入中和池比例越低，钛石膏量越小，为 4.2～6.2 t/t TiO_2。

表 7-7 我国代表性企钛白粉企业产废一览

企业	废酸			混合酸性废水		钛石膏	
	量/（t/t TiO_2）	浓度	进中和池比例	量/（t/t TiO_2）	浓度	量/（t/t TiO_2）	含水率
1#	4	25%～27%	53%	36.7	3%～6%	7～8	40%
2#	5	23%	20%	50	4%	6	50%
3#	6	20%	98%	59.4	3%～4%	7～8	50%～60%
4#	8	20%	85%	68.8	5.8%～6.8%	11	50%
5#	3.2	25%	0	53.5	2.5%	6.2	50%
6#	4	23%	61%	32	6.5%～7%	10	55%
7#	4.5	22%	43%	100	1.5%	9	46%
8#	5	20%～25%	0	40	2%～4%	4.2	45%
9#	6	20%～25%	0	50	pH=3～4	4.5	50%
10#	4	22%～23%	50%	60	2%～4%	10	55%
11#	5	23%	20%	50	2%	8～10	40%

7.2.6 硫酸法钛白粉行业污泥污染特征

综合各企业数据，获得钛石膏成分见表 7-8。钛石膏的主要成分为 $CaSO_4 \cdot 2H_2O$，其含量为 60%～80%，属于化学石膏，与天然石膏相比，具有以下几个方面的特点：①含水量多、黏度大［含 $Fe(OH)_3$ 胶体］、杂质［$Fe(OH)_3$、$FeSO_4$、$Al(OH)_3$ 等］含量高；②钛含量高，并含有微量钒、铬、锰等重金属氧化物；③pH 为 6～7，呈弱酸性或中性；④从废渣处理车间出来时，先是灰褐色，置于空气中二价铁离子逐渐被氧化成三价铁离子而变成红色（偏黄），故又名红泥；⑤晶体尺寸较小。对比《土壤环境质量标准》（GB 15618—1995）规定的二级标准值，钛石膏中重金属含量未超标。

表 7-8 钛泥（干基）XRF 分析结果 单位：%

企业	Na_2O	MgO	Al_2O_3	SiO_2	P_2O_5	SO_3	K_2O	CaO	Fe_2O_3
1	0.089	0.49	0.72	1.67	0.007	50.90	0.037	34.95	8.06
2	0.086	0.25	0.83	1.37	—①	55.27	0.038	33.00	7.43
3	0.055	0.30	0.75	1.67	0.007	52.01	0.039	31.67	9.98
	SrO	ZrO_2	ZnO	CuO	Cr_2O_3	MnO	TiO_2	V_2O_5	含水率
1	0.021	—	0.024	—	0.009	0.28	2.57	0.058	47.65
2	0.029	—	0.020	0.006	0.027	0.23	1.29	0.061	52.30
3	0.033	0.021	0.014	0.011	0.023	0.31	2.99	—	44.80
标准			0.037	0.012	0.037				

注：①“—”代表未检出。

根据《危险废物鉴别标准 腐蚀性鉴别》(GB 5085.1—2007)，按照《固体废弃物 腐蚀性测定 玻璃电极法》（GB/T 15555.12—1995）规定的方法对钛石膏进行浸出试验，浸出液 pH 检测结果见表 7-9。按照《固体废弃物 浸出毒性浸出方法 硫酸硝酸法》（HJ/T 299—2007），制备钛石膏浸出液，对钛石膏浸出液中的金属元素按照《危险废物鉴别标准 浸出毒性鉴别》（GB 5085.3—2007）中附录 A 的方法进行检测。

表 7-9 钛石膏浸出液检测结果 单位：mg/L

企业	pH	Pb	Cr	Ba	Ag	As
1	8.46	0.024	0.004	0.005	0.013	0.033
2	8.12	0.048	0.001	—	—	0.045
3	7.93	0.001	0.002	0.004	0.014	0.029
危废标准	≥12.5 或≤2.0	1.0	1.5	1.0	0.5	0.5

钛石膏浸出液 pH 在 7～9，在危险废物 pH 范围外，故钛石膏不属于危险废物，符合 I 类一般固体废弃物（pH＝6～9）的范围。同时钛石膏浸出液中 Pb、Cr、Ba、Ag、As 金属元素的含量均低于危险废物的限值，且未超过《污水综合排放标准》（GB 8978—1996）规定的最高允许排放浓度，因此，钛石膏属于第 I 类一般工业固体废弃物。

7.3 钛白粉工业污泥处理处置及资源化现状

由表 7-10 可知，目前钛石膏利用状况为 11.1%用作水泥缓释剂、5.6%用作建材砖，5.1%用作其他建材，78.7%的钛石膏没有被有效利用。排放的钛石膏需要占用大量土地来堆放，不仅浪费耕地、污染环境、破坏生态平衡，而且给钛白粉企业造成了巨大的经济负担。当作垃圾处理的废渣堆砌于地面，受到雨水的冲洗，会导致钛石膏在堆砌场上的流失，同时，可溶性有害物质溶于水，会污染地表水以及地下水；另外，钛石膏堆积经日晒后，风吹以粉末状飘散于大气中以及沉降到可能接触到的外物表面，既污染环境又威胁健康。因此，若能找到钛石膏高效利用的途径，不仅可以解决固体废弃物综合利用、环境改善的问题，还能替代天然石膏，成为石膏制品的新的原料来源。

表 7-10 钛白粉行业钛石膏综合利用

企业编号	年产量/万 t	利用现状/%			
		填埋	水泥缓凝剂	砌砖	其他建材
1	72	50	20.8	29.2	—
2	30	60	40	—	—
3	140	57.1	—	7.1	35.8
4	55	80	20	—	—
5	50	15	70	15	—
6	100	80	20	—	—
7	63	68.3	—	31.7	—
8	42	100	—	—	—
9	180	100	—	—	—

7.3.1 目前钛石膏的综合利用技术

（1）代替天然石膏制造水泥缓冲剂

钛石膏用作水泥缓凝剂与天然石膏相比，可较明显地延长水泥的初凝和终凝时间，其抗折、抗压强度也有所提高，安定性合格。因此，钛石膏不经过除杂处理，经烘干后可以直接替代天然石膏作为水泥缓凝剂。

（2）制作石膏-粉煤灰路基材料

钛石膏和粉煤灰的复合材料，可作为路基材料应用于公路建筑工程。钛石膏-粉煤灰复合材料在激发剂作用下有较高强度。若工程成本允许提高激发剂掺加量，则复合材料的强度可进一步提高；当钛石膏与高钙灰单独复合时，试件具有一定的自由膨胀率，不宜做路基材料。当钛石膏与低钙灰单独复合时，时间膨胀率较小；将一定量的高钙灰与原状灰混合后再与钛石膏复合研制的材料具有较好的物理性能和耐久性，复掺比这两种灰单掺效果更好。

（3）生产石膏建材（纸面石膏板、粉刷石膏、石膏砌块、石膏腻子）

将钛石膏在不同的温度下煅烧可得到不同的石膏晶种。如将钛石膏在 107～170°C 的干燥条件下加热即可得建筑石膏，其主要成分为“β”形半水石膏。建筑石膏硬化后具有很好的绝热吸音性能和较好的防火性能及吸湿性能，可用于生产纸面石膏板、粉刷石膏、石膏砌块和石膏腻子等石膏建材。

（4）用于土壤改良剂

钛石膏是一种控制分散的材料，其浓度达到 30 mmol/L 时，可以使大部分的土壤黏土絮凝，可以有效防止雨水冲刷和水土流失。其中含有的较高浓度的铁元素，更有利于土壤絮凝。钛石膏的主要成分是 $CaSO_4{\cdot}2H_2O$，将钛石膏用于土壤改良剂可以增加土壤中的钙含量，提高土壤肥力；还可以增加硫元素含量，促进作物生长。钛石膏中大量的碳酸钙可以作为石灰肥料，起到中和土壤酸度的作用。此外，钛石膏中重金属的含量较低，这也为其用于土壤改良提供了一个优势。就目前情况而言，针对钛石膏的资源化问题，还需要注重和加强以下几个方面的研究工作：①低成本、低能耗的钛石膏处理工艺；②针对钛石膏的复合激发剂；③与钛石膏处理工艺相适应的配套设备；④机理分析与理论研究；⑤实际工程应用研究等。

7.3.2 硫酸法钛白粉行业污泥处理处置风险研究

根据相关的数据以及现有的评估方法分别对各厂钛石膏浸出液以及钛石膏干基中的重金属含量进行了生态风险评估。其中浸出液中重金属含量代表了污泥在水环境中实际浸出量，干基中重金属含量代表了污泥中所含有的最大量，也就是在复杂环境下可能出现的重金属最大量。评价结果详见表 7-11～表 7-14。由表可知采用硫酸法钛石膏中的重金属含量均处于安全范围内。

表 7-11　钛石膏中重金属污染程度与生态风险评价

企业	生态风险系数 E_r					综合污染指数 I		生态风险指数 RI	
	Cr	Cu	Zn	Pb	Ni	取值	污染等级	取值	风险程度
1	0.18	—	0.34	—	—	0.03	安全	0.52	低
2	0.50	—	0.26	0.57	—	0.07	安全	1.33	低
3	0.50	0.74	0.21	0.00	—	0.07	安全	1.44	低

表 7-12　钛石膏浸出液中重金属污染程度与生态风险评价

企业	生态风险系数 E_r			综合污染指数 I	生态风险指数 RI		
	Pb	Cr	As	取值	污染等级	取值	风险程度
1	1.20×10^{-3}	8.00×10^{-5}	4.40×10^{-2}	3.30×10^{-3}	安全	4.53×10^{-2}	低
2	2.40×10^{-3}	2.00×10^{-5}	6.00×10^{-2}	4.51×10^{-3}	安全	6.24×10^{-2}	低
3	5.00×10^{-5}	4.00×10^{-5}	3.87×10^{-2}	2.88×10^{-3}	安全	3.88×10^{-2}	低

表 7-13　钛石膏中重金属污染程度与生态风险评价

企业	地累积指数 I_{geo}					污染程度
	Cr	Cu	Zn	Pb	Ni	
1	−4.03	0.00	−2.16	—	—	无污染
2	−2.57	0.00	−2.55	—	—	无污染
3	−2.60	−3.35	−2.86	—	—	无污染
4	1.65	—	—	—	—	中等污染

表 7-14　钛石膏浸出液污染程度与生态风险评价

企业	地累积指数 I_{geo}					污染程度
	Pb	Cr	As	Ni	Zn	
1	−12.61	−15.19	−8.41	—	—	无污染
2	−11.61	−17.19	−7.97	—	—	无污染
3	−17.19	−16.19	−8.60	—	—	无污染

7.4 小结

鉴于钛白粉生产过程中不可避免地会产生废水和废渣，造成潜在的环境污染。本章关于钛白粉行业废水处理及污泥堆放现状提出几点建议：①针对硫酸法，从源头提高废酸利用率是降低钛石膏产量的根本途径，同时应研发经济可行的钛石膏综合利用技术，扩大钛石膏的应用市场；②针对氯化法，应降低钛污泥中重金属含量，研发钛污泥的综合利用技术。

8

我国化学行业污泥污染控制策略研究

8.1 我国化学行业污泥控制与处理处置现状存在的主要问题

8.1.1 我国化学工业废水处理污泥特征现状不清

化工废水处理污泥是在化工行业废水处理过程中通过物理、化学以及生物絮凝沉淀等方式所产生的固态、半固态及液态的有机物、无机物、细菌菌体、无机颗粒、胶体等组成的非均质体。由于处理废水中的污染物发生转移，化工废水处理产生的污泥残留富集了较高浓度的有毒物质，尤其是重金属及难降解有机污染物，其中部分随着剩余污泥排出从而造成二次污染。而化工废水来源于生产过程中各种原料的转化，导致从废水迁移至处理污泥中的毒性污染物的种类和含量高于一般的市政污泥，若处理不当，其中富集的大量毒性污染物将对人类健康和生态环境产生极大的危害。

化工废水污泥成分复杂，但对于活性污泥则主要以有机成分为主，其含量可达污泥干重的 30%～40%，化工废水污泥则由于含有高浓度的重金属和毒性有机物污染物，其稳定无害化技术难度及成本较大，其污泥毒性限制了资源化利用，所以目前国内化工废水污泥主要以安全填埋和焚烧等方式加以处置。

化工废水污泥中污染物毒性成分主要来源于化工废水中毒性、难降解有机物在物化或生化处理过程中从水相到泥相的转移、转化以及微生物的生物处理过程。污水中的毒性有机物在其处理过程中可高度富集于污泥中，其富集系数可高达几个数量级。因此化学废水污泥中的污染物的种类及毒性与废水中的成分息息相关。我国主要化工行业及其有机物污染类型如表 8-1 所示。

表 8-1 我国当前主要化工行业及其有机物污染类型

主要化工行业	有机污染物类型
石油化工	苯、甲苯、乙苯、PAHs、苯酚、卤代烃等
焦化	苯、甲苯、乙苯、PAHs、酚类等
塑料、化纤制造	苯、甲苯、苯酚、二甲苯、二氯甲苯、钛酸、脂类
农药制造	苯、甲苯、氯苯、二氯甲烷、苯胺、苯酚、间甲酚、对硝基甲苯、对硝基酚等
医药及印染制造	苯、萘、三氯苯、苯酚、苯胺、硝基苯、二硝基氯苯、对硝基氯苯等
橡胶制造	丙烯腈等
化学试剂制造	甲苯、乙苯、苯酚、二氯甲烷、氯仿、溴甲烷、三氯乙烯、四氯乙烯、硝基苯等
皮革及造纸业	苯、甲苯、苯酚、有机氯等
基本化学原料制造	苯、甲苯、苯酚、对硝基苯、四氯化碳等

化工污泥废水中的主要有机污染物种类较多，且多数属于优先控制污染物，毒性和环境风险比较大，在废水处理过程中，部分有机物将会通过吸附作用转移到污泥中，因此化工污泥的污染是不容小觑的。

但是目前我国对化工行业废水处理污泥中的主要成分、特征污染物含量与形态研究较少，特别是其相应的环境行为和环境风险研究也比较少，总体而言，我国对化工污泥的污染特征研究滞后于废水特征污染研究，其风险鉴别工作还远远不能满足环境管理的需要。如果不能很好地认识各类化工污泥对人体健康和生态环境的危害，势必不能正确“对症下药”，提出合适的处理处置思路和技术手段。

8.1.2 我国化学工业废水处理污泥现有相关政策、法规与技术发展之间的矛盾

我国关于化工污泥污染控制的相关政策、法规与技术发展之间的矛盾主要表现在以下几个方面：

（1）政策法规保障相对不足，产业化发展相对滞后

由于工业废水处理产生污泥性质的特殊性，工业污泥特别是化工行业污泥的处理处置需要前期大量的资金投入和政策配套，需要从国家层面、行业层面制定污泥处理处置的鼓励性政策，提供相应的政策保障，引领和推动污泥处理处置行业的健康发展。

2015 年我国国民经济和社会发展“十三五”规划纲要出台，在第十篇《加快改善生

态环境》中提出"推进污泥无害化处理和资源化利用"和"增强节能环保工程技术和设备制造能力，研发、示范、推广一批节能环保先进技术装备。加快低品位余热发电、小型燃气轮机、细颗粒物治理、汽车尾气净化、垃圾渗滤液处理、污泥资源化、多污染协同处理、土壤修复治理等新型技术装备研发和产业化。推广高效烟气除尘和余热回收一体化、高效热泵、半导体照明、废弃物循环利用等成熟适用技术"，此项规划纲要明确了污泥的治理思路和研发方向。同年由国务院颁布的"水十条"也明确了现有污泥处理处置设施与地级及以上城市污泥无害化处理处置率应达到的目标。近年来，一系列设计污泥处理处置的相关政策相继出台，如表 8-2 所示。

表 8-2　近年来污泥处理处置相关政策一览

发布时间	政策名称	主要涉及内容
2012 年 4 月	《"十二五"全国城镇污水处理及再生利用设施建设规划》	新建污泥处理处置 518 万 t（干泥）/a
2012 年 8 月	《国务院印发节能减排"十二五"规划的通知》	截至 2015 年，城市污泥无害化处置率达到 70%
2014 年 3 月	《国家新型城镇化规划（2014—2020 年）》	推进污泥无害化处置
2016 年 2 月	《关于加强城镇污水处理设施污泥处理处置减排核查核算工作的通知》	将污泥处置与减排核查捆绑，并提出了计算方式

但是上述政策主要针对的还是城镇生活污水处理产生的污泥，相对而言，工业污泥特别是化工行业的污泥污染控制的政策制定比较滞后。究其原因，一方面是因为化工污泥种类繁多，种类与特点难以分类与归纳；另一方面是由于环境保护思路"重水轻泥"的存在，化工污泥的相关政策往往依附于废水处理。

（2）标准体系不完善，缺乏科学指导

整体而言，我国污泥处理处置标准规范的编制工作较为滞后，以至于标准体系不够完善，污泥处理处置与资源化工作缺乏科学指导，主要体现在以下几个方面：

1）我国关于污泥现行的法律法规、标准规范和产业政策中相当一部分是比较宏观的原则性规定，操作细节较少，对于企业或者施工单位可实施性较差。对比发达国家的政策法规和标准规范一般均制定有相应的实施方案或技术手册，这样增加了可操作性。如日本的《污泥建设资材利用手册》和美国国家环境保护局发布的《污泥处理处置工艺设计手册》（*Procss Design Manual for Sludge Treatment and Disposal*）。

2）尚未实现对污泥领域的全面覆盖。目前与废水污染控制相比，污泥产排污源强、污染特征与环境风险识别、各类不同的污泥的处理处置等方面还存在法律法规、标准规范、技术指导制定上的不少缺失或空白，还未建立起真正的“污泥污染控制版图”。而且针对不同种污泥的细分，比如城镇污水污泥、工业污泥的差别性不足导致处理处置路线的差异考虑不足。

8.1.3 我国化工污泥处理行业现有技术开发、应用和发展过程中存在的问题

（1）污泥研究基础研究薄弱

由于环境保护产业中“重水轻泥”现象的长期存在，使得污泥的处理处置一直滞后于废水处理。虽然国家对污泥处理处置越来越重视，但污泥的处理处置技术路线开发、资源化利用途径、新技术和关键设备的科研投入仍然不足，研究基础较为薄弱。

我国化工行业众多，每种行业特征污染均有不同，而且往往伴随着不同性质有机污染物、重金属的复合污染，其污染特性与常规污泥迥异，所以处理处置思路与路线也不能与常规污泥简单雷同，化工污泥的这一特性也导致了相关污泥基础研究薄弱的现状。

（2）技术发展滞后，设备依赖引进

近年来，我国在污泥干化、焚烧、厌氧消化、好氧发酵以及资源化利用等技术领域方面均有所建树，但是污泥处理处置总体发展比较落后，污泥专用处理设备少。目前，国内污泥处理处置市场普遍采用国外引进的技术与设备，我国污泥处理技术的竞争能力和创新能力比较有限。

8.2 我国化学行业污泥控制与处理处置的建议

8.2.1 建立化工行业污泥的环境风险基础资料库

我们目前对工业污泥，特别是化工污泥性质的分类、总结与归纳还很不完善，特别是化工污泥对人体健康以及生态环境的影响更是所知甚少。因此有必要以化工行业为代表，完善化工行业废水处理污泥乃至固体废弃物的数据资料。以典型化工污泥的产生、排放强度、主要成分、理化性质、特征污染物、其环境行为以及环境风险等各要素为基础，逐步分行业调研、统计、检测补充完善相关数据，最终建立比较完整的污泥资料库

8.2.2 完善污泥处理处置环境管理体系

建议国家及生态环境主管部门、行业抓紧相关标准规范的制定和完善工作，填补相应的标准空白，突出标准规范的指导作用。

建立行业全过程监管体系，涵盖污泥储存、运输、检验、工艺设计、工程施工、工

程运营等环节的行业全过程监管体系，并不断加以优化完善，定期对设施设备运行情况、污泥处理处置效果、二次污染排放状况、运营成本等进行监督和评估。

8.2.3　重点和优先发展的领域及相关技术建议

我国化工污泥重点和优先发展的领域及技术建议根据化工污泥的污染特征、环境风险和因地制宜原则提出，包括以下几个方面：

（1）化工污泥环境风险控制技术

建议构建化工污泥环境风险控制技术体系，主要包括研究化工污泥产生现状与污染特性，开展化工污泥风险评估研究、环境风险控制研究、处置技术政策研究及化工污泥处置和利用环境保护技术规范研究以及我国化工污泥的环境管理技术体系及环境风险控制技术体系等。

（2）污泥厌氧消化技术

根据化工污泥的特点，针对部分污泥浓度适合、有机质含量较高、pH 在合适范围内、生物毒性小的化工污泥，可以重点发展污泥厌氧消化强化产甲烷技术、高含固率污泥的厌氧消化技术。

（3）污泥热解技术

可重点和优先发展高效低耗的污泥低温热解技术与设备、热解产物净化提纯及利用技术。

（4）污泥焚烧技术

根据化工行业污泥的特点，以有机物为主要成分的污泥可重点和优先发展污泥焚烧发电技术或热值回收技术。利用化工行业本身的特点，发展协同处理污泥技术以及污泥处理过程中的二次污染控制技术。

（5）污泥资源化技术

重点和优先发展化工污泥资源化利用过程中有毒有害物质的脱除和稳定技术、建材生产技术、高性能吸附材料生产技术。

（6）研发污泥处理处置装备

建议国家主管部门根据我国国情和设备的适用范围，根据污泥处理处置工艺流程，分别针对污泥设备涉及的各环节，如污泥预处理、污泥浓缩、污泥干化、污泥消化、污泥焚烧、污泥综合利用等，分别制定设备的设计、生产、运行、验收等方面的标准和规范，大力发展多样化、复杂化、大型化、自动化的干污泥处理处置专有设备，并从设备本身性能、经济效益、运行效果、可操作性等多方位进行综合评价，引导污泥设备研发良性发展。

参考文献

[1] 朱开金，马忠亮. 污泥处理技术及资源化利用[M]. 北京：化学工业出版社，2007.

[2] 尹军，谭学军. 污水污泥处理处置与资源化利用[M]. 北京：化学工业出版社，2005.

[3] 赵庆祥. 污泥资源化技术[M]. 北京：化学工业出版社，2002.

[4] 李兵，张承龙，赵由才. 污泥表征与预处理技术[M]. 北京：冶金工业出版社，2010.

[5] 王绍文，秦华. 城市污泥资源利用与污水土地处理技术[M]. 北京：中国建筑工业出版社，2007.

[6] 张建伟，冯颖，吴剑华. 工业水污染控制技术与设备[M]. 北京：化学工业出版社，2006.

[7] 牟艳艳. γ-射线辐照预处理对污泥厌氧消化性质的影响及其机理研究[D]. 南京：南京大学，2005.

[8] Ying Qi Khagendra B. Thapa，Andrew F. A. Hoadley. Application of filtraticon aids for improving sludge dewatering properties-A review[J]. Chemical Engineering Journal，2011（171）：373-384.

[9] 张勇. 我国污泥处理处置现状及发展前景[J]. 中国资源综合利用，2014，32（10）：23-26.

[10] 周玲，廖传华. 污泥焚烧设备的比较与选择[J]. 中国化工装备，2018，4：13-22.

[11] 张源凯，王洪臣，庄健. 污泥预处理的几种新技术[J]. 水资源保护，2014，30（4）：71-77.

[12] Minjian Wang. Land application of sewage sludge in China[J]. The Science of the Total Environment，1997，197：149-160.

[13] 郑正，袁守军，张继彪. γ-射线辐照预处理加速污泥厌氧消化[J]. 环境化学，2006，25（3）：297-300.

[14] 牟艳艳，袁守军，崔磊. γ-射线预处理对改善污泥厌氧消化特性的影响研究[J]. 核技术，2005，28（10）：751-754.

[15] 张光明，张信芳，张盼月. 城市污泥资源化技术进展[M]. 北京：化学工业出版社，2006.

[16] 宋乾武，代晋国. 水环境优先控制污染物及应急工程技术[M]. 北京：中国建筑工业出版社，2009.

[17] US EPA Process Desin Mabyal for Sludge Treatment and Disposal. EPA 625/1-79-011，US EPA. Center Environ Res Inf，1979.

[18] 王学魁，赵斌，张爱群，等. 城市污水处理厂污泥处置的现状及研究进展[J]. 天津科技大学学报，2015，30（4）：1-6.

[19] 周玉文，胡伟，Hohnecker H G，等. 德国污泥处置发展情况和相关政策法规简介[J]. 给水排水，2008，34（11）：17-20.

[20] 马家骅. 化工、化纤废水处理后污泥的处置[J]. 工业用水与废水，2001，32（4）：43-44.

[21] 秦俊芳. 污水处理厂污泥安全处置方式的比较筛选[J]. 中国资源综合利用，2010，28（4）：52-55.

[22] 钱斐斐，胡俊，潘丽娟，等. 化工剩余污泥烧结填料的试验研究[J]. 工业安全与环保，2014，39（1）：92-94.

[23] 孙婧，胡俊，周桃玉，等. 用化工污泥制曝气生物滤池填料[J]. 化工环保，2014，34（3）：267-271.

[24] 傅剑敏，徐江锋，许海芳，等. 污水处理厂污泥处理研究进展[J]. 能源与环境，2009（4）：80-81.

[25] 唐鸣放，王白雪，郑怀礼. 城市污泥处理与绿化利用[J]. 土木建筑与环境工程，2009，31（4）：103-106.

[26] 李威，李慧，张引. 石油化工污泥调质深度脱水工艺应用研究[J]. 现代化工，2015，35（1）：107-109.

[27] 马士禹，唐建国，陈邦林. 欧盟的污泥处置和利用[J]. 中国给水排水，2006（4）：102-105.

[28] 韦朝海，朱家亮，吴超飞. 焦化行业废水水质变化影响因素及污染控制[J]. 化工进展，2011，30（1）：225-232.

[29] 张万辉，韦朝海，吴超飞. 焦化废水中有机物的识别、污染特性及其在废水处理过程中的降解[J]. 环境化学，2012，31（10）：1480-1486.

[30] 蒙小俊，尹莉，李海波. 焦化废水生物处理过程中 PAHs 吸附降解规律研究[J]. 给水排水，2015，41（11）：155-160.

[31] 郑义，张琢，孟祥荣. 焦化污泥作煤场覆盖剂研究[J]. 洁净煤技术，2006，12（4）：73-75.

[32] 周立祥，沈其荣，陈同斌. 重金属及养分元素在城市污泥主要组分中分布及其化学形态[J]. 环境科学学报，2000，20（3）：269-274.

[33] 唐海，欧阳龙. 焦化废水处理剩余污泥热解特性分析[J]. 工业给排水，2013，39（7）：142-145.

[34] ZHANG W，WEI C，AN G. Distribution，partition and removal of polycyclic aromatic hydrocarbons（PHAs）during coking wastewater treatment processes[J]. Environ Sci Process Impacts，2015，17（5）：975-984.

[35] Nowacka A，Włodarczyk-Makuła M. Monitoring of polycyclic aromatic hydrocarbons in water during preparation processes[J]. Polycyclic Aromatic Hydrocarbons，2013，33（5）：430-450.

[36] 乌锡康. 有机化合物环境数据简表[M]. 上海：华东理工大学，2009.

[37] 马英歌. 多环芳烃物理化学性质的确定及其在逸度模型和上海典型环境研究中的应用[D]. 上海：上海交通大学，2009.

[38] Pavlovich L B，Zhuravleva N V，Bal'tser D V. Polycyclic aromatic hydrocarbons in coke plant wastewater[J]. Coke and Chemistry，2010，53（10）：390-395.

[39] 刁春鹏. 焦化废水处理过程苯系物、苯胺类、重金属污染物的存在及 5 去除特性分析[D]. 广州：华南理工大学，2012.

[40] 贺晶莹. 酚类化合物及重金属在焦化废水处理污泥中的赋存状况研究[D]. 广州：华南理工大学，2011.

[41] 孙德茂. 基于热等离子体的焦化废水污泥资源化利用研究[D]. 武汉：华中科技大学，2014.